●国家社会科学基金项目成果

●教育部人文社会科学重点研究基地
　上海师范大学都市文化研究中心　　成果

●上海市第五期教委重点学科"马克思主义中国化
　研究"（j50407）成果

QUANQIUHUA BEIJING XIA DE
ZHONGGUO XIAOFEI LUNLI

全球化背景下的
中国消费伦理

周中之 著

人民出版社

目　录

前　言

　　中国加入世界贸易组织，是 21 世纪中国经济融入全球化潮流的重大事件。在这一经济全球化过程中，中国与世界的经济交往越来越频繁。伴随着密切的经济交往，承载在商品和服务上的消费伦理观念获得了更大的传播空间，同时也带来了中西消费伦理观念剧烈的冲撞。推动当代中国消费伦理观念的变革和建立适应时代要求的消费伦理规范体系，成为社会发展的必然要求。换言之，在当代中国的社会发展中消费伦理研究获得了良好的发展契机，获得了比以往任何时候都重要的理论和实践的价值。一方面，面对国际金融危机后世界经济发展的衰退，中国经济形势的外部条件极为严峻。中国要成为世界经济强国，必须将中国经济的发展置于内需主导型的轨道上来。为此，中国要通过消费伦理观念的转变，刺激内需，拉动经济的可持续发展；另一方面，西方消费伦理必将影响国内消费者的思想观念，其中既有积极的方面（环保消费），又有消极的方面（享乐主义）。要通过消费伦理规范体系的正确导向，确立与社会主义市场经济发展相适应的消费伦理观，以建立良好的社会道德风尚和帮助人们特别是青少年树立正确的世界观、人生观和价值观。

　　在传统的人文社会科学研究中，人们往往更多地从经济学的角度研究消费，把消费更多地视为经济现象。但 21 世纪的人类生活已经进入了新的时代，消费不仅仅是经济现象，更是一种文化现象和伦理现象。消费的过程是在一定

1

的价值观念引导和制约下的经济和文化活动。消费不仅有"能够"不"能够"，还有"愿意"不"愿意"、"应该"不"应该"的问题。摆脱传统思维的窠臼，大胆提出对消费的伦理追问，是本书研究的起点。

消费作为一种伦理现象，不同的历史和文化传统给予其深刻的影响。在经济全球化的背景下，我们必须科学地进行中西消费伦理思想的比较。在古代中国，尽管儒家、墨家和道家等学派在阐述消费伦理思想时有所不同，但他们的"黜奢崇俭"的价值取向是一致的。中国的自然经济绵延了几千年，建立在这一经济基础上的"黜奢崇俭"的消费伦理思想始终是中国古代社会的主流。而西方消费伦理思想在文艺复兴时期以后，主张节俭和奢侈的观点同时存在与发展。

经济基础对消费伦理的思想观念起着最终的决定的作用，但中西消费伦理思想的特点又受到了不同文化传统的深刻影响。人的欲求是消费的内在推动力，消费是人的欲求的满足。中西消费伦理的差异不仅源于经济基础的不同，而且也与中西文化传统中对人性的不同理解密切相关。在文艺复兴时期之前，中西方的欲望论都以制欲论、寡欲论为主体，与此相联系的是节俭的消费伦理观念占了上风。文艺复兴时期后，资本主义生产关系在西方迅速取得了统治地位，而中国封建社会长期延续，中西方的欲望论沿着不同的方向发展。中国强调人是伦理的人，始终强调用理性抑制人的消费欲望，而近现代的西方社会突出了人的感性一面，认为为追求感官快乐的消费是人性的必然需要，以致鼓吹消费、甚至鼓吹奢侈的观点在社会生活中有着广泛的影响。

在中西消费伦理思想评价视角的比较中，中国传统文化重伦理评价，而西方文化则重经济评价。从价值取向分析，伦理评价是"内倾"的，指向主体人的内部世界，而经济评价是"外倾"的，指向人的外部世界。这与中西方不同的文化特点是相吻合的，长期以来，在自给自足的自然经济中，中国传统文化自身形成了鲜明的特点，即把人的价值的思考重心指向人的内在世界，从人的内在世界的完善中走向外在世界，而西方文化起源于以海外贸易为生的古希腊，在与大自然的搏斗中，更注重对外在世界的征服。对消费的评价，不仅需要经济评价，而且需要伦理评价，两者不可偏废。因此，我们不仅要继承和发扬中国传统文化关于消费伦理评价中的有益思想，也要吸收和借鉴西方文化中关于消费经济评价中的有益思想，将消费的伦理评价和经济评价辩证地结合起来。

2006 年以后，由美国次贷危机引发的国际金融危机重创了世界经济。众多学者对国际金融危机进行了深刻的反思。既有经济的批判、政治的批判，也有文化的批判。事实证明，美国的过度消费是金融危机产生的重要原因，消费主义是金融危机的文化根源。由于国情的不同，中国在面对金融危机的时候，需要解决的问题是消费不足。我们必须坚决地批判消费主义，但是中国还需要通过扩大消费拉动经济的发展。因此，在拒绝消费主义的同时，必须谨慎地、认真地处理对待消费主义的问题。从中国目前的消费水平分析，它与西方发达国家相去甚远，至多达到小康水平，有些地区还处于温饱阶段。由于中国经济发展的不平衡，某些地区的经济发展达到了较高的水平，在一部分先富裕起来的人群中间，确实存在着消费主义的倾向，必须给予注意。在不同年龄的人群中间，消费观念和认识也不一样。大多中老年人崇尚节俭观念，而不少青少年人追求时尚，消费水平相对比较高。因此，即使要反对消费主义，也应将教育的对象主要放在青少年中间。

研究和建立当代中国消费伦理规范体系，调节和引导人们的消费观念、消费心理、消费行为，是建设社会主义和谐社会的需要，是人的全面发展的需要，是宏观层面上的消费伦理建设的首要任务。作者提出了当代中国消费伦理规范体系的两大原则和三个规范。两大原则是：人与自然和谐的原则；物质生活与精神生活和谐的原则。三个规范是：适度消费、绿色消费和科学消费。

本书从两个视角阐述了当代中国宏观层面上的消费伦理建设。一是人与自然之间关系的视角，即研究消费伦理与节约型社会建设的观点。其中提出了一些具有建设性意义的原创性观点，即"从道德价值、经济价值和生态价值上三者统一的基础上把握节约内涵"和"在资源节约与拉动内需中建设节约型社会"。二是从人与人之间关系的社会视角，即研究消费伦理与社会和谐的关系。针对社会拜金炫富造成的群体事件，作者认为消费伦理观念不仅仅影响消费者的消费选择的问题，同时从中也折射出一定时代人们的心态、价值观念和道德风尚，影响着社会的和谐稳定。对于奢侈品和奢侈消费，我们要将道德的评价与经济的评价尽可能地统一起来，应容许其在一定的条件下存在和发展，但又要有所限制，绝不能提倡和鼓励。在财富消费和使用上，要推动慈善事业的发展，以利于社会和谐。

消费伦理建设不仅要着眼于宏观层面，还要着眼于微观层面，即加强消费者的道德修养与道德教育。作者从理论上阐述了消费的自由与消费者的社会责任问题，并联系中国改革开放以来发生的社会重大公共卫生安全事件，提出了消费者在饮食消费中对公共卫生安全负有重要的责任这一新观点。特别是作者在消费伦理的理论研究中，在国内率先提出消费伦理与社会公正的关系，即要唤醒消费者的社会责任意识，形成对不良企业行为的震慑力，保护劳工的权益，从而推动社会的公正与文明。另外，作者认为，要加强青年的思想道德教育，必须调查和研究大众文化消费对青年思想道德教育提出的新课题，并采取正确的对策。

以上对全球化背景下当代中国消费伦理建设的阐述，基本概括了本书的主要内容和观点。随着中国社会的发展，对于消费伦理的研究将会不断深入。本书以问题意识作为研究的向导，并探索了当代中国消费伦理研究的框架。笔者相信，其中包含的一些创新的内容，在中国消费伦理研究的发展过程中将有一席之地。

第一章
导　论

　　消费是人类社会生活中最基本的现象之一，也是社会科学研究的重要内容。随着社会生产力的发展和科学技术的进步，人们的消费观念、消费内容和消费形式都会发生重大变化。如何揭示在人类消费现象发展变化背后的客观规律，并通过认识和把握这些规律从而造福于人类，这是社会科学研究工作者的神圣使命。经济学家以生产和消费的关系为基点，对消费进行了系统研究，社会学家深入社会，对现实社会生活中的消费现象进行了全方位的描述，并从社会学的角度进行了理论分析。当人类进入"消费时代"后，仅仅从经济学和社会学的角度研究消费已难以适应形势的需要，我们还必须从伦理学的角度研究消费。特别是在经济全球化的历史条件下，中西消费伦理观念的碰撞、交流和融合，呼唤着伦理学界发出更多的声音。尽管伦理学工作者对消费进行过一些研究，但相较经济学和社会学的研究来说，无论是深度和广度都相形见绌。加强消费伦理研究，并在时机成熟的时候建立消费伦理学的科学体系，是我们努力的学术目标。

一、消费的伦理追问

（一）消费也是一种伦理现象

消费伦理研究主要涉及消费活动中的道德观念、道德关系、道德规范等问题，但要全面而又正确地阐述这些问题，必须首先界定消费。

"消费"一词在我国最早出现在东汉王符的《潜夫论·浮侈》，其中提到奢侈品生产者"既不助长农工女，无有益于世，而坐食嘉谷，消费白日，毁败成功，以完为破，以牢为行，以大为小，以易为难，皆宜禁者也"。在这里，"消费"是浪费、消磨的含义，与现代"消费"一词的语义并不完全相同。

现代语境中，消费是人们把自己劳动生产出来的产品使用掉，以满足自己生活需要的行为。非劳动产品，例如阳光、雨露，有如何利用的问题，但不存在怎样消费的问题。消费是与生产相对的对立面，但它不应仅仅被理解为吃、喝、玩、乐的消极行为，它也是使人获得全面的自由的发展，提高自己的能力、积极性和生产素质的积极行为。

消费可从广义和狭义两个方面加以理解。从广义上说，消费包括生产消费和生活消费。在物质资料生产过程中，生产资料、活劳动的使用和消耗也是消费行为，但这种消费通常已被包括在生产这个范畴中。我们这里所说的消费，指的是人们把生产出来的物质资料和精神产品用于满足个人生活上的需要的行为和过程，是"生产过程以外执行生活职能"。也就是说它是狭义上的消费。

当一个消费者走进商店，他的消费行为受哪些因素的制约和影响？人们往往会较多地提到他的经济能力，即他口袋中的货币是否足够支付商品或服务的价格。但是，把复杂的消费现象仅仅理解为完全由经济能力所决定，我们就无法解释许多社会现象。例如，一些腰缠万贯的超级富翁完全有能力进行高档消费，但他们却没有这么做。比尔·盖茨是微软公司的老板，拥有价值数百亿美元的家产。对他而言，在消费问题上绝不会存在任何经济问题。他在出行购买飞机票时说:"既然头等舱同二等舱都在同一时间到达目的地,我何必要坐头等舱?!"他以平常心坐二等舱,而不坐头等舱。对于这种现象从经济能力方面是难以解释的。又如,有相同经济能力的消费者在消费时,为什么有的人购买这种款式的商品,而有的人购买另一种款式的商品,在这背后不是个人的偏好在起作用吗? 再如,同一消费者走进不同消费环境的商店,尽管经济能力没有变化,但他的消费情况就可能大不相同。从纷繁复杂的社会消费现象中我们不难看到,人们的消费行为往往是由两方面决定的:

第一方面是"能不能"的问题即经济能力问题,这是消费行为的基础,是消费行为的必要条件。没有经济能力,消费就不能完成。对于这一点无需过多论证,它完全和经验事实是一致的,而且显而易见。

第二方面是"愿不愿意"的问题即伦理与文化问题,它对消费者的消费行为有重大制约和影响,它往往决定了消费者购买的时间、地点、款式、多少等问题。在市场经济中,"消费者的自由意志的表达、消费主权决定着经济行为的协调。消费主权作为市场经济标准的基础是这样一种东西,即人必须愿意"①。然而,在消费者的"愿意"背后是深刻的伦理与文化问题。消费不仅是一种经济现象,而且是一种以伦理为核心的文化现象。我们不能否定经济能力的决定作用,也绝不能忽视、甚至否定伦理道德对消费活动的重大影响。消费既受一定的物质资料生产方式和水平的制约,也受社会道德风尚、个人的生活态度、价值观念的影响,它是经济学与伦理学的重要交汇点之一。

人的消费"愿望"起源于人的需要,消费伦理的研究必然涉及人的需要问题,然而人的需要具有社会性。马克思说:"我们的需要和享受是由社会产生的;因此,我们在衡量需要和享受时是以社会为尺度,而不是以满足它们的物品为尺度的。因为我们的需要和享受具有社会性质。"②在不同的生产力水平

---

① [德]彼得·科斯洛夫斯基:《经济秩序理论和伦理学》,中国社会科学出版社1997年版,第152页。

② 《马克思恩格斯选集》第1卷,人民出版社1995年版,第350页。

下，人们的消费需要是不同的；在不同的社会制度下，不同社会阶层的人的消费需要是不同的。在不同的社会道德风尚的条件下，人们的消费需要也是有着明显差别的。社会道德风尚刺激或节制了消费者的需求。一位美国学者曾专门分析了社会道德风尚对消费的影响，他写道："究竟是什么促使比较富裕的人一直不断地增加他们对商品和劳务的需求呢？回答在于资本主义社会最根深蒂固的特征之一，这就是消费主义风气。消费主义来自资本主义意识形态的一个基本的教义，即认为个人的自我满足和快乐的第一位的要求是占有和消费物质产品。"①

西方经济学的消费理论在分析消费者购买动机时，有"推力论"、"拉力论"、"推力和拉力相结合论"等多种理论。"推力论"认为，消费者总是先有了某种欲望，然后才会作出购买决定。消费者的欲望是消费者追求消费品的推动力。"拉力论"认为，消费品的吸引力才促成了消费者的购买决定。但是，如果采取"推力论"的观点，那么通常只能说明一次性购买，而难以说明对商品和商标的忠诚不渝，而采取"拉力论"的观点有助于说明多次购买、重复购买过程，特别是说明消费者对某种特定商品的喜爱的原因。而在实际过程中，消费者行为是一个动态的决策过程，"推力"和"拉力"是结合在一起的，两方面不可分离。只有从两方面的结合中才能说明购买的连续过程，这样，"推力和拉力相结合论"应运而生。然而，即便如此，仍有一个悬而未决的问题，即为什么消费者会购买某些看来他们并不需要的商品呢？或者说，为什么有些消费者看来不仅被消费品所"吸引"、甚至被消费品所"缠住"而无法脱身呢？20世纪六七十年代起，西方经济学出现了一个新的领域。在这个新的领域中，经济学家开始研究社会消费风气对消费者购买动机的影响。社会消费风气是社会道德风尚的一个方面，其实质是社会道德价值观念问题。消费问题不仅是经济学问题，同时也是伦理学问题，这一观点得到了进一步的

---

① 理查德·爱德华兹等编：《资本主义制度：美国社会的激进派分析》，1972年英文版，第369页。

确认。

消费者根据什么提出消费需要，又怎样获得消费资料，并按何种方式实现消费，这一系列的消费过程，贯穿着消费者的道德价值观念。在现代西方，科学技术的进步推动了生产力的飞跃发展，消费品被大量地生产出来。企业为了获得更多的利润，扩大销售市场，大量生产奢侈的消费品。在追求体面的消费的社会风气中，许多人渴求无节制的物质享乐和消遣，这正是现代享乐主义道德价值观念的反映。在人们的消费过程中，作为主体的人，总是自觉不自觉地受着一定的道德价值观念的指导，不是这种道德价值观念就是那种道德价值观念在起作用。换言之，道德价值观念通过社会舆论、传统习惯和内心信念调节着人们的消费内容、消费方式与消费行为。

在当代中国，研究消费伦理问题，必须联系三十多年来中国改革开放的历史进程，才能深刻把握其内在规律。长期以来，中国实行的是计划经济。在这种计划经济体制下，人们从事的是低工资、高福利和高稳定的工作，个人生活所需要的物质产品和服务主要依靠国家的分配来满足，而不是通过市场的消费来满足。同时，计划经济也是一种"短缺经济"，生活消费用品经常匮乏，消费者选择的范围极其有限，换言之，个人消费更多地建立在"可能"和"实际"的条件下，而不是建立在"愿望"和"选择"的基础上。以市场为取向的中国经济改革带来了中国的消费革命，这场革命的重要标志是消费者自主地位的确立。消费者改变了过去被动地接受国家分配消费品的状况，而是更多地按照个人的情况主动地加以选择。这是因为越来越多的交换通过货币来实现，在消费过程中花钱的消费者处于主动地位，而市场经济的发展使消费品和服务大大丰富，给消费者自主地位的确立创造了前提，给消费品的选择提供了广阔空间。因此，中国在计划经济向社会主义市场经济体制转轨的过程中，消费者在消费经济能力大大提高的情况下，消费者的地位也从"被动"走向"主动"，消费形式和内容从"单一化"走向"多样化"，消费者的"愿望"及其伦理因素走到了消费问题研究的前沿。消费伦理研究反映了中国社会发展的客观进程，是历史的必然。

（二）消费的道德调节

人们的消费行为可以通过法律手段加以调节，例如制定政策和法令，禁止或减少人们对某一商品和服务的消费，然而法律对于人们消费行为的调节是有限的。消费什么，消费多少，在很大程度上取决于人们的性格、爱好、人生观和价值观，这就意味着道德手段比法律手段有着更为广阔的调节空间。消费过程中的道德调节主要集中在三大层面上：

第一层面是物质消费和精神消费关系中的道德调节。消费需要是人们初始的需要，最基本的需要。人类要生存，社会要发展，必须有消费资料，必然产生消费需要。尽管对于人的需要，理论家做过多种划分，但是人的物质需要与精神需要是不可否认的两大基本需要。消费是满足人的需要的活动，因此，与这两大基本需要相适应的是物质消费和精神消费。物质需要和精神需要是两个完全不同的领域。科学发展到现在证明，要满足饮食的需要，要充饥，还只能借助于食物，用形象的比喻来说画饼焉能充饥？物质需要必须通过物质消费来加以满足，精神需要只有通过精神消费才能得到满足。在某种特定条件下，物质需要与精神需要可以融为一体。例如，穿一件款式新颖的时装，既可满足物质需要，同时也可满足精神需要。但是，并不是任何时候、任何消费活动都能使物质需要和精神需要同时满足。因此，划分物质需要和精神需要，划分物质消费和精神消费是完全必要的。

物质需要与精神需要、物质消费与精神消费，在不同的道德价值观念体系中有着不同的评价。禁欲主义的道德价值观主张抑制甚至摒弃个人的物质欲望，把人的物质消费需求视为邪恶。古希腊禁欲主义的代表——犬儒学派认为："无欲是神圣的；而尽可能地减少欲望乃是最接近神圣的。"[①]统治西欧近千年的基督教道德价值观把禁欲作为其核心内容，基督教神学家认为："谁慕求属天的东西，谁就对属地的东西不感兴趣。谁企望永恒的东西，谁就厌恶暂时

---

① 黑格尔：《哲学史讲演录》第 2 卷，商务印书馆 1960 年版，第 145 页。

的东西。"① 这种把"属天的东西"与"属地的东西"、"永恒的东西"与"暂时的东西"截然对立起来的论调,无非是要求人们摒弃一切物质欲望。在中国,宋明理学中的"存天理,灭人欲"颇有代表性。朱熹认为,天理是"是",人欲是"非"。"同是事,是者便是天理,非者便是人欲。"(《朱子语类》卷四十)他认为,天理与人欲是一存一亡的关系。"天理存则人欲亡,人欲胜则天理灭。"(《朱子语类》卷十三)既然天理与人欲是对立的,而且天理是纯粹的善,人欲是绝对的恶,人所做的只是"革尽人欲,复尽天理"(《朱子语类》卷十三)了。禁欲主义的道德价值观扭曲了人性,同时也阻碍了社会生产力的发展。

与禁欲主义道德价值观截然相反的是享乐主义的道德价值观,这种道德价值观主张放纵人的物质欲望,刺激人的物质消费。从中国历史上看,早就有所谓"浮生若梦,为欢几何"之说,它属于享乐主义道德价值观范畴。在西方历史上,古希腊的亚里斯提卜宣传人生的唯一目的是快乐,而且这种快乐是眼前的、肉体的快乐。17—18世纪的欧洲唯物主义者代表着当时资产阶级的利益,从彻底的感觉论出发,认为"趋乐避苦"是人性的自然要求,因此,人生的一切目的和行为归根到底都是为了求乐避苦,为了物质享受。尽管资产阶级倡导的享乐主义对反对中世纪的禁欲主义产生过一定的积极作用,但是随着历史的发展,它对人类社会所产生的消极影响越来越突出。西方的"消费道德"正是扎根于这种享乐主义的道德价值观。享乐主义道德价值观从人的生物本能出发,把人的消费、生活仅仅看成是满足人的生理本能需要的过程,认为追求感官快乐,最大限度地满足物质生活享乐才是人生的唯一目的,其实质是片面夸大了人的自然属性、物质生活一面。以这种道德价值观为指导,必然使消费走入误区。在社会主义市场经济条件下,要有健康的消费,必须以正确的道德价值观为导向。这种道德价值观既不是禁欲主义的,也不是享乐主义的,既重视人的物质需求,也重视人的精神需求,并且把两者很好地协调起来。古希腊哲学家柏拉图认为,善的生活应该是一种混合的生活,是一种理性与感性、快乐

---

① 《费尔巴哈哲学著作选集》下卷,商务印书馆1984年版,第197页。

与智慧混合的生活。他说，生活中"有两道泉在我们身侧涌流着，一道是快乐，可以比作蜜泉；另一道是智慧，是一付清凉剂……我们必须设法由这两种造成无以复加的可口的合剂"①。柏拉图的这一思想，在两千多年后的今天，也不无价值。现代生活也应该是一种感性与理性、物质与精神协调统一的生活，与之相伴随的是，不但要重视物质消费，也要重视精神消费。

现代科技的进步，生产力的迅速提高，带来了商业的繁荣。花花绿绿的商品、铺天盖地的广告，刺激了人的感性欲望。注重物质生活需求，是现代生活的一大特征。但不可否认的是，精神生活需求有相对减弱的趋势，物质消费与精神消费两者不平衡的情况较为突出。人们对于物质需求与消费、精神需求与消费的思想和行为，简单地用经济手段和行政命令进行调节，是难以收到好的效果的。要用道德评价、道德教育、道德示范、道德激励、道德沟通等方式，使人们正确认识人生的价值，树立正确的人生观和价值观，才能为协调好物质需求与精神需求的关系提供思想基础，才能为解决好物质消费与精神消费的关系提供前提。

第二层面是生产与消费关系中的道德调节。生产与消费的辩证关系在政治经济学的教科书中已充分论述，但是，对于道德价值观念在生产发展与消费增长关系中的作用，研究还不够充分。生产与消费关系中的道德调节存在两种情况：

一种是对"过度消费"的道德调节。所谓"过度消费"，是指消费增长幅度超过了生产增长幅度而形成的资源配置的不正常的格局。如何认定"过度消费"呢？"过度消费"是就全社会而言的。由于每个家庭收入状况的差异，说某一户居民的消费或某一收入档次的居民的消费是"过度消费"，缺乏科学性。由于地区经济水平发展的不平衡，消费增长幅度也不一，这就难以简单地根据某一城市或地区的生产增长幅度和消费增长幅度来认定"过度消费"。

"过度消费"对经济发展是利还是弊？或者说，从道德评价上说，是善还

---

① 周辅成编：《西方伦理学名著选辑》上卷，商务印书馆1996年版，第193页。

是恶？特别是在发展中国家里，对"过度消费"如何进行道德评价是一个突出的问题。有人认为"过度消费"可以刺激生产的发展，这种观点有失偏颇。"过度消费"在短时期内可能会刺激生产的发展，然而，这种发展属于"泡沫型"经济，缺乏后劲。一位经济学家指出："过度消费是不利于这些国家的经济进一步发展的。这是因为，一方面，它将导致社会的储蓄率和外汇储备的下降；另一方面，它会使得发展中国家把人力、物力、财力资源中的较多部分用于发展新消费方式方面，从而将阻碍经济的发展。"①

解决"过度消费"，要用经济手段、行政手段和法律手段，因为"过度消费"的产生有时与政府的行为偏差有关。例如，政府的公共消费支出大大超出社会所容许的限度，实行过高的福利政策，从而产生"过度消费"。这种情况行政手段、法律手段是必不可少的。但是，"过度消费"往往与个人奢侈性消费行为联系在一起。个人的奢侈性消费有两大特征：一是个人的消费支出过多地超出了其收入水平和财力状况；二是在社会的资源供给量为既定的条件下，个人的消费支出过多地占用或消耗了该种资源。个人的奢侈性消费形成"过度消费"有一个重要条件就是社会上有较多的人进行奢侈性消费。少数人的奢侈性消费方式扩展到社会成员中的多数人，"过度消费"就形成了。在这种情况下，光用经济手段、行政手段和法律手段来调节生产和消费的关系就不够了，它还需要道德手段。

道德手段在两个层次上对生产和消费的关系进行调节：一是通过人生观、价值观调节个人的收入和消费支出的比例；二是通过社会道德风尚的引导树立健康消费的社会风气。当然，道德手段在这里的调节作用，与经济手段、行政手段和法律手段相比，有着不同的特点。道德手段具有间接性、相对持久性，它与经济手段、行政手段和法律手段形成"合力"，调节生产和消费的关系。

另一种是对"消费不足"的道德调节。所谓"消费不足"，是指消费落后于生产增长幅度而形成的资源配置的不正常格局。形成"消费不足"现象的原

---

① 厉以宁：《经济学的伦理问题》，三联书店 1995 年版，第 146 页。

因是多方面的，有经济的原因，也有消费伦理观念的原因。在当代中国，要改变"消费不足"问题，固然要提高中低阶层群体的收入，特别是农民的收入，但同样重要的是改变人们在长期的文化传统影响下形成的、与时代相悖的消费伦理观念。

例如，三十多年来，改革开放极大推动了生产力的发展，人民生活水平已有了明显的提高，在这种情况下，依然用"新三年，旧三年，缝缝补补再三年"作为正确的消费道德标准是不合适的。应当改变和更新社会的消费观念，使消费和生产呈现良性循环的状态。又如，住宅的商品化、货币化是中国社会主义市场经济发展的必然结果，政府已采取各种措施，引导和鼓励市民购买住房。同时，居民也应逐步从住房完全靠国家解决的旧观念中走出来，通过自己诚实劳动所获得的收入，改善自己的住房条件。尽管现在国家也要根据社会不同群体的收入状况，通过"经济适用房"、"廉租房"等途径解决低收入家庭的住房困难，但这与计划经济时代完全依靠国家解决住房问题的情况不能同日而语，住房消费伦理观念要与社会发展相适应。

没有生产，也就没有消费。同样，没有消费，也就没有生产。消费使产品得以"最后完成"和实现，而消费的主体是人，人在消费过程中必然要受到经济收入的制约，同时也要受到道德价值观念、生活习惯、家庭环境等诸因素的影响。道德调节正是建立在这种影响基础之上的。由于这种影响的广泛性和深刻性，消费过程的道德调节有着广阔的空间，在协调生产和消费的关系时，我们绝不能忽视它的地位和作用。

第三层面是消费与生态环境问题的道德调节。人类为了满足自身的消费欲求，就必须进行物质资料的生产，而物质资料的生产，必然伴随着人类赖以生存的生态环境或多或少的破坏。如果人们只顾满足眼前消费的欲求，不顾生态环境的破坏，必将给子孙后代带来难以挽回的损失。恩格斯曾经指出："阿尔卑斯山的意大利人，当他们在山南坡把在山北坡得到精心保护的那同一种枞树林砍光用尽时，没有预料到，这样一来，他们就把本地区的高山畜牧业的根基毁掉了；他们更没有预料到，他们这样做，竟使山泉在一年中的大部分时间内枯竭了，同时在雨季又使更加凶猛的洪水倾泻到平原上。"① 在古代农业文明时代，生产力还不发达，生态环境的破坏给人类带来的恶果，已初露端倪。随着科学技术的迅猛发展，生产规模的迅速扩大和人类消费量的迅速增长，生态环境问题日益突出。一般来说，人类消费的直接对象是作为劳动产品而存在的社会财富，但其最终的对象则是原生的自然财富，社会财富不过是自然财富的转换形式。随着人类消费量的不断增长，必然刺激生产力的发展，加重对自然界的压迫。而自然承受力是有一定限度的，一旦超过临界点，生态平衡将会被打破，人类将受到自然界的报复。为了维护自然界的生态平衡，保证人类社会的可持续发展，必须适当控制生产的增长，必须节制人类消费欲求的增长。而要做到这一点，必须运用道德手段，调节人与自然的伦理关系。

人是自然的主人吗？自然是取之不尽、用之不竭的宝藏吗？假如生产条件可能的话，人类想消费多少就可消费多少吗？这是现代社会在人与自然关系中人们难以回避的道德课题。在生产力低下的手工工具时代，人类在自然界面前显得十分软弱无力。由于无法认识自然物和驾驭自然力，人类对自然的敬畏感便油然而生。人类社会进入机器时代之后，人类借助机器在自然界面前显示出强大的力量，人类从自然界的奴隶一跃成为自然界的主人。人类感到自然界不再神秘和可怕，自然界仿佛是取之不尽、用之不竭的宝藏。这种人类中心主义的伦理观念弘扬了人的主体精神，开创了人类历史发展的新阶段。但到了科学技术高度发达而生态环境问题日趋严重的 20 世纪，这种伦理观念受到了冲击。20 世纪的一些生态伦理学家从自然界的一切都是有机联系在一起、人类的幸福取决于自然界的生态平衡的观点出发，主张重新确定人类在自然界的地位。他们认为，人类不是自然界的征服者、统治者和主人，而是大自然家庭中的一员，应该成为这个大家庭中的善良公民。他们把人类的道德行为与生态平衡联系起来，认为要从自然界的眼光来认识人们行为的善与恶，即凡是有助于维护生物群落的完整性、稳定性和美好的行为，就是善的，除此之外，皆应列为恶

---

① 《马克思恩格斯选集》第 4 卷，人民出版社 1995 年版，第 383 页。

的行为。

随着生态伦理观念被人们逐步地接受，人类的消费不但要考虑与生产发展相适应，而且要与生态环境问题相联系。森林与矿藏、耕地与水源，这些自然界的资源是有限的，我们不能盲目地、不加节制地取用。在人类进行消费活动时，不仅要问人类的生产能力，而且要问它是否有利于生态环境。有利于生态环境的消费，最终将有利于人类社会的可持续发展，因而是善的；不利于生态环境的消费，即使能满足人类一时的功利需求，但最终将贻害于人类，因而是恶的。我国在一个较长的时期内，有些地方曾毁林垦田，焚草种粮，围湖造田，搞杀鸡取卵式的资源开发，结果是"吃老祖宗的饭，砸儿孙们的锅"，造成的恶果是严重的。还有一些人肆意捕杀珍禽、异兽、益鸟，供某些人消费，这是不能容忍的。在消费活动中，加强生态环境方面的伦理道德观念，使人类社会与自然界协调发展，不仅在 21 世纪，而且在下世纪，都有重要的意义。

二、当代中国消费伦理观念的变革

20 世纪 80 年代以来，中国居民特别是城镇居民的消费生活发生了翻天覆地的变化，以至被国外学者称之为中国的"消费革命"。在这场"消费革命"中，有消费水平、消费方式和消费观念的变革。而其中消费伦理观念的变革，又特别引人注目。伦理观念的根源深藏于经济事实之中，要认识和把握当代中国消费伦理观念的变革，必须指出这种变革的历史背景和经济条件。改革开放三十余年，在中国特色社会主义理论的指引下，我国综合国力迈上新台阶，我国人民的生活水平有了显著提高。从 1978—2009 年，我国国内生产总值由 3645 亿元增长到 33.5 万亿元，年均实际增长近 10%，是同期世界经济年均增长率的 3 倍多。党和国家着力保障和改善民生，人民生活总体上达到小康水平。这三十余年是我国城乡居民收入增长最快、得到实惠最多的时期。从 1978—

2009 年，全国城镇居民人均可支配收入由 343 元增加到 17175 元；农民人均纯收入由 134 元增加到 5153 元；城市人均住宅建筑面积和农村人均住房面积成倍增加。群众家庭财产普遍增多，吃穿住行用水平明显提高。①

（一）当代中国消费伦理观念发展的三个阶段

改革开放三十余年是中国经济大发展的三十余年，也是中国消费水平和观念发生重大变革的三十余年。这一发展过程可以分为三个阶段：

第一阶段，20 世纪 70 年代末至 90 年代初。在这一阶段，改革开放的春风吹遍了全国。"多劳多得"的政策在调动了劳动者的积极性的同时，也使劳动者的收入有了很大提高。随着生产力获得了新的解放，市场逐步走向繁荣，消费品不断丰富。传统的家庭消费"三大件"，从自行车、手表、缝纫机转变为彩电、冰箱、洗衣机。社会上的青年人提出了"拼命地干，拼命地玩"的口号，他们认为"改革了，多干活就不愁工资不高，奖金不多；钱多了，才有条件玩；而玩好了，工作才更有干劲"。1985 年春，胡耀邦到内蒙古视察。他对煤矿工人说："你们挣的钱不少，应该多消费一点，要'能挣会花'嘛！"霎时间，"能挣会花"的消费观念传遍了全国，如一石激起千层浪。如何对"能挣会花"的消费观念进行伦理评价，各种意见针锋相对。辩之者说，这一观点反映了与时代发展相适应的消费伦理观念，应该肯定。但攻之者认为，中国还处于社会主义初级阶段，还需要提倡青年树立艰苦奋斗的精神，"能挣会花"之说会误导青年。两种截然相反意见的交锋，实质是传统的消费伦理观念和现代消费伦理观念的碰撞。传统的消费伦理观念有其合理的因素，但随着时代的发展必须与时俱进。但新的消费伦理观念是在"扬弃"传统消费伦理观念基础上发展起来的，其生命力不可低估。如何从伦理上评价"能挣会花"的消费观，必然涉及两个大问题：第一，消费伦理观念与社会经济发展的关系。当社会经济发展带来了更多的商品，就必然要求扩大消费，实现经济的良性循环。青年

---

① 以上数据引自胡锦涛：《在纪念党的十一届三中全会召开 30 周年大会上的讲话 》，《人民日报》2008 年 12 月 19 日。

人通过自己的劳动获得更多的收入，同时满足个人的消费需求，与社会发展的要求相吻合，不应该否定。第二，消费伦理观念与青年人生观和价值观的引导问题。"能挣会花"作为一部分青年群体的人生选择，在改革开放的年代有其客观必然性。但由于个人能力的差异，地区经济发展的差异，也并非对所有的青年、所有的社会群体都适用。把"能挣会花"的消费伦理观念推广到全社会因而引起争鸣，在当时的历史条件下是难以避免的。青年人在人生观和价值观上要更多继承传统的艰苦奋斗精神，同时也不能把"能挣会花"与艰苦奋斗精神绝对地对立起来，"能挣"中也可能包含有艰苦奋斗的精神元素。改革开放时代的艰苦奋斗精神在内容和实现形式与以往时代有着很大的不同，突出表现在它与经济建设是结合在一起的。因此，在青年人生观和价值观的引导中，提倡艰苦奋斗的精神，也要反映时代的特点，帮助青年处理好工作、收入和消费的关系。总之，这一阶段关于"能挣会花"的争鸣在改革开放时代消费伦理观念的发展史上有着深远的影响，值得人们不断地反思。

第二阶段，20世纪90年代初至21世纪初。在这一个阶段，中国建立了社会主义市场经济，进一步推动了消费伦理观念的变革。特别是国家推动居民住房走向市场，对消费伦理观念产生了重要影响。20世纪90年代，当家用电器走进千家万户后，居民对改善住房的消费需求越来越强烈。随着经济的不断发展和住房需求的不断扩大，长期由政府财政支撑的福利分房制度，已难以满足人们的住房需求。尽管改革开放以后，政府用于城镇住宅投资的资金数额巨大，但我国城镇居民中仍有大量的无房户和住房困难户。政府为推进住宅商品化，推出了一系列城镇住房制度的改革措施。然而，商品房价格昂贵，广大中低收入居民家庭即使举全家之力，动用多年的积蓄购买商品房，也是力不从心。如何有效地解决居民商品房的购买能力问题，以改善和提高居民的住房条件呢？显然，住房按揭是一个非常有效的、受欢迎的解决途径。我国的住房按揭兴起于20世纪90年代初，但在国外一些发达国家和地区这种贷款方式早已形成规模。住房按揭受到了银行和购房者的青睐，对银行来说，住房按揭是一种风险小而利润稳定的贷款方式，对中低收入购房者来说，住房按揭使他们提前实现了拥有住房的愿望。住房按揭是一种以住房为抵押的贷款方式，形式上看起来是经济行为，但经济行为是建立在自愿基础上的，在其背后需要有"超前消费"伦理观念的支持。住房按揭实现了一大部分居民购房的消费需求，同时极大地推动了当代中国消费伦理观念的变革。关于这一点，在后文"消费伦理观念变革"中将展开论述。

中国在建立社会主义市场经济后，消费信贷在商品销售中蓬勃兴起，其中个人住房贷款成为消费信贷中最受重视、同时也是市场竞争最激烈的产品。据统计，四大国有商业银行消费贷款中近80%是个人住房贷款。中国人为什么喜欢买房并将买房置于其他消费之前？其中不乏文化传统的影响。以宗法血缘关系为基础的中国传统文化对现代中国依然有深刻的影响，在消费过程中，有关"成家立业"和"传宗接代"的住房消费被放在优先地位上。在这样的消费伦理观念指导下，住房消费成为"刚性需求"也就不难理解了。另外，中国传统文化讲究面子观念，中国人之间喜欢相互攀比，买了大房子、好房子是件很体面的事情，因此，许多中国人为了住房消费，一生省吃俭用，往往图的是血脉能够传承，人际比较中有个面子。在20世纪90年代末的中国，为了对抗亚洲金融危机，拉动内需，许多地方政府出台了鼓励居民购买住房的政策，其中包括贷款购买住房可以获得个人所得税的退税。这些政策极大提高了居民购买住房的积极性，将居民住房消费需求的满足与现代信贷理念结合起来了，在传统的消费伦理观念中注入了现代的元素，在中国消费伦理观念发展史上是一个具有重大影响的事件。

第三阶段，21世纪初至今。2001年，中国加入世界贸易组织，进一步推动了中国经济走向世界。在这10年中，中国成为"世界工厂"，经济力量迅速崛起，人民生活水平有了显著提高。在这一阶段，消费伦理观念遇到了多方面的挑战。

首先，生态环境问题对消费伦理提出了挑战。以汽车为代表的高档消费品走进千家万户，正在成为大众消费品。据统计，中国国内汽车2010年产销双双超过1800万辆，创全球历史新高，再次蝉联全球第一。汽车引起的庞大的能源需求对生态环境造成了巨大的压力，汽车消费带来的空气污染威胁着人类的生存。市场经济的逻辑难以解决生态环境面临的这些课题，它需要国家一系列的宏观调控，更需要人们建立有利于生态环境保护的消费伦理观念，以有利于社会的可持续发展。国家提出的节约型社会的建设和低碳经济的实现，都有赖于消费伦理观念的支持。其次，社会公正问题对消费伦理提出了挑战。中国经济实现了跨越式发展，社会成员的收入增加了，但社会生活中"炫耀型"消费在广告的推波助澜下，负面效应日益显现。特别是贫富差距的拉大，在社会各阶层之间产生了许多矛盾，这些矛盾拷问消费正义，并在如何对待奢侈消费等消费问题上反映出来。然而，在 21 世纪初的中国讨论奢侈消费的评价问题，有着广泛而深刻的社会背景。中国一方面要鼓励消费，拉动内需；另一方面则需要抑制过度消费，以免对社会产生经济和道德风尚的不利影响。对于奢侈消费只能有限度地容忍，更不能鼓励和提倡。在这种情况下，就需要充分发挥伦理观念在消费活动中的调节作用。再次，中国的公共卫生安全问题对消费伦理提出了挑战。2003 年上半年，"非典"肆虐中国，造成了严重后果。据调查，中国"非典"的传播与中国的饮食消费有关。这是继 1988 年上海甲肝风波以后又一次重大的公共卫生安全事件。事实表明，要减少和防止这些重大公共卫生安全事件的发生，就需要树立正确的消费伦理观念，变革传统的消费方式。最后，消费者的社会责任运动也在这一阶段开始受到国人的关注。消费者的社会责任运动认为，消费者应该联合起来，对于那些血汗工厂生产的商品采取抵制的态度，为建立社会公正作出自己的贡献。尽管这些理念在中国大陆还很微弱，但它表明，消费者的社会责任感和人道意识已经开始进入中国消费伦理，成为未来中国文明消费伦理的萌芽。

综上所述，当代中国消费伦理观念发展的三个阶段各有特点。第一阶段，"能挣会花"的争鸣拉开了消费伦理观念变革的序幕。第二阶段，住房贷款消费突破了某些传统的消费伦理观念。第三阶段，中国社会发展中面临的诸多问题推动了消费伦理观念的全面变革。

（二）当代中国消费伦理观念变革的三大内容

研究当代中国消费伦理观念的变革，不仅要从历史的发展过程中考察，而且要关注现实的社会生活，对大量鲜活的消费现象进行提炼、分析和概括。从内容上进行梳理，当代中国消费伦理观念变革主要体现在三大方面：

第一，享受生活成为中国消费者普遍接受的伦理观念。人们的消费伦理观念总是一定社会经济发展状况的反映。在新中国成立以后持续三十余年的计划经济年代，人们接受的是"新三年，旧三年，缝缝补补再三年"的生活方式和消费伦理观念，生活水平主要是温饱型的。由于计划经济是"短缺经济"，这种基本否定物质享受的生活方式和消费伦理观念与计划经济是相适应的。但随着社会主义市场经济的发展，中国国力的崛起，对许多老百姓来说享受生活已不再是奢望，因为中国的经济奇迹已为人们享受生活提供了物质和收入的前提。享受生活的消费伦理观念走进了千家万户，成为社会消费伦理观念变革的标志。全球顶尖的市场研究公司 AC 尼尔森的总裁兼首席执行官斯蒂夫·施密特在对中国消费者进行了大量调查后指出："由于老百姓对中国经济形势总体持乐观态度，人们享受生活的意识越来越强烈，消费得到了某种程度的刺激。这不仅在大城市是如此，就连大量第二和第三类城市也是如此。"[1] 值得注意的是，中国人在解决了温饱的基础上开始关注时尚，并借此来提升生活质量。《2006 年 VOGUE 中国时尚指数研究报告》认为，如果以 100 分为标准，2006 年中国时尚指数为 65.3 分，突出表现为"时尚意愿较强、时尚带来的自我满足感较强"[2]。

追求和关注时尚反映了人们生活的一种变化，而这个变化正是由近些年经济快速增长、收入水平提高所带来的。调查表明，当个人月收入达到 3000 元的时候，"时尚追求愿望"转化成"时尚参与行动"的可能性就会更大。而时

---

① 参见《AC 尼尔森总裁施密特：中国消费者的心思真难猜》，《环球时报》2006 年 11 月 10 日第 17 版。

② 参见《2006 年 VOGUE 中国时尚指数研究报告》，《中国青年报》2006 年 11 月 20 日第 2 版。

尚行动，经过广告的推波助澜，对传统的消费伦理观念产生了强烈冲击，与计划经济时代相适应的一些伦理观念的式微是必然的。享受生活成为中国消费者普遍接受的伦理观念，是中国社会主义市场经济的发展与经济全球化共同作用的结果。

改革开放的总设计师邓小平同志在二十多年前指出，"贫穷不是社会主义"，在20世纪90年代，他又明确提出了改革开放的根本价值取向是"三个有利于"，即"是否有利于发展社会主义社会的生产力，是否有利于增强社会主义国家的综合国力，是否有利于提高人民的生活水平"，其中"是否有利于提高人民的生活水平"是归宿。在"三个有利于"标准的指引下，人民享受到了改革开放的成果，生活水平明显提高。从这个意义上来说，享受生活的伦理观念是与中国的发展紧密联系在一起的，反映了社会的文明进步，应给予更多的正面的伦理评价。

但不可否认的是，伴随着享受生活消费伦理观念的普遍接受，消费主义、享乐主义也在蔓延滋长，突出地表现在青年人身上。从纵向上比较，中国人的消费水平已比过去有了大幅度提高，但发展又是不平衡的。从横向比较，中国人口众多，与发达国家相比，人均国民生产总值还很低，因此人们消费水平的进一步提高，与人们的期望值还有较大差距。在肯定享受生活消费伦理观念的道德合理性的同时，不能不清醒地认识到，对享受生活的消费伦理观念必须加以正确引导，消费主义、享乐主义无限制地蔓延滋长必然给中国社会的发展带来巨大隐患。这种隐患产生的危害是：首先，败坏社会风尚。物欲横流，享受成风，人们的理想信念及其精神追求势必被削弱，道德人格的根基将被动摇，社会的腐败难以被有效遏制；其次，造成对生态环境的巨大压力。中国的人口基数大，消费品的需求量也大。假如中国每个家庭平均有一辆轿车的话，石油资源的消耗就是一个天文数字。在大城市中，数量众多的轿车还会造成空气污染。过多地追求以物质生活为主要内容的生活享受，对保护生态环境是不利的；最后，影响社会稳定。由于收入分配差距的扩大，人们的消费能力有着较大差异，企业销售中的产品定位及其广告强化了这种差异。当高档的奢侈消费和低档的生存消费形成强烈反差时，势必影响人们的心态，影响社会各群体之间的和谐关系，从而影响社会稳定。

第二，开始接受消费信贷的伦理观念。几千年来，中国传统的消费伦理对"借债"更多地给予负面评价，"无债一身轻"，因此"举债度日"不是好的生活。新中国成立以后，社会将"既无外债，又无内债"作为国家和个人经济状况优良的评价标准，引导经济体制的运转和私人生活的消费。但对于消费信贷的这种否定性评价在改革开放后逐渐受到了挑战。20 世纪 80 年代，商品经济在中国社会生活中日益活跃，必然会对"消费信贷"等传统的消费伦理观念提出质疑。20 世纪 90 年代中后期，亚洲金融危机对中国的经济发展产生了空前的压力，大陆消费内需不旺，特别是房地产市场低迷。如何通过消费伦理观念的变革来引导消费，以有利于战胜亚洲金融危机带来的困难，成为消费研究的热点。在实践中，房屋购买中的"按揭"方式是消费伦理观念的重大突破。"用明天的钱来圆今天的梦"，使一大批住房困难户改善了居住条件，享受到了消费信贷给他们所带来的实惠。特别是有关中国和西方两个老太太买房的不同结局的故事，成为街头巷尾人们津津乐道的话题，成为消费伦理观念变革的"催化剂"。

是否能接受消费信贷的消费伦理观念，在理论上关系到"超前消费"的伦理评价问题。中国传统消费伦理观念对"超前消费"基本持否定态度，但在市场经济条件下，"超前消费"并不等于恶，在一定条件下，它是符合现代消费伦理观念的，关键是"适度"，也就是说，善与恶的分界线在于是否"适度"。如果在个人经济承受能力的范围内，那就是善的，而大大超出个人经济能力，则是恶的。当然，对于未来的经济收入状况，有的人比较乐观，有的人比较保守，同样的经济收入也会有不同的经济预期，是否"适度"的判断是复杂的，但这是另一层面的问题，应另当别论。

近几年来，一些青年人走入了消费信贷的误区。他们追求时尚、追求享受，但又不理性地、客观地分析经济能力，以至消费贷款大大超越了自身经济能力能够承受的范围，被媒体冠之以"负翁"的雅号。这种现象在住房"按揭"

中尤为突出，他们经济收入不高，却要购买高档住房。"一步到位"的消费观念使他们走入住房消费的误区，以至沦为"房奴"。消费信贷有促进经济的作用，但一些青年人的非理性消费，又使提供信贷的银行面临道德风险，并可能危害社会的经济发展。国家因此调整了住房消费信贷政策，例如从2006年6月1日起，个人住房按揭贷款首付款比例不得低于30%。这一政策旨在抑制房价的过快上涨，同时也提高了获得住房按揭贷款的经济"门槛"，降低了人们走入过度超前消费误区的可能性。但这种政策的实施需要伦理观念的支持。在消费伦理观念变革的当代中国，接受消费信贷的伦理观念，同时也要引导人们把握好超前消费的"度"，是消费伦理研究的重要任务。

第三，健康、环保的绿色消费伦理观念的提升。中国经济的迅速发展，使中国从温饱型社会走入小康型社会。商店里的商品琳琅满目，比过去大大丰富了，人们用于购买消费品的经济能力也有了显著提高，大中小城市的商业都呈现出一派兴旺景象。与计划经济时代相比，在消费品的选择过程中，消费者不仅关注消费品的价格、质量、款式、服务，而且重视它对消费者身体健康的影响。特别是在饮食消费中，人们不仅要问"它是美味的吗"，而且还要追问"它是有益于健康的吗"，越来越多的消费者认为，只有既是美味的，同时也是有益于健康的，才是理想的食品。甚至一些消费者认为，食品的健康要求优先于美味的要求。在家庭装修材料、家具、家用电器等消费品中，是否符合环保要求，是否对身体健康有益，是消费者在消费选择中的重要因素，甚至是首要因素。一些环保的消费品，即使是价格贵些，也会受到消费者的青睐。

在当代中国，人们在追求理想生活的时候，伦理价值观念的判断天平更倾向于健康、环保。中国经济的发展，消费结构已升级换代，满足基本生存需要的消费品在市场上已饱和，而满足于享受和发展需要的消费品有着更广阔的市场空间。人们不再满足于吃饱穿暖，更着眼于以健康为首位的幸福生活。渴望健康，渴望长寿，成为社会成员的普遍心态。然而由于种种原因，"看病难，看病贵"的社会问题又困扰着人们。在人生选择的权衡之中，健康、环保的绿色消费伦理观念的提升就成为自然而然的事了。

在 20 世纪以来世界消费文化的滚滚潮流中，涌动着绿色消费的思潮。绿色消费所代表的消费伦理观念是引领世界走向人与自然和谐的先进思潮。中国在改革开放和融入世界经济的进程中，绿色消费伦理观念在社会生活中的影响也不断提升。诚然，中国人所理解、接受、选择的绿色消费伦理观念和消费行为，与个体的健康和功利有着密切联系，与国际上更为宏观的生态环境保护理念还有不少差距，但它毕竟使绿色消费的伦理观念深入到中国大地。随着时间的推进，绿色消费伦理观念将不断扩展其影响力，反映中国社会可持续发展的客观要求，推动中国和谐社会的建设。

三、消费伦理研究与中国社会发展

中国加入世界贸易组织，是 21 世纪中国经济融入全球化潮流的重大事件。在这一过程中，中西消费伦理必将发生剧烈碰撞，推动当代中国消费伦理观念的变革，适应时代要求的消费伦理规范体系必将建立。消费伦理研究在当代中国社会发展中获得了比以往任何时候都要重要的理论和实践价值。

一方面，面对金融危机后世界经济发展的新态势，中国要成为世界经济强国，必须将中国经济的发展置于内需主导型的轨道上来。为此，中国要通过消费伦理观念的转变，刺激内需，拉动经济的可持续发展。同时，中国要实现可持续发展，必须建设资源节约型、环境友好型社会，也必须获得消费伦理观念的支持。

另一方面，全球化过程中，西方消费伦理必将影响国内消费者的思想观念，其中既有积极的方面（环保消费），又有消极的方面（享乐主义）。要通过消费伦理规范体系的正确导向，确立与社会主义市场经济发展相适应的消费伦理观，以建立良好的社会道德风尚和帮助人们特别是青少年树立正确的世界观、人生观和价值观。在社会和个体的消费活动中，如何实现经济合理性和伦理合理性的统一、经济评价和伦理评价的统一、物质文明和精神文明建设的统一，是当代中国消费伦理的基本问题。

国外对于消费伦理的研究主要是从两个方面展开的。一是对消费主义的批判，主要是文化的角度和哲学的角度。丹尼尔·贝尔在《资本主义文化矛盾》中对消费主义的批判是犀利的，而法兰克福学派的哲学家马尔库塞和弗洛姆的批判是深刻的。二是强调建立与生态环境保护相一致的消费伦理观。这在西方生态环境伦理学中是形成共识并被反复阐述的观点。消费伦理的中西比较是全球化背景下研究当代中国消费伦理的学术基础，但中国的文化背景和西方有着重大差别，西方的消费伦理理论成果不能取代中国的研究。

在国内，社会主义市场经济的发展推动了多种学科对消费现象进行研究。例如，从经济学角度对消费进行研究的"消费经济学"、从社会学角度对消费进行研究的"消费社会学"，以及从文化学角度对消费进行研究的"消费文化学"等。但这些研究相较中国社会发展的要求来说还远远不够，进入"消费社会"的中国，还必须建立消费伦理学，研究消费中的道德观念、道德关系、道德规范等问题。尽管这些问题在其他一些学科中有所涉及，但往往是零碎的、不系统的，通过以伦理价值为中心的建构，消费伦理学学科将得以形成和建立，它将推动消费伦理的系统研究，也将推动中国消费问题学术研究的不断深入，拓宽中国消费问题学术研究的视野。

以推动当代中国社会发展为己任的消费伦理学的研究必须关照当代中国面临的重大现实问题，并对以下热点和核心问题给予充分阐发。

（一）当代中国消费的伦理规范和原则问题

当代中国消费伦理规范和原则在纵向上应与中国传统美德相承接，在横向上要吸收国外先进的消费伦理观念元素，并反映当代中国社会发展的客观要求。在几千年中国传统文化中，崇尚节俭一直是消费伦理观念的主流。无论是儒家、道家，还是墨家，都持节俭的态度。在价值评价上，中国传统文化注重的是伦理评价。但西方社会的发展却不然，在进入近代社会后，西方的思想家注重对消费的经济评价，无论是崇尚节俭的思想家（例如亚当·斯密），还是反对节俭的思想家（例如凯恩斯），往往都是从经济角度提出、阐发和论证的。

当代中国消费伦理规范和原则要将伦理评价和经济评价统一起来，倡导适度消费、绿色消费和科学消费。

如何理解适度消费？适度消费就是将节俭和合理的消费统一起来的消费伦理规范和原则。中国古代儒家在论述节俭问题时就已提出"俭而有度"，其中包含着适度的思想元素。节俭对于社会的发展和个人的完善都有着重要价值，但是俭而无度，抑制了消费，压制了人性，其负面效应就会大大显现出来。为了有利于经济的发展和人性的健康，倡导适度消费是在对中华美德节俭论继承的同时又注入了时代精神。当然，由于地区经济发展的不平衡、个人和家庭收入的多寡，适度消费中"度"的概念具有相对的意义。

如何理解绿色消费？所谓绿色消费，"主要指在一定的生态环境中，人们对物质消费品（包括吃、穿、住、用、行等）的消费，要求无污染、无公害、质量好、有利于人的健康的'绿色消费品'"[1]。这种消费伦理规范和原则是尊重自然、保护生态环境的一种环境良知的表现，它推动了人与自然、社会经济与生态环境的协调发展，促进了人的身心健康和全面发展，是社会文明和全面进步的象征。

如何理解科学消费？所谓科学消费，就是在全社会提倡科学、合理、发展型消费，反对愚昧、颓废、短视型消费。胡锦涛在论述社会主义荣辱观的内容时，明确提出"以崇尚科学为荣，以愚昧无知为耻"。在当代中国社会的消费习惯中，还有与科学、文明、健康消费相悖的陋俗，例如嗜赌如命，沉湎于赌博不能自拔；为死者大办丧事，大修坟墓，占相问卜看风水，把有限的经济收入消费在迷信活动之中……以科学消费的伦理观念来引导社会消费风尚还任重道远，必须加强科学消费伦理观念的研究和教育。

（二）消费伦理与节约型社会建设问题

努力建设资源节约型、环境友好型社会，是当代中国的基本国策。在这一

---

① 尹世杰：《消费文化学》，湖北人民出版社 2002 年版，第 157 页。

建设过程中，不但要实现经济增长方式从粗放型向集约型转变，也要注重与节约型社会相适应的现代消费伦理观念的培育，以使节约型社会建设获得强有力的道德支持。面对制约中国经济发展的资源"瓶颈"和生态环境恶化的巨大压力，节约问题已成为当代中国现代消费伦理观念的重点内容。围绕这一问题，需要我们更深入地理解节约的内涵，不仅仅要从道德价值、经济价值的层面上，而且更要强调从生态价值上去把握，把三者统一起来。要将建设节约型社会和发展经济统一起来，就要在消费伦理观念上教育人们增强社会责任感，鼓励和引导人们使用占用自然资源少的消费方式。这样，一方面减少了消费对生态环境的压力，符合节约型社会的要求；另一方面鼓励消费，拉动了内需，有利于经济的发展。

（三）消费主义的批判问题

消费主义是 20 世纪中叶以来，在西方发达国家普遍存在的一种生活方式、文化态度和价值观念。消费主义来自西方意识形态的一个基本教义，即认为个人自我满足和快乐的第一位要求是占有和消费物质产品。中国经济融入全球化潮流后，消费主义思潮必然或迟或早地扩散至中国，影响中国的消费伦理观念。如何评价消费主义？不同的学者从不同的角度立论，作出了不同的、甚至是针锋相对的评价。赞成者认为，消费是一种生活方式，消费者在商品的购买与使用中可从中获得精神满足，同时消费是经济发展的巨大推动力，因而是无可非议的。反对者认为，消费主义鼓励人们过度消费，把消费作为一种符号，是一种虚假的需求，扭曲了人性，并不能够给人生带来幸福，同时消费主义大大有害于生态环境的保护。科学地评价消费主义，既有利于生态环境的保护，又有利于经济的发展和人性的满足，并且在理论和实践上达到统一，有着广阔的学术空间。

（四）奢侈的伦理分析问题

在全球奢侈品销售额不断下降的时候，奢侈品却在中国迅速扩张。奢侈品及其带来的奢侈消费现象的蔓延滋长对当代中国社会产生了诸多负面效应，败坏了社会道德风尚，增加了生态环境的压力，削弱了社会的凝聚力。然而，奢侈问题是个复杂的社会问题，仅仅诉诸道德批判是难以解决问题的。在操作层面上，有许多问题值得研究。例如，如何界定奢侈品？根据消费者主权理论，消费者有权根据自己的意愿选择消费品。在市场经济条件下，市场已细分为高档市场、中档市场和低档市场。而当代中国人的收入已明显拉开了差距，有些消费者若选择高档市场的商品和服务（其中很大一部分属于奢侈消费），这种选择是不是应该容许？奢侈问题的复杂性并不意味着我们只能听之任之，无所作为。对于奢侈品和奢侈消费应容许其在一定的条件下存在和发展，但又要有所限制，绝不能提倡和鼓励。如何通过社会主义荣辱观的引导和教育，转变社会消费风尚，培养健康的消费心态，需要大力研究。

（五）消费的社会责任与公共卫生问题

个人的消费是自由的，它是建立在平等、自愿、自主基础上的。它可以根据消费者的经济状况、个人性格、生活习惯作出选择。然而，消费是在社会中进行的，个人消费的自由又意味着要承担一定的社会责任。因为权利与义务是统一的，作为一个公民，他有一定的权利和自由，同时也有相应的义务和责任，在消费活动中也是如此，比如预防疾病，搞好公共卫生安全的责任。中国人喜欢吃某些野生动物，饮食又采取"合餐制"，这是公共卫生安全的重大隐忧。消费者在消费食品满足口腹之欲的时候，不要忘记公共卫生的责任。要解决这一问题，在运用法规和政策等"硬约束"的同时，如何运用消费伦理观念的力量，自觉增强公共卫生的社会责任感，改变有悖公共卫生安全的消费风俗习惯，是一个需要长期研究的课题。

（六）广告在消费活动中的社会责任问题

在市场经济条件下，广告在消费活动中的作用举足轻重。广告通过大众传媒，将商品和服务信息传达到自己的受众。广告沟通企业与消费者的联系，塑造企业品牌，开拓产品市场，扩展产品销路，实现其促销目的。广告在活动过程中，必然会宣传、倡导一种消费观念、消费模式，而这种消费观念和模式又必然会折射出人们一定的道德取向、人生观及价值观。在现实生活中，许多广告主、广告代理商和媒体在利益的驱动下，用误导性、欺骗性、格调低下的广告来打开市场。这些广告有的超越了道德的底线，有的甚至违反了法律的规定，违背了社会的道德良知，对社会公众特别是青少年产生了不良影响。加强广告在消费活动中的社会责任研究，是消费伦理研究中重要的一环。特别是当前中国大众传媒的发展日新月异，使广告以巨大渗透性的力量在社会中发挥作用，必须加强对大众传媒的监管和社会责任感的培育。

（七）大众文化消费与青少年道德教育问题

大众文化的兴起是当代社会的一个显著特点。这里的大众文化是指采取时尚化方式运作、以现代传媒特别是电子传媒为介质大批量生产的当代文化消费形态，其中网络文化、影视文化、广告文化、流行歌曲等是其核心内容。当代青少年在成长过程中，由于其心理和生理特点，对于大众文化这一当代文化消费形态情有独钟。大众文化改变了青少年的生活方式，影视明星、网络游戏、时尚商品等已经成为青少年生活的一部分，大众文化对青少年的道德观念、道德人格产生了深刻的影响。在大众文化消费中，如何教育和引导青少年对待"青春偶像崇拜"，如何文明上网，如何评价消费时尚，如何对待动漫等一系列问题，是青少年道德教育中的前沿课题。必须进行深入细致的调研，提出对策，学校、社会和家庭三位一体开展工作，才能真正提高这些道德教育的实效性。

第二章
全球化背景下中西消费伦理
思想比较

经济全球化推动了世界各国经济贸易的往来，跨国商品与服务贸易的规模大大增加了。同时，在世界市场的舞台上，伴随着密切的经济交往，承载在商品和服务上的消费伦理观念获得了更大的传播空间。伴随着中国经济融入全球化的浪潮，中西消费伦理观念互相交融，又发生剧烈碰撞。必须科学地进行中西消费伦理观念的比较，从而使当代中国消费伦理规范体系的建构，既与中华民族传统美德相承接，又吸收世界文明的优秀成果，更好地达到经济与伦理、人与自然的和谐统一。

一、全球化及其对中国消费伦理观念的影响

当代中国社会是一个开放的社会，面临着复杂的国内和国际环境。对中国消费伦理观念产生重大影响的不仅有国内因素，更有国际因素。这种国际因素突出地表现在全球化对中国的影响。

20 世纪 80 年代末以后，"全球化"这个概念随着全球经济的迅速发展而在全世界广泛传播，频频出现在各种媒体中。学术界对全球化的内涵及其对世

界发展的影响也引起了专家学者的兴趣，成为专家学者研究的热门课题。那么什么是全球化呢？尽管具体的表述内容不同，但大多数专家学者都认为全球化包括政治、经济、社会、文化等诸多方面，其基本内容是经济全球化，同时，往往把"全球化"与"经济全球化"作为同义词使用。本书也采取这一立场。

经济全球化的核心内容是经济的跨国发展和国际化，而这种跨国发展和国际化可以追溯到一个世纪或更久以前。当时，马克思和恩格斯在《共产党宣言》中明确指出："由于开拓了世界市场，使一切国家的生产和消费都成为世界性的了。"① 然而，我们所说的经济全球化则始于第二次世界大战以后：跨国公司成为世界经济增长的发动机，大批发展中国家进入国际经济体系，各国经济相互渗透，相互依存，趋于一体。20世纪90年代以后，冷战的结束，带来了国际政治格局的巨大变化，信息技术的突飞猛进，促进了全球资本流动和技术转移，国际政治经济的这些巨大变革推动了经济全球化的发展，并使之成为时代的潮流。

经济全球化使企业家能够利用世界任何地方的资金、技术、信息、管理和劳动，在他们所希望的任何地方进行生产，然后把产品销往任何有需求的地方，因而有利于生产要素的优化配置。它大大推动了跨国商品与服务贸易及国际资本流动形式和规模的增加，并使世界各国的经济依赖进一步增强。经济全球化对世界各国的发展而言是祸还是福，祸多福少，还是祸少福多，各方评价并不一致。但毫无疑问的是，经济全球化是社会生产力和科学技术发展的客观要求和必然结果，是当代世界强劲的时代潮流。作为一把"双刃剑"，给各国各地区提供了新的发展机遇，同时也提出了新的挑战。

人类进入21世纪以后，中国加入了世界贸易组织，这标志着中国的对外开放进入到一个新的阶段。中国的发展离不开世界，世界的发展需要中国。中国将在更大范围和更深程度上参与国际经济合作与分工，同时经济全球化对中国的经济、政治、文化也产生了深刻影响。从消费伦理观念的变革中，我们不

① 《马克思恩格斯选集》第1卷，人民出版社1995年版，第276页。

难窥见经济全球化的巨大影响力。这里，品牌广告、白领示范、汽车效应是三条主要路径，是全球化背景下中国消费伦理观念变革中不可不分析的重大内容。

（一）品牌广告

在经济全球化背景下，人们的消费选择发生了重大变化，"地方和国别对消费者来说，不再关系重大。媒体是文化黏胶，把世界社会黏在一起，而且媒体推销品牌……而品牌又回头代表一连串的价值标准……因此是品牌界定人，而不是地方（或国别）界定人。"①这就是说，跨国公司通过开拓市场，使更多的商品跨越国界，进入世界各个国家和地区。它们通过媒体推销商品品牌，使消费者在接受商品品牌的同时，也在有形和无形中接受了品牌中所代表的"价值标准"，并对消费者的消费伦理观念产生了重要影响。

可口可乐是全球最有价值的品牌。可口可乐品牌把营销与人们的消费伦理观念结合起来，在它的营销口号中赋予价值的内涵。例如它在不断深入了解和研究变化中的中国年轻一代消费者的人生价值观和生活态度的基础上，推出了"要爽由自己"的口号，获得了成功。在"要爽由自己"的口号中所体现的消费者独立自主的消费伦理观念，在一大批青少年消费群体中获得了共鸣。可口可乐推销了产品，也传播了为其营销服务的消费伦理理念。

麦当劳是拥有数十亿美元资产的国际性公司，是全球规模最大、最著名的快餐集团。自1955年在美国开设第一家餐厅起，它在全世界120多个国家和地区已开设了3万多家餐厅。在世界各地到处都能看到以它为标志的快餐店，享受到它的服务。麦当劳在20世纪初进入中国大陆市场，并且得到了迅速发展。"麦当劳不仅仅是一家餐厅"，麦当劳餐厅对消费者的吸引力绝不仅仅是它的汉堡包，而且还有它那美国式文化氛围和独特的社会空间，普通消费者在那里能享用美国式快餐，同时也接受了快速、便捷等消费伦理理念。

---

① ［美］塞缪尔·亨廷顿、［美］彼得·伯杰主编：《全球化的文化动力》，新华出版社2004年版，第183页。

可口可乐与麦当劳两大公司成功的商业运作表明：跨国公司以强大的经济实力为后盾，以一流的策划和精美的商业包装起来的品牌广告对当代中国消费伦理观念产生了重要影响。值得注意的是，从产生的渠道分析，互联网正在扮演着越来越重要的角色。AC 尼尔森是全球顶尖的市场研究公司，它的总裁兼首席执行官斯蒂夫·施密特认为："中国消费者被全球化的潮流所裹，通过互联网，许多闻所未闻的知识和信息正朝他们扑面而来。随着政府继续执行对外开放政策，来自西方的文化和事物对他们的影响越来越大，正日益渗透到他们的日常生活中。"①互联网跨越了国界，在信息传播方面，有着其他媒体无可比拟的优势。特别是当 Web2.0、P2P 技术、宽带技术、流媒体技术、无线通信等一系列技术日趋成熟并相互结合时，互联网上的广告对中国消费者消费伦理观念的影响越来越大。2011 年 1 月 19 日，中国互联网络信息中心（CNNIC）在京发布了《第 27 次中国互联网络发展状况统计报告》，该报告显示，截至2010 年 12 月底，我国网民规模达到 4.57 亿，较 2009 年年底增加 7330 万人，稳居世界第一。网络广告吸引了大批广告主所看重的优质受众，并成为"颠覆的力量"，分流了传统媒体（尤其是报纸）的受众群。可见，斯蒂夫·施密特所认为的全球化浪潮中互联网影响了中国消费者的伦理观念和消费行为是有充分根据的。

"广告术颇不寻常的地方是它的普遍渗透性。"②广告特别是一些跨国公司的品牌广告对中国消费伦理观念的变革有着极为重要的影响，而互联网的普及，又加速了这种影响的扩展，但同时我们也不能忽略改革开放后中外人际交往的频繁，人与人面对面的交流对于当代中国消费伦理观念的影响。

（二）白领示范

在当代中国消费时尚潮流中，青年"白领"始终站在潮流的前头，他们消费伦理观念的变革是时代的缩影。一大批"海归派"是青年"白领"的中坚，

---

① 《环球时报》2006 年 11 月 10 日第 17 版。

② ［美］丹尼尔·贝尔：《资本主义文化矛盾》，三联书店 1989 年版，第 115 页。

他们从海外归来，不仅带来了现代的知识和技术，同时也带来了国外的消费伦理观念和生活方式。有些"白领"在国外生活了多年，在服装消费上，对品牌的要求已经完全被改变。在东部的沿海城市中，中外合资企业、外资企业、跨国公司在经济发展中扮演着重要的角色。在这些企业中，有着海外生活经历的高层"白领"以其优厚的经济地位成为社会其他成员（主要是青年人）所追崇的"偶像"，作为他们消费伦理观念表达的生活方式在青年中有示范作用。一大批时尚类的消费杂志定位于这一阶层，使这些"白领"的消费伦理观念在社会生活中有着广泛影响。而这些消费伦理观念往往反映的是国际消费新潮流的价值取向，换言之，在全球化背景下，"白领"的生活方式和消费观念是国外消费伦理观念对中国影响的又一重要路径。

（三）汽车效应

中国加入世界贸易组织，是中国经济在更大程度上和更广范围内融入世界经济的里程碑事件。它同时也表明，经济全球化的浪潮对中国人的生活方式、消费伦理观念将产生更为深刻的影响。美国著名学者丹尼尔·贝尔指出，汽车是"大众消费的象征"，"是技术彻底改革社会习惯的主要方式"。[①] 汽车进入中国家庭，推动了中国消费伦理观念的变革。中国加入世贸组织以后由于大规模降低了汽车进口关税，中国入世 3 年全面取消进口汽车的配额限制，这样一种预期就使得中国国内汽车开始大降价。老百姓开始感到汽车再也不是一种可望而不可即的产品，很多老百姓觉得攒点钱，汽车是可以买的，这就出现了中国汽车这几年每年市场销量井喷式上升的局面。2010 年中国汽车销量达到1800 万辆，蝉联全球第一。借助入世的这一契机，中国的汽车开始进入到千家万户，家庭拥有汽车不再是个梦。通过汽车消费，人们的眼界打开了，人与人之间的伦理关系发生了深刻变化，人们不再终年生活在熟人熟物之中。有了购买汽车的能力后，城市居民在选择住宅的时候，已经开始接受远郊的楼盘。汽车静悄悄地改变了许多中国人的生活方式和消费伦理观念。

---

① 参见丹尼尔·贝尔:《资本主义文化矛盾》，三联书店 1989 年版，第 114 页。

二、中西消费伦理思想发展轨迹比较

经济全球化对中国消费伦理观念变革的影响，是在中西消费伦理思想相互碰撞、相互比较和反思过程中进行的。因为经济全球化在改变人们生产方式、消费方式和交换方式的同时，也改变了人们的思维方式。它要求人们在进行纵向思维的同时，特别重视横向思维，将不同民族与国家的政治、经济和文化相比较。处于经济全球化背景下的当代中国，与世界各国的交往不断加强，与国际社会的联系不断紧密。因而，中西文化的比较成为中国社会生活不可避免的重要内容，成为学术研究中长盛不衰的重要课题，这种中西文化的比较当然也包括中西消费伦理思想的比较。这种比较不是简单地下一个孰优孰劣的结论，而是通过历史的、辩证的思考，推动文化自觉性的增强。

中西消费伦理思想是在不同的经济和文化条件下形成和发展起来的，其发展轨迹有着明显的不同。要正确进行中西消费伦理思想比较，必须认真考察中西消费伦理思想的源流，把握其特点。

（一）中国传统消费伦理思想建立在自然经济的基础上，几千年以来一直以"黜奢崇俭"为其主流

消费伦理思想受社会物质生活条件的制约和影响，是一定社会经济基础的反映。中国传统消费伦理思想是建立在自然经济基础之上的，深深打上了自然经济的烙印。在自然经济条件下，人们在生产劳动过程中，主要采用的是手工工具，且市场规模狭小。人们被束缚在土地上，将土地视为安身立命的"根本"。"鸡犬之声相闻，老死不相往来"，人与人之间的经济交往处于很低的水平上。由于交通运输和信息传播工具的落后，地区与地区、国家与国家之间经济贸易的水平与现代社会是无法比拟的。农民生产出来的产品，主要是充做剥削阶级寄生性消费，另一部分则用来维持自己最低限度的家庭生活，而不是拿到市场上去交换。正如毛泽东指出的："农民不但生产自己需要的农产品，而

且生产自己需要的大部分手工业品。地主和贵族对于从农民剥削来的地租，也主要的是自己享用，而不是用于交换。"①这段论述精辟概括了中国历史上自然经济的基本特点。

自然经济采用的是"手推磨"的生产方式，其生产力水平不高。社会无法生产出大量可供消费的产品时，要解决生产和消费这对矛盾，"黜奢崇俭"是保持社会和谐稳定并有序运转的必然选择。因为，以"黜奢崇俭"的伦理观念引导消费，可以弥补由于生产不足而造成消费资料供需失衡的缺憾，缓和生产不足与消费需要之间的矛盾、生产的有限性与消费需要的无限性之间的矛盾，这是其一。其二，农业是中国古代自然经济，靠天吃饭，农业生产的季节性和不稳定性的特点，迫使消费者在丰年节制消费，以防灾年不测。可见，作为中国古代社会基本经济形态的自给自足的自然经济，是"黜奢崇俭"成为中国几千年消费伦理思想主流的深层次根源。

在古老的商代，"黜奢崇俭"消费伦理就有了雏形。例如，"慎乃俭德，惟怀永图"（《尚书·太甲上》）的观点，把节俭与道德直接联系在一起。"君子以俭德辟难"（《易经·否》）的观点，认为君子可以靠节俭的美德躲避灾难。到了春秋战国时代，诸子百家争鸣，但在消费伦理观上，儒家、墨家、道家等却基本一致，都主张"黜奢崇俭"。

儒家的创始人孔子认为，"与其奢也，宁俭"（《论语·八佾》）。因为"奢则不孙，俭则固；与其不孙也，宁固"（《论语·述而》）。那么，何为俭？何为奢呢？孔子把消费与周礼联系起来了。在孔子看来，在衣、食、住、行、交际、陈设、婚娶、丧葬、祭祀等各种活动中，应该严格按周礼的规定来进行。个人在消费中超过了礼制为自己的等级所规定的标准，就是"奢"；如果低于等级标准，就是"俭"。在孔子之前，鲁大夫御臧孙提出了"俭而有度"，但语焉不详。孔子明确地把奢俭问题和周礼联系起来，这是孔子对先秦消费伦理观的一个发展。孟子继承了孔子的奢俭思想，同时又将奢俭思想与民本思想融

---

① 《毛泽东选集》第二卷，人民出版社1991年版，第623—624页。

合在一起。孟子认为："俭者不夺人。……恭俭岂可以声音笑貌为之哉？"（《孟子·离娄上》）自己节俭的人不会掠夺别人，恭敬和节俭这两种品德难道是可以光凭好听的声音和笑脸就能做得出来的吗？孟子主张："贤君必恭俭礼下，取于民有制。"（《孟子·滕文公上》）贤明之君一定节省用度、有礼貌地对待臣下，尤其是征收赋税要有一定的制度。

墨家在战国初期与儒学抗衡齐名，时称"儒墨显学"。但墨家的创始人墨子也主张节俭，并且专门论述了节俭。通过其论述，不难发现其节俭主张的严厉性超过了儒家。他认为，国家的经济要发展，必须"去其无用之费"（《墨子·节用上》）。"去其无用之费"就是节用。他甚至把节用对富国的作用看得比"生财"更重要，认为节用是实现国家经济发展的主要手段。先秦诸子都主张"崇俭"或"节用"，但具体论点不尽相同，特别是儒墨两家更是大相径庭。在"奢"和"俭"的标准上，儒家以等级制为基础，以符合还是超过与等级所相适应的消费水平为标准，而墨子认为标准是"有用"，财富使用在"有用"的地方，就符合节用原则，否则就是奢侈。这里的"有用"，主要是指衣、食、住、行方面能满足基本生理需要。在衣饰方面，墨子节用的标准是："冬以圉（御）寒，夏以圉暑"，"冬加温，夏加清"（《墨子·节用上》），"适身体，和肌肤……非荣耳目而观愚民也"（《墨子·辞过》）。在饮食方面，节用的标准是："足以充虚继气、强股肱、耳目聪明则止；不极五味之调，芬香之和，不致远国珍怪异物。"（《墨子·节用中》）在居住方面，节用的标准是："室高足以辟润湿，边足以圉风寒，上足以待雪霜雨露。"（《墨子·辞过》）在交通工具方面，节用的标准是："全固轻利，可以任重致远。"（《墨子·辞过》）

从墨子的节用标准来看，他的节用论主要是针对统治阶级上层的奢侈消费而提出的。尽管他既反对"奢侈之君"，也反对"淫僻之民"，但节用中，他反对在衣饰方面"为锦绣文采靡曼之衣，铸金以为钩，珠玉以为佩、女工作文采，男工作刻镂……单（殚）财劳力，毕归之于无用也"（《墨子·辞过》）；他反对在居住方面追求"台榭曲直之望，青黄刻镂之饰"（《墨子·辞过》）；他反对在交通工具方面"饰车以文采，饰舟以刻镂"（《墨子·辞过》）。在当时历史条件下，普通老百姓在衣饰、居住、交通工具方面是不可能达到上述水平的，他的节用说主要针对统治者的贵族生活方式是毫无疑义的。他这样做，是为了告诫统治者接受"俭节者昌，淫佚则亡"（《墨子·辞过》）的道理。而儒家崇俭是着重反对较低等级的人在生活方面的僭越即超过等级标准的行为，儒墨两家在节俭或节用伦理观上的差异是显而易见的。

　　道家对于"黜奢崇俭"的论述不及墨家丰富，但其主张是非常明确的。道家的代表人物老子说："我有三宝，持而保之：一曰慈，二曰俭，三曰不敢为天下先。"（《老子》第六十章）节俭是老子的"三宝"之一。老子还提出了节俭的作用，它们是：（1）应付意外需要［"夫唯啬，是谓早服。"（《老子》第五十九章）］；（2）扩大生活的范围［"俭，故能广"（《老子》第六十七章）］；（3）免除灾祸过错（"祸莫大于不知足，咎莫大于欲得"［《老子》第四十六章）］；（4）知足常乐。①

　　先秦时代，尽管儒家、墨家和道家等学派在阐述"黜奢崇俭"消费伦理思想时有所不同，但他们的价值取向是一致的，对中国几千年的发展产生了深远影响。中国的自然经济绵延了几千年，建立在这一经济基础上的"黜奢崇俭"的消费伦理思想始终是中国社会的主流。儒家、墨家和道家的"黜奢崇俭"消费伦理思想，特别是儒家对之阐述的观点，为后人所继承和阐发。但是，这也并不意味着古代消费伦理思想仅此一说。有些古代典籍在消费伦理观上呈现出复杂的情况，例如《管子》一书。由于该书是由众多作者跨越年代写成的，其中关于奢俭的观点各不相同。一方面，该书认为"审度量，节衣服，俭财用，禁侈泰，为国之急也"（《管子·八观》），表达的是"黜奢崇俭"的观点；但另一方面，该书又认为"兴时化如何？莫善于侈靡"（《管子·侈靡》），表达的是鼓励奢侈、反对节俭的观点。在近代，谭嗣同猛烈抨击中国传统的节俭观，而主张"尚奢"。他批判了老子的"崇俭"思想，认为"李耳之术之乱中国也，柔静其易知矣。若夫力足以杀尽地球含生之类，胥天地鬼神以沦陷于不仁，而

---

　　①　参见欧阳卫民：《中国消费经济思想史》，中共中央党校出版社1994年版，第105页。

卒无一人能少知其非者，则曰'俭'"（《仁学》卷上）。这就是说，老子"崇俭"的主张和"柔静"思想一样，都是乱中国之术。他指出，"崇俭"只不过是一些封建贵族欺世盗名的"兼并之术"，而富人的奢侈消费利大于弊，可以促进生产的发展，"夫岂不知奢之为害烈也，然害止于一身家，而利十百矣。锦绣珠玉、栋宇车马、歌舞宴会之所集，是固农、工、商、贾从而取赢，而转移执事者所奔走而趋附也"（《仁学》卷上）。

（二）西方消费伦理思想在文艺复兴时期以后，主张节俭和主张奢侈的观点同时存在与发展

西方消费伦理思想发展的源头要追溯至古希腊。在古希腊时期，亚里士多德就对消费做过许多精辟的论述，他指出："正确的消费才是合乎德性的。"[1]那么，什么样的消费才是正确的？在他看来，符合中道原则的消费才是应该肯定的，因为"过度和不及都属于恶，中道才是德性"[2]。他具体分析了消费活动中的"慷慨"与"大方"。"一个慷慨的人，为了高尚而给予，并且是正确地给予。也就是对应该的对象，按应该的数量，在应该的时间及其他正确给予所遵循的。"[3]同时，他也反对浪费："一个慷慨的人，要量其财力来花费，并花费在应该花费的地方，过度了就是浪费。"[4]亚里士多德还从消费对象、消费数量和消费成果等方面论述了另一种德性——"大方"，他所认为的"……大方这个名称，它的适当消费是大量，但消费量的大小是相对的……对于一个消费者，消费量的大小是否适当，要以对什么事情，在什么场合，以什么对象而定"[5]。"大方的人，其消费是巨大的，同时也是适当的，它的成果同样也是巨大的和适当的。"[6]

---

① 苗力田编：《亚里士多德选集》，中国人民大学出版社 1999 年版，第 84 页。
② 苗力田编：《亚里士多德选集》，中国人民大学出版社 1999 年版，第 39—40 页。
③ 苗力田编：《亚里士多德选集》，中国人民大学出版社 1999 年版，第 77—78 页。
④ 苗力田编：《亚里士多德选集》，中国人民大学出版社 1999 年版，第 79 页。
⑤ 苗力田编：《亚里士多德选集》，中国人民大学出版社 1999 年版，第 82 页。
⑥ 苗力田编：《亚里士多德选集》，中国人民大学出版社 1999 年版，第 83 页。

　　亚里士多德所处的年代正是希腊城邦奴隶制危机时期，经过多年战争之后，各城邦的统治力量都有所削弱，政治统治相对不稳定。但同时，由于当时雅典商业、航海业非常发达，使社会经济十分繁荣，奢侈之风盛行，社会贫富差距很大，各阶层矛盾激化。亚里士多德希望以中道的原则调和贵族的过度物质享受和穷人的极度贫困间的矛盾，既希望社会奢侈无度之风能有所限制，又希望富人能够慷慨解囊，使他们能够为大众消费，而非仅供自我享乐。然而这一切也只是一个善意的幻想。

　　中世纪的欧洲在基督教神学的思想统治下，禁欲主义压制或减少了个体的消费欲望。因为在基督教神学看来，在灵魂和肉体的斗争中，人只有放弃人的欲望和利益，才能使灵魂不趋向于罪恶，才能够在来世进入天国。然而，随着资本主义的发展，消费的伦理观不再围绕着基督教理论展开，而是围绕着如何推动生产力的发展展开了争鸣。主张用节俭的消费观推动生产的思想家有重商主义者、亚当·斯密、韦伯等，而主张通过消费拉动需求、甚至用奢侈推动经济发展的有孟德威尔、凯恩斯等。

　　11 世纪之初，欧洲与当时的中国、阿拉伯国家相比仍属于落后地区，但从 13 世纪起欧洲开始逐渐加快发展的步伐，至 15 世纪末，欧洲已享有了世界上较先进的技术，而从 1550—1750 年的二百年间，欧洲迅速积累了大量财富，成为世界上最为发达繁荣的地区。在这期间，流行一时的"重商主义"的经济伦理思想为经济、社会的蓬勃发展提供了理论支撑，这一思想所追求的是最大限度地获取黄金、白银，如法国的重商主义代表柯尔贝尔坚定地认为："国家的强大完全要由它所拥有的白银来衡量。"[1]重商主义学者们在这一主旨下，大力反对各种形式的铺张浪费及从国外输入奢侈品。英国重商主义者托马斯·孟就曾严厉地批评当时的奢侈之风是一种自毁国力的行为。这一时期的欧洲国家一方面疯狂拓展、掠夺海外殖民地的财富，另一方面大量积累国内资本，为建

---

[1]　[法]布罗代尔：《15 至 18 世纪的物质文明、经济和资本主义》第 2 卷，三联书店 1993 年版，第 603 页。

立起日后强有力的资本主义经济提供了资本保障。这一时期崇尚节俭的消费伦理观念也对后来产生了两个方面的影响。其一是经济方面："在重商主义下，消费者的利益，几乎都是为着生产者的利益而被牺牲了；这种主义似乎不把消费看做一切工商业的终极目的，而把生产看做工商业的终极目的"①，即生产至上性的观点，这为资本主义生产力的迅速提高带来了理论推力。其二是带来一种伦理道德的更新。"十七世纪伟大的宗教时代遗留给它讲求实利的后人的，却首先是一种善得惊人的，甚至可以说善得虚伪的良知，以此来获取金钱，只要获取金钱还是合法的行为。这里，'你们很难使上帝满意'的教义已荡然无存，连点痕迹都没有了。"②使节俭这一美德中更融入了新的带有可再获取利益的功利性色彩。

与重商主义处于同一时期的英国经济学家孟德维尔在其所著的《蜜蜂的寓言》一书中提出"私恶即公利"的观点，鼓吹"奢侈有利，节俭有弊"。他以一群蜜蜂为比喻，说在蜜蜂的社会中，当奢侈之风盛行时，社会各行各业都兴旺，而当节俭之风代替了奢侈之风时，社会反而衰落了。奢侈是个人的劣行，但这种个人劣行就是公共的利益。个人为了追求享受，反而推动了社会经济的发展。孟德维尔把个人消费行为本身的伦理标准同个人消费行为的社会效应的伦理标准区分开来，在当时有其深刻性。但就个人消费行为的社会效应而言，不仅应看到眼前的，更应看到长远的；不仅应看到经济上的效益，还应看到人的精神、文化等方面的效应。对 20 世纪人类社会有着较大影响的凯恩斯的经济学说，从有效需求不足的原理出发，在经济政策上主张赤字财政、扩大消费，用人为创造的需求来刺激经济。这种经济学说与二百多年前孟德维尔的理论有着不解之缘，这就是都鼓吹需求拉动经济的观点。

亚当·斯密在他的《国富论》中用了大量的篇幅来批判重商主义，但他对

---

① ［英］亚当·斯密：《国民财富的性质和原因的研究》下卷，商务印书馆 1974 年版，第 227 页。

② ［德］马克斯·韦伯：《新教伦理与资本主义精神》，四川人民出版社 1986 年版，第 138 页。

重商主义的节俭观十分推崇，并认为崇尚节俭、摒弃奢侈可以真正带来社会资本的增加："资本增加，由于节俭；资本减少，由于奢侈与妄为。"①"资本增加的直接原因，是节俭，不是勤劳。诚然，未有节俭以前，须先有勤劳，节俭所积蓄的物，都是由勤劳得来。但是若只有勤劳，无节俭，有所得而无所贮，资本绝不能加大。"②而且，"个人的资本，既然只能由节省每年收入或每年利得而增加，由个人构成的社会的资本，亦只能由这个方法增加"③。斯密高度评价了节俭的道德意义："节俭可增加维持生产性劳动者的基金，从而增加生产性劳动者的人数。他们的劳动，既然可以增加工作对象的价值，所以，节俭又有增加一国土地和劳动的年产物的交换价值的趋势。节俭可推动更大的劳动量；更大的劳动量可增加年产物的价值。"④

斯密不仅主张个人应注重节俭，同时也主张政府公共开支也要奉行这一原则。他认为如果听任政府挥霍，则"不论个人多么节俭多么慎重，都不能补偿这样大的浪费"⑤。所以，他认为从个人和政府两个层面最大限度地压缩消费开支，便会使国家财富迅速增长。他一再强调："总之，无论就哪一个观点说，奢侈都是公众的敌人，节俭都是社会的恩人。"⑥亚当·斯密以"看不见的手"理论开创了古典经济学体系，他的节俭理论也在相当长的一段时间影响着西方

---

① ［英］亚当·斯密:《国民财富的性质和原因的研究》上卷，商务印书馆 1972 年版，第 311 页。

② ［英］亚当·斯密:《国民财富的性质和原因的研究》上卷，商务印书馆 1972 年版，第 311 页。

③ ［英］亚当·斯密:《国民财富的性质和原因的研究》上卷，商务印书馆 1972 年版，第 311 页。

④ ［英］亚当·斯密:《国民财富的性质和原因的研究》上卷，商务印书馆 1972 年版，第 311—312 页。

⑤ ［英］亚当·斯密:《国民财富的性质和原因的研究》上卷，商务印书馆 1972 年版，第 316 页。

⑥ ［英］亚当·斯密:《国民财富的性质和原因的研究》上卷，商务印书馆 1972 年版，第 314 页。

经济消费观念。

马克斯·韦伯在《新教伦理与资本主义精神》中认为,新教伦理鼓励人们勤奋工作,使获利冲动合法化,并把它看做上帝的直接意愿,同时又束缚着消费,尤其是奢侈品的消费。他指出:"当着消费的限制与这种获利活动的自由结合在一起的时候,这样一种不可避免的实际效果也就显而易见了:禁欲主义的节俭必然要导致资本的积累。"①

凯恩斯与亚当·斯密和马克斯·韦伯的观点截然相反,他反对节俭,认为节俭是导致 20 世纪二三十年代经济大萧条的罪魁祸首:"今天有许多好心肠的人相信,要改进局势,他们本国和邻邦所能尽力的是,比平常更多地节约些……但在目前环境下这样做却是一个重大错误……节约的目的是使工人解除工作,使工人不再从事于房屋、工厂、公路、机器之类的资本货物生产。如果可以用于这类生产目的的上述资金,已经有了很大的剩额没有使用,这时进行节约的结果只是扩大这种剩额,因而使失业人数格外增加。还有一层,某个人在这一方式或任何别一方式下失去工作时,他的花费能力就有了萎缩,这就会进一步造成失业,因为别人原来为他生产的事物,他现在买不起了。这样就使情况一天天恶化,造成恶性循环。"② 个人收入情况是决定其消费量的决定因素,所以就业比率的高低直接决定了社会产品的总需求量,进而影响国民经济总量。所以,凯恩斯得出这样的结论:"在当代情形下,财富之生长不仅不系乎富人之节约(像普通所想象的那样),反之,恐反遭此种节约之阻挠。"③

在凯恩斯之前的整个古典经济学体系建构在法国经济学家萨依的著名的"萨依定律"基础上,即"生产给产品创造需求"。他认为,生产出的产品会自行被市场消化。古典经济学家并由此推论,社会失业情况仅仅是暂时的,是一种"摩擦阻力"造成的可以调整的暂时性问题。但当 20 世纪二三十年代的经

---

① [德] 马克斯·韦伯:《新教伦理与资本主义精神》,四川人民出版社 1987 年版,第 135 页。

② [英] 凯恩斯:《劝说集》,商务印书馆 1962 年版,第 116—117 页。

③ [英] 凯恩斯:《就业利息和货币通论》,商务印书馆 1977 年版,第 318 页。

济危机全面爆发，大量商品积压，与此同时失业大军却不断扩大，并且很多都是长期失业的工人，这些都是古典经济学无法解决的。凯恩斯提出正是有效需求的不足导致了失业的增加，也造成了一种经济上的恶性循环，有效需求的不足带来了失业扩大，失业人员的增加又使得社会有效需求进一步降低，最终使社会整体经济滑坡。所以，凯恩斯指出应该由政府加大宏观调节的力度，并从社会意识观念上加以引导，刺激消费，调整投资引诱的职能，用以扩大有效需求，增加社会就业。

纵观几千年中西消费伦理思想的发展轨迹，不难看到经济基础对消费伦理等意识形态的决定作用。在近代以前，中西伦理学家大多强调节俭为消费的伦理原则，这绝不是偶然的。生产决定消费，在物质产品不丰富的条件下，选择节俭的消费伦理原则，有其客观的历史必然性。但在近代以后，中西伦理思想开始出现重大差异。西方社会进入到工业革命时期，生产力的发展要求与之相适应的消费观，鼓吹享乐，追求奢侈消费的观点开始抬头，一直发展到现代西方社会的消费主义。而中国在近代以后，传统的自然经济在相当长的一段时间内依然占着主流地位，传统的节俭消费伦理观依然为大多数中国人所认同和信奉。

三、中西消费伦理思想人性基础比较

消费伦理是对经济生活的伦理思考，不仅是由经济关系决定的，同时也受到文化传统的深刻影响。人的欲求是消费的内在推动力，消费是人的欲求的满足。中西消费伦理的差异不仅源于经济基础的不同，而且也与中西文化传统中对人性的不同理解密切相关。消费离不开人的欲求，而人的欲求又是人性的有机组成部分。对人性和欲求的理解，直接影响着人们的消费伦理观念。即对欲求的节制，必然有利于节俭的观念，而提倡欲求的满足，必然有利于扩大消费、乃至于奢侈的观念。欲求论与奢俭论有着本质的联系。

（一）中国传统文化强调以人的伦理性制约人的欲求，直接支持着消费的节俭观念

人性是一个复杂的多面体，如何理解和把握人性？人生的欲求，究竟是否应当满足？或应当满足至什么程度？中国的传统文化有其与西方文化不同的理解，它强调人首先是处在一定的伦理关系中的道德人，强调以人的伦理性制约人的欲求，并以此为基础形成了有关人性欲求的学说。这一学说源远流长，在历史上有着广泛而又深刻的影响。它直接支持着消费的节俭观念，是其人性的基础。

在先秦，有儒家的节欲说，墨家的苦行说，道家的无欲说。节欲之说在孔子那儿已有端倪，他说："七十而从心所欲，不逾矩。"（《论语·为政》）到了 70 岁，人的道德修养达到了较高的境界，因此，就自然"不逾矩"。虽然孔子没有直接说出"节欲"，但从这段话中不难体会到，在人追求欲望的满足中，孔子认为应该"不逾矩"，即有节度的。孔子还认为："若臧武仲之知，公绰之不欲，卞庄子之勇，冉求之艺，文之以礼乐，亦可以为成人矣。"（《论语·宪问》）"不欲"是成人的条件之一。总之，孔子主张节欲。孟子认为："养心莫善于寡欲。其为人也寡欲，虽有不存焉者，寡矣；其为人也多欲，虽有存焉者，寡矣。"（《孟子·尽心》）也就是说，减少物质欲望是最好的修身养性的方法，是德性的基础。

然而，孔子和孟子尽管是儒家最著名的代表人物，但在节欲方面的论述，还不是很充分。在这方面作出突出贡献的是荀子，他完整地论述了节欲论。首先，荀子认为人的欲望是人性中的一部分，是不可避免的。他说："性者，天之就也；情者，性之质也；欲者，情之应也。以所欲为可得而求之，情之所必不免也。"（《荀子·正名》）这就是说，欲与情不可分，人追求情欲具有必然性。其次，荀子认为："欲不可去，性之具也。……欲虽不可尽，可以近尽也；欲虽不可去，求可节也。"（《荀子·正名》）即人的欲望不能否定，但必须节制。从这一点不难看出，荀子的观点与孟子有所不同，他不赞成孟子的寡欲论。"欲虽不可尽，可以尽近也"的观点表明，荀子主张欲可得到满足即求满足，不可满足时应当加以节制，即"进则近尽，退则节求"(《荀子·正名》)。当然，荀子也反对"纵欲"，他说："纵情性，安恣睢，禽兽行，不足以合文通治。"(《荀子·非十二子》)他还抨击统治者恣情纵欲的行为，指出统治者如果"欲养其欲而纵其情，欲养其性而危其形，欲养其乐而攻其心，欲养其名而乱其行"，"其夫与盗无以异"(《荀子·正名》)。最后，荀子以"欲虽不可去，求可节也"为核心的节欲论，是其人性论与道德修养论的重要组成部分。他认为，人性所固有的情欲，是不可除灭的，但可以用封建礼义法度的办法，"化性起伪"，引导欲望走向正路，来节制人们的欲求。

墨子是苦行说的代表，其观点对欲望的节制比儒家有过之而无不及。据有关记载，墨子及其弟子墨家的行为是"生不歌，死无服"，"以裘褐为衣，以跂蹻为服。日夜不休，以自苦为极"(《庄子·天下》)。他主张用仁义排除"六辟"，即"去喜，去怒，去乐，去悲，去爱，去恶"(《墨子·贵义》)，并认为仁者不能享受美色、乐声、甘味、安逸之情欲。他说："且夫仁者之为天下度也，非为其目之所美，耳之所乐，口之所甘，身体之所安，以此亏夺民衣食之财，仁者弗为也。"(《墨子·非乐》)但是，应该指出的是，他要节制或否定的是一部分人之非生存需要的欲望，他所注重的是要满足普通民众最基本的生活欲求，并奔走呼号："民有三患：饥者不得食，寒者不得衣，劳者不得息，三者民之巨患也。"(《墨子·非乐》)他认为，天下要达到大治，必须首先从"万民之利"出发，满足饥者得食、寒者得衣的生活消费，反对王公大人的娱乐消费。因为这种娱乐消费"厚措敛乎万民，以为大钟鸣鼓琴瑟竽笙之声"，"处高台厚榭之上而视之"，"大人鏽然奏而独听之"(《墨子·非乐》)，满足了极少数统治者的欲求，却置饥寒交迫的百姓于不顾，是不能容忍的。对于墨子的这一思想，必须全面分析。墨子所处的时代，生产力低下，娱乐消费是高档消费，专门满足王公大人的欲求。在百姓温饱基本问题还不能解决的情况下，王公大人却心安理得地追求"目美"、"耳乐"的生活享受。墨子坚决地加以反对，是对社会不公正的批判，必须充分肯定。但同时，他又走向了另一个极端，把满足人的娱乐欲求视为有害的，认为不管是王公大人、士君子、农夫、妇人，要是"说乐而听之"，就必然要荒废他们各自的"分事"（分内事）（《墨子·非乐》）。这种观点显然是错误的，处在现代社会的人们更是难以接受。

道家是无欲说的代表。道家崇尚"自然"、"无为"，认为人的欲望与自然淳朴的人性是相对立的。他们在主张"见素抱朴"的同时，又提出了"无欲"说。老子说："不见可欲，使心不乱……常使民无知无欲"（《老子》第三章），"无欲以静，天下将自定。"（《老子》第三十七章）老子所谓"无欲"并非要彻底灭除人欲，而是要人们满足于最低程度的欲求，教人知足知止，自然而然没有进一步欲求。他说："罪莫大于可欲，祸莫大于不知足，咎莫大于欲得，故知足之足常足矣。"（《老子》第四十六章）老子的无欲说也是寡欲说，他说："见素抱朴，少私寡欲。"（《老子》第四十九章）人能做到寡欲，并满足于现状，没有其他期望，也就是无欲了。庄子也讲无欲，他所追求的是"有人之形，无人之情"（《庄子·德充符》）的理想人格，即理想人格情欲皆不可有。庄子外篇又说："同乎无欲，是谓素朴，素朴而民性得矣。"（《庄子·马蹄》）在道家学说中，老子对无欲说阐述较多，而庄子继承了老子的观点，但阐述不多。

在儒墨道三家中，尽管他们都主张节欲，但节欲的主张又有所不同。从严厉性来说，墨家最甚，独树一帜，其节欲的程度是要达到维持最低生存需要水平。而儒家则不然，他们主张节欲的程度要与等级制联系起来，与人的道德人格修养结合起来。老子无欲说的特点是以自然人性论为基础的，无欲、寡欲才符合自然淳朴的人性。

在中国传统文化历史上，也有纵欲主义的主张，杨朱学派就是典型的、也许是中国历史上唯一的代表。杨朱学派在先秦时期独树一帜，其代表人物是杨朱。《列子·杨朱篇》记载了该学派的观点，[①] 其中核心观点是纵欲主义。《列子·杨朱篇》中写道："恣耳之所欲听，恣目之所欲视，恣鼻之所欲向，恣口之所欲言，恣体之所欲安，恣意之所欲行。"无论是"耳"、"目"、"鼻"，还是

---

① 《列子·杨朱篇》记载的是否是杨朱的观点，存有争议。本书仅就观点分析。

"口"、"体"、"意"的欲望都要得到满足。要"触情而动，耽于嗜欲"，"为欲尽一生之欢，穷当年之乐，唯患腹溢而不得恣口之饮，力惫而不得肆情于色"，也就是说人要纵欲放荡，及时享乐，沉湎于声色犬马之中。[①] 尽管这种主张不占主流地位，甚至声音很微弱，但也代表了一种不同的观点，有值得分析的一面。

儒墨道三家的节欲论奠定了中国传统文化中有关欲望理论的基调，但到了宋明理学时期，这种节欲论又发展到"存天理，灭人欲"的极端地步。宋明理学把"人欲"与"天理"对立起来，认为两者无法调和。程颐说："人心私欲，故危殆；道心天理，故精微。灭私欲则天理明矣。"[②] 朱熹更强调"革尽人欲，复尽天理"（《朱子语类》卷十三）。陆王学派也主张以排除物质欲求为封建伦理纲常存在的先决条件。王守仁认为："去得人欲，便识天理。"（《传习录上》）尽管明清之际有不少思想家反对"存理灭欲"说，但在封建制度改变之前，难以改变"存理灭欲"说在社会的主流地位。

（二）西方文化中张扬人性中的自然性，强调人的欲望的满足，构成了鼓励消费的文化土壤

任何文化都是成"套"的，文化中对人性的理解构成了消费伦理观念的基础。中国传统文化的主流强调对人性欲求的节制，这种节制的逻辑结果必然是支持节俭的消费伦理观念。而西方文化中张扬人性中的自然性，更多地讨论人的欲望的满足问题，并形成了源远流长的快乐主义学派，构成了鼓励消费的文化土壤。

在西方文化发展的源头古希腊，不同的伦理学派对人的欲望满足采取了不同的态度。以柏拉图、斯多葛学派为代表，主张通过克制欲望以求得灵魂的解脱，而快乐主义学派则主张人的欲望的满足。在快乐主义学派中，伊壁鸠鲁和昔勒尼学派的阿里斯提卜又持截然不同的态度。伊壁鸠鲁认为，人的欲望应当

---

① 本段关于杨朱学派的引文均出自《列子·杨朱篇》。

② 《二程集》第一册，卷二十四，中华书局 1981 年版，第 312 页。

是可以分类的，"有些欲望是自然的和必要的，有些是自然的而不必要的，又有些是既非自然又非必要的"①。满足"自然的和必要的"欲望，才能获得人生的快乐和幸福。他认为，快乐作为最终目的时，是"身体上无痛苦和灵魂上无纷扰"，而不是"放荡者的快乐或肉体享受的快乐"。②伊壁鸠鲁和他的弟子生活十分简朴，他们的饮食主要就是面包和水。在他们看来，满足低限度的生存消费需要，才能使生活快乐，而美酒佳肴的奢侈消费并不能带来人生的幸福。阿里斯提卜则赤裸裸地主张满足现时的、感官的欲求，他认为，消费和肉体享受是人生快乐的基本内容。在他看来，"只有现在是属于我们的，过去的已经过去了，将来的还不确实。所以，要'及时行乐'，'有花堪折直须折'，'吃吧，喝吧，快活吧，因为将来你要死的。'"③

基督教在普遍化了的东方神学和庸俗化了的西方哲学的混合中悄悄地产生了。在长达千余年的中世纪思想文化领域，甚至政治领域，都是基督教的一统天下。所谓基督教的道德，只有禁欲这一条。在基督教看来，只有抛弃一切情欲，甘心受苦赎罪，才能实现神圣的律法。《圣经》中说："亲爱的弟兄啊……我劝你们要禁戒肉体的私欲。"④"神的国，不在乎吃喝，只在乎公义。"⑤在基督教的禁欲主义的观点中，在基督徒的消费行为中，不难窥见古希腊柏拉图和斯多葛学派思想的影子。

轰轰烈烈的文艺复兴运动高举人文主义的大旗，强调以人为中心，崇尚人的价值，充分肯定现实生活的意义，反对中世纪的禁欲主义。文艺复兴时期一位著名思想家写道："我不想变成上帝，或者居住在永恒中，或者把天地抱在怀抱里。属于人的那种光荣对我就够了。这是我所祈求的一切，我自己是凡

---

① 周辅成编：《西方伦理学名著选辑》上卷，商务印书馆 1964 年版，第 96 页。

② 周辅成编：《西方伦理学名著选辑》上卷，商务印书馆 1964 年版，第 104 页。

③ [美] 弗兰克·梯利：《伦理学概论》，中国人民大学出版社 1987 年版，第 105 页。

④ 《新旧约全书·彼得前书》第 2 章。

⑤ 《新旧约全书·罗马人书》第 14 章。

人，我只要求凡人的幸福。"① 其中"我自己是凡人，我只要求凡人的幸福"成为文艺复兴时期的名言而广泛传播。它告诉人们，现实生活中人性的欲求满足是天然合理的，人生应该追求消费享受。这就为摆脱禁欲主义的枷锁，实现享乐主义人生观的合理性做了充分的论证。正如马克思和恩格斯所说："在欧洲，宣传享乐的哲学同昔勒尼学派一样古老。在古代，这种哲学的创始者是希腊人。"追根溯源，这种享乐主义人生观是古希腊昔勒尼学派的阿里斯提卜观点的继承和发展。但与古希腊的历史背景和地位不同，这种享乐主义人生观在历史上起了一定的进步作用。

首先，文艺复兴时期人文主义者论证人的消费和享受是合理的，猛烈冲击了中世纪基督教的意识形态。中世纪的基督教文化以神为中心，贬低人的价值，提倡禁欲主义，否定现实生活的意义，而人文主义者针锋相对地提出消费享受是人性中不可剥夺的部分。爱拉斯谟在《疯狂颂》中认为，人生的目的，首先在于满足欲望，寻欢作乐。他写道："如果你把生活中的欢乐去掉，那么生活成了什么？它还配得上称作生活么？……如果没有欢乐，也就是说没有疯狂来调剂，生活中哪时哪刻不是悲哀的，烦闷的，不愉快的，无聊的，不可忍受的？……最愉快的生活就是毫无节制的生活。"② 薄伽丘在其名作《十日谈》中，把情欲的满足视为人类的天性。他写道："谁要想阻遏人类的天性，那可得好好拿点本领出来呢。如果你非要跟它作对不可，那只怕不但枉费心机，到头来还要弄得头破血流。"③

其次，文艺复兴时期人文主义者揭露了中世纪基督教禁欲主义的虚伪性，认为必须肯定人的自然本性，而压制人的自然本性是荒谬的、不真实的。薄伽

---

① 《从文艺复兴到十九世纪资产阶级文学家、艺术家有关人道主义人性论言论选辑》，商务印书馆 1971 年版，第 11 页。

② 《从文艺复兴到十九世纪资产阶级文学家、艺术家有关人道主义人性论言论选辑》，商务印书馆 1971 年版，第 29 页。

③ 《从文艺复兴到十九世纪资产阶级文学家、艺术家有关人道主义人性论言论选辑》，商务印书馆 1971 年版，第 30 页。

丘在《十日谈》中尖刻地戳穿了天主教神父、修道士多虚伪宣传，无情地揭露了他们淫乱无度的真面目。在他看来，神父、修道士的罪过不在于他们贪图人世的欢乐，而是他们的虚伪和不人道的教规。神父、修道士也是人，而追求享乐、情欲，是每一个人的自然本性。薄伽丘通过文学艺术的形式批判了禁欲主义，产生了广泛的历史影响。

文艺复兴时期人文主义者提出"我只要求凡人的幸福"，标志着一个旧时代的结束和一个新时代的开始。但是，人文主义者从人的自然属性出发，用享乐主义批判禁欲主义，往往陷入纵欲主义。如前所述，爱拉斯谟在《疯狂颂》中认为，"最愉快的生活就是毫无节制的生活"，正是纵欲主义观点的典型表达。

纵观西方近千年的历史，文艺复兴时期的人文主义者对人性的理解，对享乐主义的肯定，对现代西方消费伦理观产生了深远影响。如果享乐是人性的必然要求，那么必然推动有利于消费的伦理观念的形成和传播。当然，在文艺复兴时代，人文主义者的享乐主义主要是针对中世纪的封建意识形态，其对消费的影响还未充分显示出来。到了 20 世纪，随着资本主义大工业生产的飞速发展，流水线的大批量生产为大众消费提供了丰富的商品。资本主义的发展迫切需要与此相适应的消费伦理观念形态，而享乐主义为这种需要提供了文化土壤。丹尼尔·贝尔在描述 20 世纪 30 年代美国社会消费状况时写道："新教那种天国道德大多已被淘汰，人世间的俗念开始恣情妄为了。……文化不再与如何工作、如何取得成就有关，它关心的是如何花钱、如何享乐。"[①] 我们不难从中窥见文艺复兴时期纵欲主义在几百年后的美国找到了知音。

总而言之，人性中的欲望是应该满足甚至放纵呢，还是应该克制甚至去除？这个问题的回答直接关系到消费伦理观念的人性基础问题。通过几千年中外思想家观点的比较，不难得出这样的结论，在文艺复兴时期之前，中西方的欲望论都以制欲论、寡欲论为主体，与此相联系的是节俭的消费伦理观念占上

---

① [美] 丹尼尔·贝尔：《资本主义文化矛盾》，三联书店 1989 年版，第 117—118 页。

风。文艺复兴时期后，资本主义生产关系在西方迅速取得了统治地位，而中国封建社会长期延续，中西方的欲望论沿着不同的方向发展。中国以人是伦理的人，依然强调用理性抑制人的消费欲望，而近现代西方社会突出人的感性一面，认为为追求感官快乐的消费是人性的必然需要，以至鼓吹消费、甚至鼓吹奢侈的观点在社会生活中有着广泛影响。尽管基督教等宗教在西方社会生活中依然发挥作用，但西方文化的思维方式是"心物两分"，把"肉体交给市场"的同时，可以"把灵魂交给上帝"，消费主义在西方大行其道也就不难理解了。

四、中西消费伦理思想评价视角比较

对于消费的评价可以从多种角度展开，例如经济的角度和伦理的角度。从伦理的角度对消费的评价可称之为伦理评价，而从经济的角度对消费的评价可称之为经济评价。伦理评价考察一定的消费行为及其观念对社会道德风尚和个体道德人格的影响，有利于社会道德风尚的建设和个体道德人格的完善是善的，反之，则是恶的。而经济评价考察一定的消费行为及其观念对社会经济活动的影响，有利于经济发展的消费行为是善的，反之，则是恶的。

由于评价的角度不一样，消费的伦理评价与经济评价呈现出复杂的关系，也就是说两者可以是统一的，也可以是相互矛盾，甚至是对立的。某些消费行为从伦理的角度评价是善的，但从经济的角度评价就可能不一样，反之亦然。一个社会对消费行为的评价是多方面的，既有伦理评价，也有经济评价。在多方面的评价中，必然有何者优先的问题。由于经济基础、文化传统的差异，古代中国社会中将消费的伦理评价放在首位，而工业革命以后的西方社会对消费的经济评价则占了上风。

（一）中国传统文化强调从伦理角度评价消费

在宗法血缘关系基础上建立起来的中国古代社会是伦理社会，伦理评价是

49

社会评价中的基本方式。这种特点的形成是中国古代社会发展的必然结果。马克思主义经典作家在论述人类由原始社会进入文明社会的进程中，认为东西方所走的是不同的道路。中国古代在没有摧毁原始氏族组织的情况下直接进入了奴隶制国家，走的是"亚细亚"生产方式的道路。由于在整个社会结构保存了以血缘为纽带的氏族遗址，古代中国社会建立了与此相适应的伦理等级制度和国家政治制度。这种伦理等级制度与国家政治制度是紧密结合在一起的，以"君为臣纲，父为子纲，夫为妻纲"和"仁、义、礼、智、信"为内容的"三纲五常"正是这一结合的集中表达。

孔子说："非礼勿视，非礼勿听，非礼勿言，非礼勿动。"（《论语·颜渊》）也就是说，人们的视听言行都要以封建伦理纲常为标准，任何违背封建伦理纲常的思想和行为都是应该反对的。这其中也包括消费观念与行为必须按照封建伦理纲常来加以规范，任何违背封建伦理纲常的消费观念和行为都是应该反对的。孔子说："八佾舞于庭，是可忍，孰不可忍也。"（《论语·八佾》）季氏不是天子，但他却像天子一样进行娱乐消费，完全违背了封建伦理的要求，以至孔子怒不可遏。中国的儒家特别重视孝道，在力倡节俭的同时，强调对于祭祀、丧葬消费不能草率简约的立场。"生，事之以礼；死，葬之以礼，祭之以礼。"（《论语·为政》）斋戒时要"齐，必有明衣，布。齐，必变食，居必迁坐。"（《论语·乡党》）孔子盛赞古之圣王大禹的消费行为："禹，吾无间然矣。菲饮食而致孝乎鬼神，恶衣服而致美乎黻冕。"（《论语·泰伯》）他认为大禹平时在饮食衣着方面极为节俭，但把祭品办得极丰盛，祭服做得极华美，简直是无可挑剔的了。可见，在古代中国占主流地位的儒家学说主张节俭，但同时又强调"俭而有度"，"俭不违礼"，强调消费行为的伦理评价。这种伦理评价的核心原则是代表封建伦理纲常的"礼"。

中国古代儒家主张入世，对国家的政治、社会的发展充满着热忱。"修身、齐家、治国、平天下"是儒家孜孜不倦追求的人生目标和人生发展轨迹。儒家在强调个人的社会责任的同时，又满怀忧患意识，忧国、忧民、忧天下。

回顾中国历朝历代的兴衰史，不难发现，往往有着一些共同的特点。夏桀荒淫奢侈，作恶多端，加速了中国第一个奴隶制王朝的灭亡，成为后世亡国败家的警鉴。秦始皇"奋六世之余烈"，用武力统一了中国。当他成为皇帝后，征发徭役 70 余万，修建世界上最大的地下宫殿阿房宫，供自己恣情玩乐。后人曾经这样描述秦始皇与阿房宫："秦爱纷奢……奈何取之尽锱铢，用之如泥沙？使负栋之柱，多于南亩之农夫；架梁之椽，多于机上之工女；瓦缝参差，多于周身之帛缕；直栏横槛多于九土之城郭；钉头磷磷，多于在庾之粟粒；管弦呕哑，多于市人之言语。"(《阿房宫赋》)大意是说，秦始皇喜欢繁华奢侈……大肆搜刮民间财宝，并像泥沙一样大肆挥霍。甚至使得阿房宫支承大梁的柱子，比田里的农夫还要多；架在屋梁上的椽子，比织机旁的织女还要多；参差不齐的瓦缝，比人们身上穿的丝缕还要多；直的栏杆，横的门槛，比九州的城郭还要多；琴声笛声，嘈杂一片，比闹市里的人声还要喧闹。这段描写尽管有所夸张，但奢侈挥霍可见一斑。秦王朝奢侈挥霍，横征暴敛，以致民怨沸腾。随后，陈胜吴广揭竿而起，秦王朝二世而亡。像夏桀、秦始皇这样的君主在中国历史上举不胜举，例如隋炀帝、唐明皇等。

"历览前贤国与家，成由勤俭败由奢。"李商隐的这句诗词概括了历代王朝兴衰的规律，以至流传千年，同时也体现了儒家强烈的社会责任感。儒家对消费的伦理评价不仅着眼于国家、社会，而且植根于个体的道德人格。孔子高度赞扬他的弟子颜回"安贫乐道"的节俭生活，他说："一箪食，一瓢饮，在陋巷，人不堪其忧，回也不改其乐。贤哉，回也！"(《论语·雍也》)在孔子看来，"君子忧道不忧贫"(《论语·卫灵公》)，"君子居之，何陋之有"(《论语·子罕》)。即人首先要追求知识与道德，不要计较生活的简陋和消费水平的高低。这是孔子"义以为上"的价值观念在消费问题上的表达。孔子的这一思想对中国的知识分子产生了深刻影响，几千年来，中国历史上的一批才华横溢的青年人寒窗苦读，在简朴的生活中追求远大的理想，为中国的发展作出了重大贡献。中国儒家所推崇的"颜回"精神，功不可没。

在中国传统文化中，儒家、墨家和道家都主张节俭，把消费的伦理评价放在首要的位置。从这一层面上来说，他们是一致的。但如果进一步分析的话，不难发现，儒家、墨家和道家消费伦理评价的价值出发点和标准是不同的。儒家以代表封建伦理纲常的"礼"为出发点和标准，而墨家主张"兼爱"，反对以宗法观念为基础的"礼"。在消费的伦理评价上，墨家与儒家的价值出发点和标准有着明显的差异。墨家伦理思想的核心是"兼相爱，交相利"，认为爱人应以利人为内容和目的，"利人乎即为，不利人乎即止"（《墨子·非乐》）。同时，墨子的"利"是"爱利万民"、"天下之利"的公利。也就是说，"利人"还是"害人"，"利天下"还是"害天下"，是墨家消费伦理评价的价值出发点和标准。墨子主张节用，反对统治阶级的奢侈，这是因为他认为奢侈加重了人民的负担，违背了"天下之利"。正如他所说的："诸加费，不加于民利者，圣王弗为。"（《墨子·节用中》）他主张在饮食、衣裘、兵甲、舟车、宫室、丧葬等方面，制定节用之法，以有利于国计民生。墨子反对厚葬久丧，认为"以厚葬久丧者为政，国家必贫，人民必寡，刑政必乱"，因此，"上欲中圣王之道，下欲中国家百姓之利，故当若节丧之为政"（《墨子·节葬下》）。墨子的"非乐"主张，一般都对它持批判态度，但联系当时的历史背景分析，具有维护人民群众利益的合理成分。在墨子生活的年代，艺术为王公大人专享，是高档消费。当时，"民有三患，饥者不得食，寒者不得衣，劳者不得息"，而王公大人"撞巨钟、击鸣鼓、弹琴瑟、吹竽笙"，"民衣食之财，将安可得乎？"（《墨子·非乐》）无论是"节用"、"节葬"还是"非乐"，墨子消费的伦理评价始终以"利人"和"利天下"为价值出发点和标准。

道家在消费的伦理评价中，与墨家反对统治阶级的奢侈生活有相吻合之处。老子猛烈抨击社会的不合理现象，把统治阶级斥之为强盗头子，他说："朝甚除，田甚芜，仓甚虚，服文彩，带利剑，厌饮食，财货有余，是谓盗竽，非道也哉。"（《老子》第五十三章）即农田很荒芜，仓库很空虚，老百姓的基本生存条件都难以保证，而统治阶级却过着奢侈的生活，"服文彩，带利剑，厌饮食，财货有余"，真是太不合理了！老子以合"道"还是非"道"来评价社会现象，评价消费的合理性。在个人修养的层面上，老子崇俭，认为"俭"是他的"三宝"之一（《老子》第六十七章），而要成为一个圣人，必须"去甚，去奢，去泰"(《老子》第二十九章)。老子的"道"有自然人性论的内涵，他说："五色令人目盲，五音令人耳聋，五味令人口爽，驰骋畋猎令人心发狂，难得之货令人行妨。是以圣人，为腹不为目，故去彼取此。"(《老子》第十二章)圣人只求口腹之饱，满足基本的自然需要的节俭生活是善的、可取的，而超出自然需要的消费使人性扭曲，是不可取的。

总之，儒家、墨家和道家分别从"礼"、"利"、"道"三方面建立了消费伦理评价的价值出发点和标准，然而，在中国传统文化中，也有对消费进行经济评价的。《管子·侈靡》篇中提出的"兴时化如何? 莫善于侈靡"的观点，就颇具代表性。这一观点强调奢侈对拉动需求、发展经济的作用，其视角是经济评价。但是，消费的经济评价在中国传统文化发展中，不多见，处于非主流地位。当然，这些经济评价与近代西方社会的有关观点颇多相似之处。

(二) 西方强调从经济角度对消费进行伦理评价

在古希腊，亚里士多德运用中道原则对消费进行伦理评价。长达千年的中世纪中，基督教用"原罪说"、"禁欲论"对消费进行伦理评价。文艺复兴时期以后，特别是在西方工业革命发生的几百年来，从经济角度对消费伦理的评价占了西方的主流地位。各派思想家提出了不同的观点，甚至是截然对立的观点，其中心问题是节俭还是奢侈对社会的经济发展有利?

重商主义、亚当·斯密、马克斯·韦伯等学派或代表人物从生产的角度论证节俭的合理性。重商主义反对各种形式的铺张浪费及从国外输入奢侈品，其理由是大量的奢侈品和其他外国商品进入消费国市场，而消费国大量的黄金、白银却流出了国门，直接影响了消费国的国家财富积累。重商主义论证节俭的合理性，是在生产至上主义的观点下进行的。重商主义限制进口能与本国产品竞争的一切外国商品，迫使消费者在购买此类商品时付出了更高的经济代价，显然是为着生产者的利益而牺牲国内消费者的利益。资本是影响经济发展的最基础性因素，资本的增加或减少直接影响着经济的发展。亚当·斯密对节俭和奢侈的评价是与资本的增加或减少联系在一起的。他主张节俭，因为节俭有利于资本的增加，有利于经济的发展; 他反对奢侈，因为奢侈减少了资本，不利于经济的发展。而马克斯·韦伯认为，新教伦理鼓励人们勤奋地工作，"尽其所能获得他们所获得的一切"，同时又"节省下他们所能节省的一切"①。"当着消费的限制与这种获利活动的自由结合在一起的时候，这样一种不可避免的实际效果也就显而易见了：禁欲主义的节俭必然导致资本的积累。"② 这三种主张节俭的代表性观点都是把节俭和奢侈放在资本积累的天平上加以评价的。

而曼德维尔、凯恩斯等思想家从需求的角度反对节俭，甚至鼓吹奢侈。曼德维尔说："在私人家庭里，节约是增加财产的最可靠方式。因此，有些人便以为一个国家无论是贫是富，只要绝大多数国民厉行节约，便能使全民的财富增加。……我认为这个见解是错误的。"③ 他认为，"奢侈乃是维持贸易之必需"④。"使一个民族获得幸福和我们所谓'繁荣'的伟大艺术，便在于给每个人以就业的机会。"⑤ 曼德维尔认为奢侈推动了消费需求，推动了商业的繁荣，因此有利于经济发展。尽管奢侈品可能对社会产生负面作用，但他认为只要"通过明智的管理，所有民族均能够随意享用其本国产品所能购买到的外国奢侈品，而不会因此而变穷"⑥。20 世纪 20 年代末 30 年代初，世界经济危机笼罩全球。凯恩斯认为，节约减少了有效需求，不仅不能推动经济的发展，反而会阻碍经济的发展。他主张，刺激消费，增大有效需求，扩大就业，才能使经济走出泥潭。他的理论为当时美国摆脱经济危机提供了思路，并对罗斯福新政产生了重要影响。

---

① ［德］马克斯·韦伯:《新教伦理与资本主义精神》，三联书店 1987 年版，第 137 页。
② ［德］马克斯·韦伯:《新教伦理与资本主义精神》，三联书店 1987 年版，第 135 页。
③ ［荷］伯纳德·曼德维尔:《蜜蜂的寓言》，中国社会科学出版社、三联书店 2002 年版，第 140 页。
④ ［荷］伯纳德·曼德维尔:《蜜蜂的寓言》，中国社会科学出版社、三联书店 2002 年版，第 148 页。
⑤ ［荷］伯纳德·曼德维尔:《蜜蜂的寓言》，中国社会科学出版社、三联书店 2002 年版，第 152 页。
⑥ ［荷］伯纳德·曼德维尔:《蜜蜂的寓言》，中国社会科学出版社、三联书店 2002 年版，第 94 页。

简言之，无论是重商主义、亚当·斯密、马克斯·韦伯，还是曼德维尔、凯恩斯，都有一个共同点，即他们与中国古代的思想家不同，他们不是对节俭进行伦理评价，而是强调对节俭进行经济评价。这种经济评价植根于近现代西方经济发展的内在要求，各个学派的不同观点是如何实现西方经济发展的争鸣。西方经济学是一门古老而年轻的科学，既有加大供给，推动经济发展的思想学派，也有增加需求，拉动经济发展的思想学派。显然，重商主义、亚当·斯密、马克斯·韦伯的思想观点属于前者，曼德维尔、凯恩斯的思想观点属于后者。在两派激烈争鸣的背后，不难看到消费经济评价在不同历史条件下的表达。

亚当·斯密是现代西方政治经济学之父，他所处的时代是资本主义自由竞争的时代，以亚当·斯密为代表的自由放任思潮是那个时代经济学的主旋律。经济的发展更多的是依靠投资来拉动的，节俭增加了资本，因而是善的，而奢侈和浪费减少了资本，因而是恶的。尽管曼德维尔站在需求的角度，为奢侈做了惊世骇俗的辩护，但在当时不可能为社会主流思潮所接受。20世纪后，西方进入了垄断资本主义历史时期。20年代末30年代初的经济危机使人们对传统的自由放任的经济思潮及其政策失去了信心，凯恩斯通过消费拉动有效需求的观点受到了青睐。凯恩斯反对斯密节俭是德的观点，大力主张"消费限制生产"的观点，并指出："资本之来，不是由于储蓄倾向，而是由于需求，需求则又来自现在的和未来的消费。"[①]他主张通过国家干预经济生活来扩大有效需求，这一思路在战后几十年的时间里，对美国和西方经济的发展起到了积极的作用。但到了20世纪70年代，面对经济的滞胀难题，凯恩斯的国家干预主张失灵了。自由放任的思潮再度复兴，凯恩斯主义受到了非议。尽管如此，凯恩斯需求拉动经济的观点还在西方生活中发挥重要影响。近几十年来，美国通过不断扩大的、过度的消费来创造需求，从而推动经济的发展。在这一过程中，不难窥见凯恩斯主义思想的烙印。现代信息技术的发展，消费信用卡的普遍使

---

① 参见[英]凯恩斯：《就业利息和货币通论》，商务印书馆1977年版，第311—313页。

用,大大方便了消费者。消费主义的思潮冲击着人们传统的节俭观念,在社会生活中的影响不断扩大。消费需求的扩大,能拉动经济的发展,但超过了一定的"度",又成为产生经济危机的文化土壤,使经济发展大滑坡。2006年在美国引发的金融危机就是一个典型的例子。这也许是凯恩斯在提出他的扩大消费、需求拉动经济时所始料未及的。

综上所述,在消费问题上,中国传统文化重伦理评价,而西方文化则重经济评价。孰优孰劣,难以一言以蔽之。从价值取向分析,伦理评价是"内倾"的,指向主体人的内部世界,而经济评价是"外倾"的,指向人的外部世界。这与中西方不同的文化特点是相吻合的。长期以来,在自给自足的自然经济中,中国传统文化自身形成了鲜明的特点,即把人的价值的思考重心指向人的内在世界,从人的内在世界的完善中走向外在世界,而西方文化起源于以海外贸易为生的古希腊,在与大自然的搏斗中,更注重对外在世界的征服。然而,作为主体的人是统一的,内在世界的完善和外在世界的征服应该和谐地结合起来,因此,消费的伦理评价与经济评价应该获得平衡。

在中西消费伦理思想比较中,对于这种平衡必须辩证地加以认识。它是动态的平衡,是具体的、历史的平衡。首先,这种平衡对于不同文化传统的国家有着不同的含义。对于中国这样长期以来强调消费伦理评价的国家,有必要注入更多的经济评价的内容,减少储蓄,鼓励消费,而对于西方欧美近几百年来强调经济评价的国家,有必要注入更多的伦理评价的内容,增加储蓄,节制消费。其次,这种平衡对于社会发展的不同时期也有着不同的含义。当社会生产力的发展迫切需要通过消费拉动经济的情况下,强调消费的经济评价是应有之义,而当奢华之风在社会盛行的时候,强调消费的伦理评价是必然的选择。

第三章
全球化背景下消费主义的
伦理批判

　　全球化背景下的消费伦理研究，不仅要着眼于历史源流，对中西消费伦理思想进行比较研究，而且要有现实关怀，以现实社会中的重大事件为聚焦点，进行深入剖析。由美国 2007 年次贷危机引发的金融危机，对 21 世纪世界经济政治的发展产生了深刻影响。这表明，经济全球化加强了各个国家之间的经济联系，使各个国家之间经济的依存度日益增加，一个国家经济状况的优劣会直接影响他国，甚至整个世界。某个国家的经济危机，特别是经济发达国家的经济危机，会在很短的时间内席卷全球。世界各国的学者对这场金融危机产生的根源及其应对之策进行了多方面的研究和探讨，既有政治的、经济的，也有文化的。本章着重从文化的角度加以探讨，明确指出消费主义是金融危机的文化根源，要批判消费主义，以正确引导中国的消费伦理建设。

一、消费主义是金融危机的文化根源

（一）金融危机是综合性危机

　　这次金融危机的直接导火线是美国的次贷危机。进入 21 世纪后，美国为了应对"互联网泡沫"破裂可能引发的经济衰退，连续降息至 1%，直接推动了房地产价格的过热和住房贷款需求的增加，房地产市场一片繁荣景象。由于房屋价格和房屋信用泡沫逐渐变大，美国又在 2005—2006 年间进行反向操作，通过多次加息，将联邦储备基准利率迅速提高至 5.25%，结果使一大批次级贷款借款人还款负担骤然增加，贷款违约率大幅上升。2007 年，次贷危机开始显现，一批银行开始破产倒闭，并迅速蔓延至其他金融投资机构，使金融危机转化为经济危机，美国经济的衰退不可避免。2008 年，拥有 158 年历史的华尔街第四大投资银行雷曼兄弟控股公司申请破产保护。这一重大事件标志着美国次贷危机迅速向全球扩展，从发达国家传导到新兴市场经济国家和发展中国家，从金融领域扩散到实体经济领域。世界各国都面临金融危机的冲击，经济状况急转直下。冰岛成为这场金融风暴第一个被刮倒的国家。2009 年，希腊出现了主权债务危机，西班牙、爱尔兰、葡萄牙、匈牙利等国家也相继步其后尘。这场金融危机波及范围之广、冲击力度之强、影响程度之深，为 20 世纪 30 年代以来所罕见。

金融危机的产生是多方面的原因造成的，探讨金融危机的根源，必须全面分析。用马克思主义的观点分析金融危机，必须重温恩格斯关于历史唯物主义的一段经典论述。恩格斯在他的 1890 年 9 月写给约·布洛赫的书信中指出："根据唯物史观，历史过程中的决定性因素归根到底是现实生活的生产和再生产。无论马克思或我都从来没有肯定过比这更多的东西。如果有人在这里加以歪曲，说经济因素是唯一决定性的因素，那么他就是把这个命题变成毫无内容的、抽象的、荒诞无稽的空话。经济状况是基础，但是对历史斗争的进程发生影响并且在许多情况下主要是决定着这一斗争的形式的，还有上层建筑的各种因素"，"有无数互相交错的力量，有无数个力的平行四边形，由此就产生出一个合力，即历史结果。"①

在这段论述中，恩格斯表达了三个紧密联系的重要思想观点：第一，历史

---

① 参见《马克思恩格斯选集》第 4 卷，人民出版社 1995 年版，第 695—697 页。

中的决定因素不是一个，而是多个。第二，经济状况是基础，但不是唯一决定性的因素。第三，历史的结果是各种合力的结果。

恩格斯的这些观点得到了现代学者的佐证，一位著名的国际经济学家经过研究后明确指出，金融危机"不可能是一个原因导致的，而是两到三个因素结合在一起所致。不同因素结合在一起，就会以不可预料的方式发展"[①]。那么，这些多个决定因素是什么呢？一般来说，可以分为经济因素、政治因素和文化因素。

一些学者从经济因素层面分析，指出金融危机的根源在于资本主义经济制度的内在矛盾性，在于以新自由主义为灵魂的美国经济政策等。一些学者从政治因素层面分析，指出金融危机的根源在于美国政府对金融行业的监管不力以及美国为了维护其世界霸权，发动了阿富汗战争和伊拉克战争等。当然也有一些学者指出了金融危机的根源在于美国的过度消费，但很少上升到文化层面，对此进行深入全面的分析。

（二）消费主义是金融危机的文化根源

金融危机的导火索是次贷危机。在美国，贷款买车买房购物是很普通的事情，几乎人人都会经历。但由于贷款者的经济收入状况和信用等级的差异，又区分为不同的情况。收入不稳定或无收入的人因信用等级达不到标准的原因，被定义为次级信用贷款者。许多以次级信用贷款者为主要客户的贷款公司为了扩大市场份额，获取更大的经济利益，不惜采取购房"零首付"、"零文件"的贷款方式，甚至编造虚假信息使不合格借贷人的借贷申请获得通过。而一旦经济发生波动，大批次级信用贷款者无力偿还贷款时，次贷危机开始逐渐浮现，最终彻底爆发。在社会谴责这些公司"见利忘义"行为的同时，也有必要反省一下次贷危机产生的文化土壤。为什么那么多的美国次级信用贷款者明知自己缺乏经济偿还能力，却对"零首付"、"零文件"贷款买房趋之若鹜呢？假

---

① 田晓玲：《后危机时代尚未真正到来——访美国加州大学伯克利分校经济学教授巴里·癌肯格林》，《解放日报》2009 年 12 月 23 日第 10 版。

如在其他文化传统国家里，会产生这样的情况吗？美国次贷危机有其深刻的文化根源。

当代美国著名思想家丹尼尔·贝尔认为，资本主义精神在其萌生阶段已携带有潜伏病灶。马克斯·韦伯所说的"禁欲苦行主义"只是它的一面，另一面则是德国哲学家桑巴特在《现代资本主义》中诊断出来的先天性痼疾："贪婪攫取性。"贝尔将这两项特征分别定义为"宗教冲动力"与"经济冲动力"。① 在 20 世纪现代资本主义发展过程中，代表着宗教冲动的禁欲与苦行精神式微了，这是因为资本主义大工业生产发展带来了一系列变化，必然要反映到思想文化观念上。20 世纪初，美国福特汽车公司的生产流水线驶下了第一辆汽车，它标志着资本主义大规模工业生产方式的一个里程碑。大规模的生产必然要求大规模的消费，信用消费、及时行乐冲垮了禁欲与苦行所代表的伦理基础，消费主义在社会生活中大行其道。"新教那种天国道德大多已被淘汰，人世间的俗念开始恣情妄为了。……文化不再与如何工作、如何取得成就有关，它关心的是如何花钱、如何享乐。"②

对于消费主义，西方学者都对此进行过激烈的批判。这些批判主要是从两方面进行的，一是从人性异化的角度批判消费主义，例如 20 世纪 30 年代法兰克福学派的马尔库塞和弗洛姆，他们突出批判资本主义所制造的"虚假需求"以及消费主义造成的人性扭曲。二是从生态环境的角度批判。1962 年卡森的《沉默的春天》首次对消费所引起的有关环境、公害问题进行了系统剖析，她提出的问题引起了世界范围内的关注。后来，罗马俱乐部的《增长的极限》，美国学者杜宁的《多少算够：消费社会与地球的未来》等著作都是这方面的代表作。这些著作的观点归结到一点，就是消费主义造成了人与自然的紧张关系，造成了生态环境危机，必须予以批判。

对于消费主义的评价从经济的角度考虑是理所当然的，但几乎没有人对消

---

① 参见 [美] 丹尼尔·贝尔：《资本主义文化矛盾》，三联书店 1989 年版，第 13 页。

② [美] 丹尼尔·贝尔：《资本主义文化矛盾》，三联书店 1989 年版，第 117—118 页。

费主义会造成经济危机做过剖析，相反却更多地论证消费主义对于推动经济所起的正面作用。在西方，消费主义（consumerism）有三种含义，一是指保护消费者权益的运动，即要求在包装和广告上诚实无欺，保证产品质量，保护消费者知情权的运动；二是指一种认为逐步增长的商品消费有利于经济增长的理论；三是指对物质主义的价值观念或财富的迷恋，崇拜并热衷于奢华消费的生活方式。①从这三种定义中也可以看出，消费主义的经济评价，正面的内容不少。本书所主要涉及的是第三种含义上的消费主义。过去，学者即使能够分析和预见过度消费产生的负面效应，也未必能把它与经济危机联系起来。金融危机的客观事实表明，消费主义不仅扭曲人性、破坏生态环境，而且对经济发展也有着巨大的负面效应。因为过度消费可能酿成经济危机，危害人类社会的发展。消费主义是金融危机的文化土壤的观点是有充分根据的。

现在，国内外学者在研究这次金融危机的根源和特点的时候，往往将它与1929年爆发的经济危机相比较。这次金融危机在一定意义上也可以说就是经济危机，与1929年爆发的经济危机有着许多共同点，这至少表现在两个方面：第一，都是在资本主义社会中发生的；第二，都造成了严重的世界性经济衰退。这两次危机都是资本主义基本矛盾发展的必然结果，但两者又有不同的特点。1929年爆发的经济危机主要是在生产领域中引发的，主要特点是生产过剩，生产过剩带来了企业破产、信贷收不回来，从而引发经济危机。而这次金融危机主要是房屋次贷消费引发的，由于消费者的过度消费、经营者的贪婪和金融机构的监管不力，使消费信贷失控，引发了次贷危机，而后又演变成为金融危机。认定这次金融危机是文化危机，也是抓住了它的特点。对其进行文化反思并提出对策，很有必要。

消费主义在现代美国大行其道，不仅是建立在资本主义生产方式基础上的，而且与美国的文化传统相承接。美国的文化传统源于近代欧美，并可追

---

① 参见莫少群：《20世纪西方消费社会理论研究》，社会科学文献出版社2006年版，第6页。

溯至古希腊。在古希腊文明基础上发展起来的西方文化的特点是"心物两分"，天堂是"心"的归宿，而人间是"物"的体现。因此，在美国，"把灵魂交给上帝，把肉体交给市场"成为人生的信条具有现实的文化基础。消费满足了人们的欲求，对享受的追求推动了消费，以致人们寅吃卯粮的借贷消费在美国社会比比皆是。消费主义与享乐主义是"一根藤上结的两个瓜"，是相通的，消费主义推动了享乐主义在社会生活中的扩张。20世纪50年代，"美国文化已转向享乐主义，它注重游玩、娱乐、炫耀和快乐——并带有典型的美国式强制色彩"①。可见，美国的次贷危机，如冰冻三尺，非一日之寒，其祸根已经深藏于美国文化的土壤中。

从更为宏观的层面分析，美国的消费主义是西方文化病症的典型表达。在现代西方社会的发展进程中，资本主义内部不仅存在着经济矛盾，同时也存在着文化矛盾。在这些文化矛盾基础上形成了影响现代生活的西方文化病症。复旦大学俞吾金教授从哲学的角度分析了西方文化病症与消费主义的关系，他指出，"虚无主义、对身体和欲望的倚重、感觉主义的流行"，是"刺激人们潜在消费欲望的共谋"。② 以下从伦理的角度分析西方文化的病症与消费主义的关系。

第一是对传统的否定，打击了节俭的消费伦理观，使消费主义在西方获得了消费生活中的主导权。西方社会的节俭伦理植根于宗教生活和经济生活两方面。在19—20世纪的转折点上，尼采发出了"上帝死了"的惊世之论，要重估一切价值。这种虚无主义的观点，直接冲击了西方基督教的伦理观念。新教倡导的节俭伦理被无情地边缘化了。同时，近代经济学之父亚当·斯密从经济学的角度出发，认定"奢侈都是公众的敌人，节俭都是社会的恩人"③。在20

---

① [美]丹尼尔·贝尔：《资本主义文化矛盾》，三联书店1989年版，第118页。

② 参见俞吾金：《反思金融危机背后的文化病症》，《文汇报》2009年6月25日"文汇时评"。

③ 参见[英]亚当·斯密：《国民财富的性质和原因的研究》上卷，商务印书馆1974年版，第310—315页。

世纪 30 年代后，这种传统的节俭观，受到了凯恩斯主义的猛烈批判。在消费伦理观上，消费主义或曰过度消费，与节俭是一对矛盾。节俭观念被抛弃和批判之时，也就是消费主义横行之日。

第二是享乐主义人生价值观的盛行，为西方社会接受消费主义提供了现实基础。任何文化都是成"套"的，消费主义与西方文化中的人性论是契合的，并且是结合在一起的。与中国传统文化不同，西方文化在人性中更注重人的自然性一面，更强调人生就是追求快乐，趋乐避苦是不二选择。在商品和服务日益丰富的 20 世纪西方社会，消费、享受和快乐的实现有了更大的空间。商品和服务借助于现代广告的力量，刺激了人们的消费欲求，用追求享受和快乐（主要是感官享受）的人生之梦引导人们思考生活，这与西方社会对人性的理解相契合。享乐主义人生价值观还得到了现代西方思想家的理论论证："在当代法国哲学中，德罗兹、利科、拉康等哲学家，通过对斯宾诺莎、弗洛伊德传统的重新诠释，发展出一种欲望形而上学和欲望语义学，充分肯定欲望在人们的社会生活，乃至精神生活中的基础性作用。与此相伴随的是'身体'意识，它在尼采哲学中揭开序幕，通过当代法国哲学家梅洛-庞蒂、福柯等人，在哲学中获得了重要的地位。"享乐主义人生价值观在生活层面和理论层面在西方社会获得了广泛的认可，"跟着感觉走"成为社会时尚，消费主义思潮的泛滥也就不难理解了。

（三）金融危机的文化反思与对策

改革开放后，特别是中国加入世界贸易组织后，中国的经济已经逐步融入了全球经济。由美国次贷危机引发的国际金融危机对国际经济产生了巨大冲击，导致美、日、欧盟等相继陷入经济衰退，中国也深受其害。我国外贸出口大幅萎缩，外向型行业尤其是中小型出口企业遭受重创，倒闭、停产、半停产中小型企业增多，就业压力加大。中国经济面临严峻考验。2008 年，中国政府果断采取措施，投资 4 万亿元人民币，进一步扩大内需、促进经济增长。经过一年多的努力，中国政府采取的应对措施获得了明显效果，2009 年 GDP 增速"保八"任务顺利完成。但金融危机是否已经结束，是否还会卷土重来，还是个未知数。中国必须从经济上、政治上同时也从文化上反思金融危机产生的根源及其应对之策。金融危机的文化反思涉及多方面的问题，但从美国次贷危机的文化根源分析，消费主义是核心问题。以下着重从消费主义这一问题入手，试图从中国的国情出发，探索问题的答案。

1. 充分认识金融危机后文化对策的必要性和重要性，通过经济、政治和文化的"组合拳"来建立应对金融危机的基本思路

金融危机的发生有经济根源、政治根源，也有文化根源，那么在应对之策中包含文化的对策是应有之义。从经济上、政治上应对金融危机是重要的，但缺乏文化的对策、文化的支持，必然事倍功半。金融危机发生后，政府通过出台有力的经济政策与措施，是完全必要的。但不能不看到，这些经济政策与措施还是沿袭传统的思路，用财政和投资的扩张来刺激经济。它存在着各种隐忧，有可能会带来重复建设、产能过剩、库存增加、投资效益下降，甚至引发通货膨胀。党的十七大报告指出："要坚持走中国特色新型工业化道路，坚持扩大国内需求特别是消费需求的方针，促进经济增长由主要依靠投资、出口拉动向依靠消费、投资、出口协调拉动转变。"金融危机期间政府采取的如此大力度的财政和投资扩张的措施不可能长期沿用，必须坚持"扩大国内需求特别是消费需求的方针"，夯实中国抵御金融危机的社会基础。

那么，如何扩大消费需求呢？现在，在中国，许多人都认为，中国消费需求不旺，是因为中低阶层的老百姓经济能力有限，特别是广大农民收入偏低。因此，要扩大消费需求，必须首先增加中低阶层老百姓的收入，这种观点是有根据的，但又不尽然。经济能力是消费需求的必要条件，但不是充分条件。没有经济能力，老百姓肯定不能消费，但有了经济能力，也不等于说消费问题就解决了。因为消费不仅有能不能的问题，还有愿不愿意的问题。消费者的伦理观念对消费者消费多少、消费什么、在什么地方消费产生重要影响。

来自于全球最大的消费退税运营商环球退税公司的调查表明，在法国购买退税商品排行榜上，2009 年中国游客在法国购买的免税品总额达 1.58 亿欧元，

比排在第二位的俄罗斯多出 0.47 亿欧元，成为世界冠军。1.58 亿欧元，按照 2009 年最高的汇率，相当于人民币 15 亿元，这样一个不小的数字也仅仅只是在法国免税店的一个消费统计。这份调查还指出，每个中国游客的平均购物额达 1071 欧元。①

　　一方面，把国内消费需求不旺归因于经济能力；另一方面，中国的游客却在国外大笔消费，消费需求走向了国外，很值得我们深思。从上述这份材料中可以看出，尽管中国有许多社会全体收入水平不高，影响了消费，但也有相当一部分群体有一定的经济实力，到法国去购买香水等高档奢侈品。他们的这些消费行为受着复杂因素的影响，这其中难道没有消费伦理观念等文化因素的影响吗？购买国外高档奢侈品，获得了心理上的满足，难以排除消费伦理观念的重要作用。

　　在金融危机的应对之策中，人们通过媒体看到的几乎都是经济的内容，文化的对策很少，几乎被忽略了。文化的对策应放在重要的位置上，这是因为应对金融危机必须将显性与隐性、眼前与长远结合起来，形成经济、政治和文化的"组合拳"。经济和政治的手段在"前台"是显性的，着重于眼前，而文化手段是隐性的，着重于长远。文化手段与经济、政治手段可以互相补充，达到事半功倍的效果。通过思想道德的引导等文化手段战胜各种艰难险阻，历来是中国共产党领导人民进行革命和建设获得成功的重要经验。在 21 世纪反思金融危机时，绝不能忘记这一宝贵经验，要重视用思想道德引导人们树立正确的消费观念，创造有利于战胜金融危机的良好社会风尚和舆论环境。

　　2. 从中国国情出发，建立金融危机的文化对策

　　金融危机首先是在美国爆发的，美国国内首先对金融危机进行了多方面的反思。在文化反思中，他们认识到必须改变消费过度的社会风尚，实现文化转型。美国一位经济学家指出，金融危机后，美国的"文化转型正在进行，人们

----

　　① http://cq.qq.com/a/20100129/000095_1.htm.

将更多地储蓄"（This is a cultural shift going on. People will save more）。① 那么，中国在金融危机中应该如何找到正确的文化对策呢？

中国的国情与美国不同。美国的国情是消费过度，储蓄率低，甚至是负数。而中国截然相反，是消费不足，储蓄率高。2007 年即在次贷危机发生时，美国的储蓄率为 - 1.7%，中国的储蓄率为 50%。2008 年美国居民消费率（居民消费占 GDP 的比重）为 70.1%，中国为 35.3%。两者明显不同，相差悬殊。文化传统的不同是造成这种情况的基本原因之一。中国自古以来，无论是儒家、道家还是墨家，都主张节俭。中国一些近代思想家试图改变这种根深蒂固的节俭观，推动经济发展，但并未成功。新中国成立后，崇尚节俭的观念在我国依然处于主流地位，支配着大多数人的消费行为。节俭这种观念具有两重性，它对于建立良好的道德人格与社会风尚是有益的，但过于强调节俭，对经济的发展不利。在金融危机的反思中，中国的文化对策应与美国不同，就整体而言，应该鼓励消费和引导消费，实现消费伦理观念的变革。

改革开放以来，在建设中国特色社会主义事业过程中，中国取得了巨大的经济成就，但同时，贫富差距拉大了，人们的经济能力不同，消费水平也不同。不同地区由于经济发展的状况差异，使不同地区的消费呈现出不同的特点。从这一中国国情出发，消费伦理观念的变革必须分类指导，对于那些较为富裕的人群和地区，在鼓励消费的同时，要引导人们确立科学、健康和文明的消费方式。但对于经济能力较弱的群体和一些欠发达地区，首先要发展经济，提高个体收入，然后再讨论鼓励消费和引导消费，才更有价值。

在中国国情中，值得注意的是，中国两代人之间消费伦理观念的差异。中国的中老年人崇尚节俭，平时消费不多。尽管其中的许多人，有较多的储蓄，但依然生活简朴，不乱花钱。而反观 80 后和 90 后，许多人出手阔绰，其中一些人走上工作岗位后，成为"月光族"（收入月月用光），甚至成为"负翁"（举

---

① Peter. S. Goodman: *Reluctance to Spend May Be Legacy of Recession*, *The New York Times*, August 28, 2009.

债度日)。这种两代人之间的消费伦理观念的差异,凸显了当代中国转型时期的特点。中老年人经历了物质匮乏的计划经济时代,长期受到民族传统节俭观念的熏陶,从内心认同节俭的消费方式。而反观80后和90后青年人,是在改革开放后成长起来的。市场繁荣,商品丰富,他们中的大多数是独生子女,没有经济上的后顾之忧,加上受西方思潮的影响,消费主义在他们身上有更多的表现。因此,改变消费过度的道德导向,应该更多地针对青年人,而对中老年人来说,要鼓励消费,改变消费不足的状况。

3. 以"适度消费"为原则,引导金融危机后中国的社会消费风尚

生产和消费是一对相互依赖、相互作用的矛盾体。生产是整个经济活动的起点和居于支配地位的要素,它决定消费,而消费的增长又是产生新的社会需求,开拓广阔的市场,促进生产更大发展的强大推动力。一个国家的经济要良性循环,必须解决好生产和消费之间的关系。生产和消费的关系需要双向调节,一方面在生产过程中要改变经济结构,适应消费的需求;另一方面,消费也要根据社会生产的状况加以调节。在金融危机反思中,人们不难得出结论:西方的消费过度,中国的消费不足,都是不可取的,适度消费是明智的选择。

金融危机后,扩大内需的根本是引导居民最终消费。这种基于个体和家庭的消费,需要充分发挥道德的力量。适度消费的关键点是如何掌握"度",政府难以对居民的消费作出明确规定,因为适度消费有相对性和动态性两大特征。由于改革开放后,人们的收入差距拉大了,不同的居民有不同的心理、性格和人生观,并在生活中形成了不同的消费习惯,难以"一刀切"。适度消费具有相对性特征表明,消费的"度"需要每个人根据自己的实际情况来决定。同时,随着生产力的发展和科技的进步,消费的"度"也是不断变化的,具有动态性。简言之,要做到适度消费,走出金融危机的阴影,不仅要依靠经济的力量、行政的力量,同时也要靠文化的力量。适度消费离不开道德调节,需要我们给予充分的重视。

适度消费是对传统节俭消费观的继承和发展。中国传统儒家主张节俭,但同时也将中庸之道贯彻到消费伦理中,提出了"俭而有度"的观点。尽管儒家

在消费伦理中所说的"度"是以封建伦理为标准的，违背了封建伦理的"过"与"不及"的消费行为是要受到道德谴责的，但是这种观点却为后人思考消费伦理提供了可以继承和发展的思想资料。

在当代中国改革开放的历史进程中，围绕着"经济建设为中心"的指导方针，邓小平在消费与生产的关系上，明确提出了消费"要适度"。[①] 在 20 世纪 80 年代，由于当时中国生产力很落后，适度消费的含义更多的是要解决高消费的问题。但在金融危机后的当代中国，生产力水平有了跨越式发展，适度消费是要鼓励消费。落实邓小平消费"要适度"的思想，必须与时俱进，在不同的历史条件下把握其不同的内容。

度是质和量的统一。适度消费意味着消费不仅要有与生产力发展相适应的"量"，而且意味着在生产力发展的情况下，必须有新的"质"，即消费内涵的新理解。鼓励消费一是要鼓励占用资源少的消费方式。消费的增长，会对生态环境造成压力。占用资源少的消费方式，有利于实现人与自然的和谐。二是要提高消费的效率，即在同样的消费量情况下，达到更大的消费效果。例如，消费中的节约，人们常常把它与减少消费中的绝对量联系起来，但是现代生活中的节约还有新的含义，即在同样花费的情况下，达到更大的消费效果。

4. 加强消费伦理观念教育，并将它作为应对金融危机的基础性工作

在金融危机中，消费问题在社会发展中的重要性日益凸显。消费主义是金融危机产生的文化根源，消费需求又是走出金融危机的"瓶颈"。值得注意的是，对于消费问题的理解，人们更多的是从经济角度思考的。在消费教育中，往往把它落实到技术层面，落实到解决理财问题上，这是不够的。在现代生活中，消费中的文化含量比过去大大增加了，人的消费行为在更大程度上受到伦理观念的影响。消费伦理观念通过人的消费行为，通过消费的社会风尚，对社会的发展产生重大影响。加强消费伦理观念教育，是一项应对金融危机的基础性工作。

---

① 参见《邓小平文选》第三卷，人民出版社 1993 年版，第 193 页。

消费伦理观念教育要有针对性，对于不同地区、不同年龄的人们应有不同的教育内容，不同的发展时期也应有不同的重点。在克服金融危机时期，消费伦理观念在价值取向上，应更多地鼓励消费。而从长远来看，必须强调青年消费伦理观念教育，解决一些青年人消费过度的不良倾向。在中学政治课中，消费教育是放在经济学内容中进行的，消费伦理观念的内容不多。在大学的思想道德修养与法律基础课中，几乎没有单独讲述消费伦理观念的内容。而社会的发展需要解决生产和消费的关系问题，必须在全社会特别是青年人之间普及健康的消费伦理观念，以有利于减少或避免金融危机等情况的发生。

消费伦理观念教育与青年成长过程中的特点是相吻合的。青年人追求美好生活，渴望获得人生幸福的体验。消费和享受，对他们来说是极具吸引力的字眼。如何对待消费和享受，是他们在人生道路上不可回避的课题。这一问题的解决，不仅要诉诸消费的伦理思考，也要涉及人生价值的追问。因为消费伦理观念背后的深层次问题是人生价值观问题，消费伦理观念是人生价值观的具体化。消费伦理观念的教育要与人生价值观教育结合起来，才能收到更好的实效。在消费伦理观念教育中，必须贯彻这一原则。

青年人所处的 21 世纪，是大众文化在社会生活中影响不可小觑的时代。这里所说的大众文化是指采取时尚化方式运作、以现代传媒特别是电子传媒为介质大批量生产的当代文化消费形态，它对于青年消费伦理观念的影响是巨大的。在某些情况下，其影响和作用甚至超过了学校教育和家庭教育。大众文化所创造的消费神话及其对社会风尚的引领，是消费伦理道德教育必须密切关注的重大问题。大众传媒应该自觉承担社会责任，将经济效益和社会效益结合起来，并把社会效益放在首位，这样，青年树立正确的消费伦理观念才有良好的社会环境。

二、消费主义的伦理批判

消费主义是 20 世纪中叶以来在西方发达国家普遍存在的一种生活方式、文化态度和价值观念。消费主义来自西方意识形态的一个基本教义，即认为个人的自我满足和快乐的第一位要求是占有和消费物质产品。中国经济融入全球化潮流后，消费主义思潮必然或迟或早地扩散至中国，影响中国的消费伦理观念，必须加强对消费主义的研究。

（一）消费主义的特征

消费主义已经逐渐成为一种全球性的消费文化深刻影响着人们的价值观和生活方式，深深影响着大众消费。在消费主义内涵的研究中，人们引用较多的关于消费主义的表述是下面这段话："我们具有巨大生产率的经济要求我们把消费作为一种生活方式，把商品的购买与使用变成一种宗教仪式，从消费者中获得精神的满足……我们需要以不断增长的速度把东西消费掉、烧掉、穿掉、换掉和扔掉。"[①] 可见，消费主义是指人们的一种毫无节制地消耗物质财富和自然资源，满足被不断刺激起来的欲望的价值观和生活方式，其实质是物质主义和享乐主义。消费主义有四个典型特征。

第一，消费的过度性。消费主义把消费作为人生目的，生活的实践过程就是为了不断满足欲求的过程。只有在消费中才能找到快乐。一切为了消费，消费一切，注重满足当前消费。消费主义是建立在机器大工业基础上的，以大规模商品生产和商品交换为特点的一种工业文化，它以鲜明的重视物质消费为特征，并通过物质的占有和消费来达到心理满足，获得所谓的"幸福"。只有消费一切才能快乐，不管是物质资料、文化艺术还是人格、尊严、隐私，都可以成为供人消费的对象。为了能尽可能地消费，消费者不再受个人当前支付能力

---

① 张坤民主笔：《可持续发展论》，中国环境科学出版社 1997 年版，第 125 页。

的严格限制，他们内心崇尚或者实践着奢侈消费、炫耀消费。消费的过度性是消费主义的首要特征。

第二，消费的符号象征性。在消费主义控制下的人们的消费是一种不自主的消费，强迫性的消费，特别是各种炫耀性消费，赋予商品以更多的表现功能和符号意义，并将其看做是自我表达和社会认同的主要形式，看做是较高生活质量的标志和幸福生活的象征。消费的符号象征意义是消费主义的一个十分重要的方面，它与商品的符号消费价值有关。商品生产者以及透过大众传媒在商品消费中所创造的象征意义在很大程度上与商品的使用价值无关，消费的目的是表现性的。品牌、广告以及"肥皂剧"将风格、地位、品位、身份以及有关"美好生活"的影像（image of good life）赋予形形色色的商品，并通过它们不断改变着"基本需要"的含义，从而刺激着大众的"人造需要"或消费欲望，而这些符号不但总是指向高消费，而且在发展中国家还往往指向"洋消费"。因此，消费主义的符号象征意义是指人们对这些被创造出来的"意义"的追求与消费，它使人们永远处在"欲购情结"之中，不是"为生活而消费"，而是"为消费而生活"。消费的符号象征性注定了对消费的永不满足。

第三，消费的意识形态性。消费主义作为一种当代的全球化现象，主要地并不表现在某一个国家或国家集团的强制或政府行为与政策主导，相反，消费主义的显著特征是千百万人的"积极同意"和"主动实践"。消费主义现象在人们的日常生活中的另一种正当性来源，是商品符号象征意义（商品的表现功能）的刺激与诱惑，商品符号系统所体现的消费主义文化——意识形态因此也成了占优势的话语权力。消费主义的"意识形态性"就体现在这里；与此同时，消费主义文化的意识形态性质恰好也体现在这里：控制了人们消费的"需求"与欲望，就控制了人们的价值选择和以此为前提的制度的生产与再生产。

第四，消费由大众传媒"创造"、推动和扩散。消费主义价值观念"是巨大生产率的经济要求"，同时也是文化灌输的结果。大众传媒以及大众消费品通过提供特定日常消费的内容改变着人们的生活方式，这种新的生活方式既是消费主义文化——意识形态的塑造手段，也是它的塑造结果。① 消费主义的生活方式是由商业集团的利益以及附属于它们的大众传媒通过广告或各种商业文化和促销艺术形式推销给（在许多情况下，是在不知不觉中强加给）大众的一种生活方式。它把越来越多的人(不分等级、地位、阶层、种族、国家、贫富)卷入其中。对物质享受的欲望存在于任何社会以及任何时代，而当代消费主义是以大众传媒的技术手段的革命性变革和普及为特征的。因此，消费主义的特征之一是由大众媒介推动和扩散的。

因此，消费主义的大规模消费需求是被制造出来的。尤其是电视和购物场所中的广告在消费大众化和消费符号象征化方面的独特作用是消费主义所特有的。商品广告面向大众，这使得高档消费品和奢侈消费的意义程度与凡勃伦的"有闲阶级"消费有很大不同。它更多的是"建立在对所谓'心理'需求的颂扬基础之上的，收入、购买奢侈品和超工作量形成了疯狂的恶性循环，显而易见，心理需求与'生理'需求不同，它是建立在'有决定自由的收入'和选择自由基础之上的，因而能够无情地加以控制。很明显，广告在此起着一个主导作用"②。

令人担忧的是，消费主义成为大众追求的生活方式，并成为意识形态层面的东西。消费主义以一种普遍的伦理、风尚或习俗的形式，将个人的片面发展、即时满足和随之而来的各种异化，合理化为个人日常社会生活中的自由和必然的选择。人们开始失去对现存经济、政治合理性的辩护，而被这种非政治化的生活方式所操纵并乐此不疲。向社会各个领域渗透的消费主义正日益取得其合法性，成为一种新的社会统治方式，体现着一种新型的社会生活组织形态。

---

① 参见陈昕:《消费主义文化在中国社会的出现》，http://www.sociology.cass.net.cn/shxw/shll/t20030826_0870.htm。

② [法]波德里亚:《消费社会》，南京大学出版社 2001 年版，第 60—61 页。

（二）消费主义的历史根源和促成条件

1.工业化经济体系的发展是消费主义生发的历史根源

在传统的匮乏或短缺经济时代，欲望常常受到道德攻击，被认为是社会邪恶和堕落的根源。在那个时代，占主导地位的价值观念和规范往往是禁欲主义和消费理性主义。因而社会主流价值和规范主张节约俭朴、崇尚节制欲望、倡导先苦后甜。例如，在传统社会，作为占据主流地位的意识形态的宗教，包括基督教和佛教就极力传播禁欲主义，把欲望看成是邪恶加以大力鞭挞。卢梭也认为，欲望是堕落的根源，是造成人生痛苦的一个重要原因。马克斯·韦伯认为，资本主义来源于新教精神或新教伦理，资本主义精神是以赚钱为"天职"的。具有这种精神观念的人认为，赚钱既不是为了自己消费，也不是为了荫庇子孙，而是为了上帝的荣耀。为此，信徒们都必须勤恳劳作，不能贪图享受，唯有如此才能进入"天国"。正是在这种"入世苦修"的精神动力下，为资本主义原始积累提供了一个源泉（另一个源泉是资本主义初始阶段的贪婪的掠夺和侵略）。当资本主义日益成熟，它的掠夺受到约束，残暴方式如"羊吃人"式的圈地运动在各国内部已经不可能，靠残暴手段刺激经济发展渐失人心。而初期的新教伦理要求资本家、工人努力工作赚钱，克勤克俭，积累财富以不断扩大再生产，这在一定程度上推动了生产的发展。天职观念和为职业劳动献身之精神是"我们资本主义文化最重要的特征要素之一"[①]。

在西方，特别是美国，随着以福特主义为代表的资本主义大规模工业生产方式的兴起和工业化大生产带来的大量财富的出现，传统的宗教禁欲主义逐渐受到享乐主义的挑战和瓦解。20世纪20年代以来，资本主义的生产能力大大提高，生产过剩和消费不足成为摆在资本主义国家面前的一个大问题，也就是大生产要求多消费了，否则，生产过剩的结果必然带来严重危机。20世纪30年代的资本主义经济危机证明了这一点。这次危机的爆发使得消费问题不但成

[①]　[德]马克斯·韦伯:《新教伦理与资本主义精神》，陕西师范大学出版社2002年版，第52页。

为一个经济问题，而且成为一个政治和社会问题。

在这种情况下，著名经济学家凯恩斯认为，经济危机发生的根源是资本主义社会有效需求不足，而有效需求不足又是由消费和投资不足所导致的。因此，凯恩斯所主张的国家干预市场增加投资和刺激消费的主张，便成为发达资本主义国家的政策选择。第二次世界大战后，资本主义国家特别是发达资本主义国家凭借数百年所积累和创造的物质财富，两次工业革命和新技术革命的推动，加上对内外剥削的加重，廉价能源资源源源不断地供给，为经济的迅速发展创造了条件。社会生产力的不断提高，使物质财富几何级般地急速增加，"今天，在我们的周围，存在着一种由不断增长的物、服务和物质财富所构成的惊人的消费和丰盛现象。它构成了人类自然环境中的一种根本变化。恰当地说，富裕的人们不再像过去那样受到人的包围，而是受到物的包围"①。

西方世界进入了"受到物的包围"的时代，社会各阶层生活水准都有不同程度地提高，消费能力大大提高。这对无止境追求经济增长的资本主义来说，似乎只有一条出路：刺激消费。只有这样才能开辟市场，使资本快速流动。如何刺激消费呢？西方资本主义经济的长期繁荣加上凯恩斯主义的推行，人们对消费欲望和需求的态度已经发生了根本变化，生产者和销售商利用广告、媒体和各种可利用的信息渠道宣扬一种"占有"的生活方式，并将它许诺为一种时尚生活，不断刺激人们的欲求，使今日的奢侈品不断成为明日的必需品。消费主义以及消费主义象征的商品渐渐成为文化——意识形态而潜移默化地影响着大众，成为西方发达国家消费生活中的主流价值和规范。当然，决定消费者欲望的不单纯是经济因素，还掺杂着意识形态因素。消费主义文化不但创造出这种欲望，同时将这种欲望制度化和道德化：消费促进经济增长和社会发展，"无力消费在市场上出售的商品就是贫穷"，这成为人们认同的信条。

消费实力膨胀了，但是却没有一种科学合理的消费观念和价值观引导，一种毫无节制、毫不顾忌地占有与消耗自然资源和物质财富的消费观、价值

---

① ［法］波德里亚：《消费社会》，南京大学出版社 2001 年版，第 1 页。

观——消费主义——便应运而生并迅速达到顶峰。

2. 社会文化观念、价值取向是消费主义的促成条件

不同的价值观念和规范在很大程度上影响着人们的消费欲望和需求。尽管这些价值常常在各个不同社会同时并存。但是，在不同的经济条件下，不同的价值占据不同的地位。这样一种有违整体理性的价值观为什么能如此盛行呢？第二次世界大战后产生于欧美发达国家绝不是偶然的，其产生受多种社会文化和价值观念的影响，具体归纳起来，有如下几个促成条件。

第一，西方享乐主义人生观的产生发展催生了消费主义。

消费模式直接受到生产的影响这是不争的事实。但是，从不同的民族和地区有不同的消费模式来看，消费模式也受到文化的影响。每一种消费模式都同一定的文化和价值观念有着内在联系。一定的消费模式是各种因素综合作用的结果。而在一定的物质条件下，消费模式是对一定的文化观念的实践方式。现代西方流行的消费主义，是享乐主义价值观的必然体现。

在中世纪以前的古代文明，尽管当时物质极度匮乏，但在贵族阶层享乐主义价值观还是被实践着，主要就是表现为对物质财富的崇尚和追求，由于贵族阶层对物质财富的过度需求导致了当时的唯一能源——森林资源——的枯竭，土地沙化，对古代文明的衰落产生了重要影响。西方进入中世纪以后，由于物资极度匮乏，人们的价值观发生了根本变化。人们不再崇尚物质享乐，转而追求精神信仰，宗教禁欲主义成为新的美学和伦理理想，并构成对物质欲望的禁锢，中世纪也因而被称为"黑暗时代"。而随后的欧洲文艺复兴运动，在某种意义上就是对中世纪禁欲主义的反抗和叛逆。文艺复兴运动大力主张物质欲望是人性的正常体现，倡导对物质和生理欲望进行满足的合法性，在当时有历史的进步意义，但同时也推行了享乐主义的人生观。现代消费模式实际上是享乐主义价值观和人生观在经济和生活领域的实践和必然要求。

第二，消费主义是使资本增值的市场逻辑的一种文化策略。

众所周知，资本主义的本质决定了资本主义的生产目的是追求剩余价值，就剩余价值的创造来说，是由生产领域来负担的，但它的实现则又一刻也离不

开消费领域。消费，不管其在经济领域的地位如何，始终未摆脱其工具性特征，只是充当资本增值的手段，至于消费本身的性质如何并不重要。[①] 早期工业化时期，社会经济生活的突出特点是短缺型，能否实现资本增值的主要问题是生产的多少，消费还未成为资本家关注的焦点。但是，随着生产力的发展、科技的进步，短缺经济逐渐被过剩经济所取代，资本增值已不能主要依靠生产的投入，在很大程度上取决于消费市场的培育发展。生产对消费的依赖程度越来越高。因此，开拓市场和刺激消费，成为企业成功的关键。

为了刺激消费，以广告为代表的各种营销术被广泛利用，构成特殊的商业文化，它所催发的消费主义气息也迅速跻身于社会文化的显赫地位。如果说追求剩余价值是资本机器运转的原动力，那么，消费主义的盛行则是资本机器运转的链条。新教伦理所奉行的勤俭节约只存在于生产领域而只是为降低成本，而在消费领域为了倾销商品则鼓励奢侈浪费。生产厂家利用媒体的广告轰炸，向人们灌输着消费至上的思想，鼓励人们及时行乐，"享乐主义是市场的时代"，"鼓励人们讲求物质享受与奢侈的享乐主义"是资本主义发展到一定阶段的必然要求。[②] 至于消费的性质如何，是游离于资本视野之外的。

社会分工是经济发展的基础，与社会分工相伴而生的是"需要和满足需要的生产这对矛盾，不再直接统一于人与人之间高度依赖的生产单元之中"[③]，生产者不再通过生产直接满足自己的需要，而是通过生产满足消费者的需要，间接满足自己的需要。由此产生的一对矛盾就是：生产者对利益的追求是无限的（现代大工业的发展，生产能力的无限扩大，使这种追求具有了现实可能性），希望挣的钱越多越好，因此，生产者及从生产者中分离出来的经营者采取了"制造需要"的方法。广告是最好的工具，广告的作用就是将生产经营者制造的需要转化为消费者自身的需要。经常不断的、无所不在的轰炸强化，使广告

---

①　参见李金容：《消费主义与资本主义文明》，《当代思潮》2003 年第 1 期。

②　参见 ［美］丹尼尔·贝尔：《资本主义文化矛盾》，三联书店 1989 年版，第 132 页。

③　欧阳志远：《最后的消费——文明的自毁与补救》，人民出版社 2000 年版，第 217 页。

成为消费主义的温床。这种由生产经营者操纵的需要而不是消费者内发的需要，造成了消费的异化和浪费，马尔库塞称之为"虚假的需要"。为了资本的增值，消费主义成为资本运转的客观逻辑，也是使资本增值的必然结果。

第三，技术乐观主义膨胀了人们的消费欲望。

消费主义同技术乐观主义是并肩而存的。人们追求物质享乐，因为他们相信现代技术手段可以源源不断地生产出财富，技术可以解决一切需求问题，不断地在人与自然之间实现能量转换。这种技术乐观主义发源于英国哲学家培根，并在启蒙运动中得到进一步发展。以培根和笛卡尔为代表的技术乐观主义者奉行一套"征服自然、改造自然"的自然哲学和信条。在他们那里，自然是"女仆"，而人类则是"男主人"，自然这个女仆要服从人类这个"男主人"的任何需要。于是，以现代工业为代表的现代生产模式造成了对自然的过度掠夺。而由此所导致的生态环境的恶化，反过来降低了现代人的生活质量。但是，技术乐观主义者依然支持着现代的消费模式，因为他们相信技术同样可以解决自身所带来的环境和能源等一系列问题。例如，人们有理由相信终有一天地球上的石油会耗尽，但是现代消费主义者并不愿意因此而放弃使用私家车，因为他们相信，即使石油被用完了，将来的技术还可以找到替代能源。① 这是我们的消费者文化造成的一个新的错觉：只要我们继续行进在技术进步的大道上，那么，最终将会达到这样的地步——没有不能实现的愿望，甚至那些不断产生的新愿望也没有不能实现的。……技术的母亲取代了自然的母亲，决定是由技术机构本身作出的，并由技术统治论者加以解释和操纵，他们是正在崭露头角的母权制宗教的传教士，尊技术为该宗教的女神。②

第四，功利的社会评价标准，促使消费主义成为时代的"集体意识"。

以美国为例，社会所确立的对个人的评价标准是个人成功，而个人成功的标志是物质财富。这种评价体系是美国的个人主义原则与竞争精神的"集体意

---

① 参见王宁：《消费社会学》，社会科学文献出版社 2001 年版，第 296 页。

② 参见［美］弗洛姆：《精神分析的危机》，国际文化出版公司 1988 年版，第 90 页。

识"的反映。成功（评价标准）与物质消费的这种内在联系，也是社会和文化因素起作用的结果，即围绕消费领域的社会竞争、模仿（社会因素）和社会评价标准（文化因素），使人们对物质财富产生了无节制的追求，形成了"高消费"的动机，从而使整个社会成为"消费社会"。

我国社会的历史文化背景、生活观念与消费心理的演进是大众传媒得以发生作用的社会、心理基础。改革开放以前，我国曾经历了一个人为抑制生活要求的时代，因此，人们对改革开放的第一个反应就是生活需要的复位。人们热切关注着物质生活水平的大提高，这为以后生活需求的畸形膨胀和消费主义生活方式的出现提供了一个心理起点。但是，消费主义最终在中国人生活中不断扩散，大众传媒起了重要作用。传媒一方面以新闻的、言论的、文学艺术或其他方式不断介绍、展示着发达国家的潇洒、奢华的享受型生活方式；另一方面又以各种新异的广告推销形形色色的商品，这些极富诱惑力的宣传在客观上不能不引导着人们的消费实践。改革开放之初，我国才开始了真正自主的消费生活，加之诸多社会变革的逐步推行，人们对新的经济生活很不适应，其消费心理也很不成熟，追求时尚的趋时心理、追求流行的从众心理以及攀比心理、对价格上涨与假冒伪劣的恐惧心理等大量存在，对媒体的消费引导也具有较强的依赖性。就这样，有了社会、心理基础和传媒等各方面的因素，消费主义作为一种生活方式进入我国并迅速深入人心，发展成为一种影响日深的文化——意识形态。[①]

（三）消费主义在当代的伦理困境

随着商品符号消费欲望所推动的消费行为日趋增多，消费主义生活方式对环境和能源所造成的负面影响日趋突出，人们的生活压力也越来越大，要求改变消费生活方式的呼声也随之高涨。以马尔库塞和弗洛姆为代表的西方知识分子对消费主义就进行了猛烈抨击。绿色主义、生态主义和环境主义运动的兴起，也构成了一股遏制消费主义的社会力量。

---

① 参见戴锐：《消费主义生活方式与青年精神》，《青年研究》1997 年第 8 期。

整个源于美国的消费主义气息日渐在全球扩散，它所造成的消极影响是感性的、深刻的。归纳起来，其消极影响主要表现在对社会、自然生态的破坏以及对个人精神生活、人性的扭曲。本书所关注的一个重要方面，就是从生态环境、消费正义和人的生存境遇等方面探讨消费主义所陷入的伦理困境。

1. 生态困境：给自然、社会生态带来巨大压力

第一，大量自然资源的消耗引发自然生态危机。

现代生产模式在一定范围内导致了环境和生态危机已经是不争的事实。但是，仅仅从生产角度而忽视从消费角度看待现代环境和生态危机是片面的，还必须考察消费模式对生产以及对生态环境的影响。消费主义加快了资源的消耗，破坏了生态平衡，最终导致恶化人类的生存环境。消费主义的消费必然有需求量大增的一面，一次性消费、过度包装及对消费品的排他性占有（如小汽车是对应于公共交通工具排他性占有的代表），这些典型表现，无不以大量浪费资源和污染环境为代价。

在生产者看来，过度包装比简易包装更有利可图，因为精心包装意味着赋予商品使用价值之外的符号价值，因而价格可以偏离价值。有人举例说，有一位教授从日本考察回来，对日本某企业的经营意识和策略大为推崇，那就是做一元钱的点心，用一百元包装，卖出去的价格自然更可观。[①] 现在对消费品的包装，已经几近主客不分的地步，为了显示自己更高的地位，人人竞相购买大量商品和奢侈品，无限制地追求物质享乐，以奢侈和挥霍成为光荣的事情。像天价月饼，其包装令人瞠目结舌。是否新的"买椟还珠"的可笑故事又要上演呢？许多有识之士早已认识到这种消费方式对资源的大量耗费。美国老一辈凯恩斯主义者 A.H. 汉森在其《二十世纪六十年代的经济问题》一书中指出："我们生产资源的很大一部分都浪费在人为地创造出来的需要上……我们不是生产优质的、随着时间的推移而越来越受重视的产品，而是生产一些我们自己不久也会厌弃的东西——瞬息万变的社会标准很快就会使这些标准过时。过去从来

---

① 参见陈莉：《消费主义与可持续消费的困境》，《青年研究》2001 年第 5 期。

没有像现在这样把大量的生产资源都浪费在本身没有价值的东西上。"①

物质生活上的纵欲无度造成了一个浪费型社会。诸如金属、玻璃、塑料和纸张等物质资料，经常是用过一次就扔掉；筵席上的菜肴价格正以超指数规律增长，同时大半的美食也被抛弃。这种讲排场、摆阔气、赶时髦成为一些人的生活准则。结果，城市垃圾场所面临严峻的压力，废弃物污染超过了容许的标准，发展、消费与环境的矛盾日益加剧。

或许工业文明的发展阶段需要这种代价，但是不可否认的是消费主义会使生态和环境更加恶化。富人阶层中的一些消费主义者掠夺性地消费着能源和其他各种大自然的创造物，生态环境遭到严重破坏。"生物学家认为濒危物种名单上超过1/3的脊椎动物主要是由于贸易而被猎杀。富裕消费者的需要刺激了这种猎杀……高昂的价格和快速更迭的时尚迅速把物种赶到生存的边缘。秘鲁的蝴蝶在黑市上卖到 3000 美元；对一些亚洲消费者来说，产于喜马拉雅山脉传说能够刺激性欲的麝香价值四倍于同重量的黄金。孟加拉国、印度和印度尼西亚每年把 25 万亚洲牛蛙运往欧洲，只是由于那里的餐厅把它们当做精美食品。而在亚洲，本来由牛蛙捕食的蚊子已经激增，因而由蚊子所携带的疟疾而导致的死亡也增加了。"②这只是人类破坏生态所受报复的一个小小的方面而已。正是这种对人和自然界相互作用、相互依赖的关系缺乏认识，或缺乏长远认识，或者说将这种认识让位于自己的消费欲望、高消费，促使环境资源生态问题逐渐成为全球问题的核心问题。

概括起来说，消费主义给环境、能源和生态带来的影响和压力表现在以下几个方面。

首先，导致人们在消费模式和生活方式上竞相攀比、竞争与模仿，从而导致抽象的需要能力（want to want）的形成和不断提高。这种抽象的需要能力

---

① [美] 汉森：《二十世纪六十年代的经济问题》，商务印书馆 1964 年版，第 44 页。

② [美] 艾伦·杜宁：《多少算够——消费社会与地球的未来》，吉林人民出版社 1997 年版，第 35 页。

的提高为日后大量消费（mass consumption）模式的形成奠定了心理基础。为了满足"大量消费"的需要，"大量生产"模式（工业化）应运而生，使环境、能源和生态承受了巨大压力。

其次，消费享乐主义不但要求大量消费，而且导致对消费时尚和流行产品的追逐，而消费时尚则导致产品的社会寿命大大缩短，人为地提高了产品更新换代的频率，导致大量的能源浪费和废弃物的增加。

最后，消费享乐主义导致商品外观的美感分量和符号象征意义的增加，从而导致包装过度与广告成本飙升，造成大量的资源浪费。①

第二，消费主义损害了社会正义，破坏了社会生态的和谐。

如果从普世伦理的角度看，在广大发展中国家和广大落后贫困地区的人们还在为"面包"挣扎的时候，发达国家和富有的消费主义者所选择的消费主义生活方式加剧了人类社会的矛盾，破坏了社会生态系统。

人类被制造出来的需求是可以无限提高和增加的，在发达国家，在所谓的提高生活质量的幌子下，大量耗费着地球资源。使"一个美国婴儿在他平均年龄65岁的一生中……消费地球可用资源的速度比印度婴儿快500倍"②，他们每人"为了各种用途，特别是即将达到每两个人就有一辆汽车时，每人约需钢10吨。此外还需要150公斤铜、100公斤铅和锌用于各种用具和人工制品"③。美国销售分析家维克多·勒博宣称："我们需要消费东西，用前所未有的速度去烧掉，穿坏，更换或扔掉。"④这种无限的需求并不是必要的需求，它严重损坏了消费公正和社会正义，有违于人类共同的道德标准。

---

① 参见王宁：《消费社会学》，社会科学文献出版社2001年版，第298页。

② ［英］B.沃德、［美］R.杜博斯：《只有一个地球》，燃料化学工业出版社1974年版，第151页。

③ ［英］B.沃德、［美］R.杜博斯：《只有一个地球》，燃料化学工业出版社1974年版，第150页。

④ ［美］艾伦·杜宁：《多少算够——消费社会与地球的未来》，吉林人民出版社1997年版，第5页。

消费享乐主义还导致消费个人主义，强调消费资料的个人所有权和排他性，拒绝绝大部分消费资料的共同使用及其所带来的节约效果，导致对物质商品的需求以几何级数增加。如私人小汽车、高档别墅的增多，消耗了大量的能源和土地，虽然这些消费行为是法律和社会政策所允许的，但是，这并不一定符合社会公正的原则，并不符合道德上的"善"。作为先富起来的一部分人，应该在适当提高自己生活水平的同时，多一些社会责任意识，为生态环境和社会正义多尽一些道德义务。

地球自然资源是有限的，生态环境的有序需要人类去维护。当落后地区和国家的贫苦人民在为生计而挣扎的时候，富裕国家和地区的富裕阶层和消费主义者们却在大肆浪费着自然和社会资源。以西方国家的前工业化为代表的发达国家以及后发国家在刺激消费以发展经济的过程中，无不以大量资源的耗费为代价。而现今占人口少数的发达国家，却消费着世界上绝大多数的资源，也是排放污染物的重要责任者，特别是美国人均消费的粮食、煤炭和石油是非洲居民的 8 倍、500 倍和 1000 倍。他们还把垃圾特别是电子垃圾转移到发展中国家，造成了发展中国家的生态灾难。

2. 人的生存困境：价值理性日渐衰微，导致人的异化

在消费主义盛行的当今世界，享受充裕的物质生活资料的现代人是否真的非常幸福？这是马尔库塞和弗洛姆非常关注的问题。他们以现代西方社会中人们在精神上正处于异常痛苦的事实，揭示了物质方面的富裕未必就能给人带来幸福的真理。如马尔库塞、弗洛姆等西方哲学家所指出的，人们拥有自己的高级住宅、轿车、彩电，还有其他高档穿和用的东西，这当然是够安乐的了。但须知，问题的关键在于，人们把这些物质需求作为自己的根本、甚至唯一的需求后，实际上，他们是为商品而活，已经把商品作为自己生活灵魂的中心。人与产品的关系完全颠倒了，不是产品为了满足人的需要而存在，而是人为了使产品得到消费而存在。

第一，所有的一切皆为了消费和交换，价值理性衰微。

弗洛姆的社会分析有他的独到之处。他认为，与 19 世纪相比，20 世纪社

会生活方式的一大特征是拼命消费，这与韦伯把聚敛财富投入再生产视为资本主义精神的说法有所不同。在弗洛姆看来，"聚敛"固然是资本主义生活方式的典型特征，"消费"也同样代表着现代资本主义精神，并且还更具 20 世纪的特征。消费刺激着生产，生产扩大着消费。如果没有消费，生产便必然陷入停滞。为了扩大生产，现代企业和现代社会必须不断开发新的消费需要，而不管这些需要究竟对人有益还是有害。五花八门的消费给人造成的最大幻觉是：消费者自认为是在自由地支配自己的财产和享受，实际上却浑然不觉地沦为消费的奴隶。盲目的消费并没有给人带来幸福，人们从中得到的唯一好处，就是不断地刺激起更大的、永远也得不到满足的消费欲望。在疯狂而盲目的消费中，消费对象和消费者本人都被"物化"了。这种物化主要表现在两个方面。

一方面，人成了社会这个庞大的消费和生产机器上的齿轮和润滑剂。"资本主义的经济活动一切都是为了赚钱……一切并不是为了实现人的幸福和拯救，而只是为了经济利益本身。个人就像是大机器中的一个齿轮一样。……人总是一个服务于他自身之外的目标的齿轮。"[①]

当然，弗洛姆并没有一概反对消费。"只要人的生活水平还低于代表人格尊严的生存水平，人自然会需求更大的消费。而且，随着人类文化的发展，随着对美好食物、艺术品和书籍的需求增加，人需要更多的消费也是合情合理的。"——然而，现在的问题是，"我们对消费的渴求，已经跟人类的真实需要完全失去了联系"[②]。在令人头晕目眩、应接不暇的消费面前，人已经完全迷失了自己的方向。消费已经成为现代人病态的非理性需要。人们不知道自己究竟要什么，他的消费完全跟着社会潮流和广告商的宣传走。

另一方面，人和他的消费对象（包括爱）之间并没有任何情感上的联系，加速人的物化。爱也成了消费，消费者必须频频更换消费对象，才能不断地刺激起新的消费欲望。"同'爱'的对象保持的关系过长，便被认为是不道德的

---

① ［美］弗洛姆：《逃避自由》，工人出版社 1987 年版，第 149 页。

② ［美］弗洛姆：《健全的社会》，贵州人民出版社 1994 年版，第 106 页。

做法。'爱'被认为是一种短暂的性欲，应当立即得到满足。"①——随着人成为"人格市场"上的商品，人与人之间的一切关系都成了消费和交换。每个人都是一包东西，一包由他的交换价值（外貌、学历、地位、收入、已经取得的成功和未来的成功机会）混合而成的"包裹"。人人都想使这个"包裹"卖上更好的价钱，同时又希望和那些价格高的"包裹"打交道，以便通过接触，寻找获利的机会。

马克斯·韦伯曾把追求短期自利的行为称为工具理性行为，把人生意义和价值理解为物质主义的，人们热衷于短期的自利和算计这种现实功用的标尺，放弃了对社会正义和真善美这些价值理性元素和精神追求的关注。而这正是现代价值追求的致命缺陷，这使本来就缺乏历史根基的价值理性更没有了成长机会。

第二，消费主义成为现代西方社会控制人的新形式。

在现代富裕社会里，在人的自由现有的存在形式和能达到的可能性之间存在着某种矛盾，所以，如果社会想要避免发生过分的不快，它就必须使个人进行有效的合作。这样，人的心理就自觉不自觉地接受和屈从于制度的控制和操纵。②这种制度的延续和社会的存在依赖于这些商品的不断生产和消费，换句话说，社会的需要和政治的需要必须变为个人本能的需要。在社会生产没有大量消费就无法维持下去的情况下，这些标准就必须标准化、协调化和普及化。只有这样，对需求的刺激才是广泛的、长久的、合法的。

新的需要被一次又一次地渲染起来，煽动人们去购买最新的商品，使他们相信自己确实需要它们，而这种需要可以从这些商品中得到满足。这样造成的结果就是：人们完全拜倒在商品拜物教之前了。由于商品总是越来越贵，这也就使生存斗争也变得越来越紧张。即使在所谓的中间阶层当中——即资产阶级当中——也有越来越多的人认识到，为所谓消费社会中的相对繁荣付出的代价

---

① ［美］弗洛姆：《健全的社会》，贵州人民出版社1994年版，第131页。

② 参见［美］马尔库塞等：《工业社会与新左派》，商务印书馆1982年版，第4页。

太高了。

　　但是，在劳动生产率不断提高和商品越来越充裕的基础上，开始了一种对人们的意识的操纵和摆布，这已经成为近代资本主义最必不可少的控制结构之一。"随着生产设施的合理化及其功能的多样化，所有的统治都采取了管理的形式。而在这种统治发展到登峰造极的时候，集中的经济力量把人完全吞没了。……个体的痛苦、挫折和无能都导源于某种多产和高效的制度，尽管在这个制度中，他们过着前所未有的富裕生活。"[①]"于是，在这个被控制得井然有序的现实控制中获得松弛的个体所能回想起的，不是梦想而是工作；不是童话而是对童话的斥责。"[②]

　　这样一个完全机械化的社会，被弗洛姆称为"一个幽灵"，这个幽灵是："一个完全机械化的社会，它服从计算机的命令，致力于最大规模的物质生产和消费；在这样一个社会的发展进程中，人自身被转变为整个机器的一部分……他是被动的，缺乏活力和感情的。"[③]在这种个体所无法改变的新控制形式下，现代人也具有贪婪地占有和使用新物品的欲望，并理智地认为，这样贪婪乃是自己所向往的一种更美好的生活体现。这就是这个幽灵的可怕之处——只有少数人清醒地意识到它的存在。

　　受众的盲从，使个体和社会有效合作了，个体开始屈从于制度的控制和操纵，资本主义合理性得到了发展，于是，我们再次面临着发达工业文明的一个最令人苦恼的方面：它的事实不合理性的合理特点，非理性向理性转变。这种理性表现为生产率的疯狂发展，大规模地发展生产力，扩大对自然的征服和大宗商品的扩大，不断满足数目不断增多的人们的需求，创造新的需求和才能。说它是非理性，乃是因为生活质量的提高对自然的支配和社会的福利来说快成了破坏性力量。这种破坏不仅是对更高的文化价值的背叛，而且是实质性的。

---

　　①　［美］马尔库塞：《爱欲与文明》，上海译文出版社1987年版，第69页。

　　②　［美］马尔库塞：《爱欲与文明》，上海译文出版社1987年版，第67页。

　　③　［美］弗洛姆：《生命之爱》，工人出版社1988年版，第9页。

人在这一股自己根本无法控制的力量面前，与这股力量相比，只是一粒尘埃罢了。人不应该是渺小的，为了最迫切的目标而必须废除存在于所谓消费社会中的一大部分愚蠢的浪费。① 否则，把浪费变成需求，把破坏变成建设，把客观世界改造成人的心身延长物的程度，这一切使得异化成为可能。

第三，消费主义使劳动和人异化，人变得"渺小"。

消费主义中所谓"消费"并不是传统政治经济学范畴里所指的对物品的需求与满足，而是指人与物品之间的关系。在这对关系中，特别是在现代资本主义社会，在追求效率的同时，还不断追求产量。高生产和高消费处处都成了最终目的，消费的数字成为进步的标准。结果，在这种情况下，在工业化国家里，本应作为目的的人本身越来越成为一个贪婪的、被动的消费者。"物品不是用来为人服务，相反，人却成了物品的奴仆，成了一个生产者和消费者。"② 购买和消费的行为，已经成了一种强制性的、非理性的目的。

一个社会，倘若只是发展其一个层面——量的层面，而将其他所有的层面都加以扼制，那这些量的增加究竟有什么好处呢？手段和目的的颠倒，实质上是生活中消费的量对生活的质量的一种侵害。"越多越好"的原则之盛行，在整个体系中导致了不平衡。事实告诉我们，在现代资本主义社会中，正当量不断增加之时，生活的质丧失了其一切的重要性，原先是手段的那些活动，现在变成了目的。"我们已经完全被手段的网络纠缠了，目的置于脑后。"③ 由此导致了劳动的异化和人的异化。

（1）劳动的异化。新的需要被一次又一次渲染，人们相信，这些被煽动的需要可以在消费中得到满足。人们完全拜倒在商品面前。对商品的需要被刺激起来以后，就得需要钱，"由于商品总是越来越贵，这使得生存斗争也变得越来越紧张"，越来越多的人认识到，为所谓消费社会中的相对繁荣付出的代价

---

① ［美］马尔库塞、［英］卡尔·帕泊尔：《革命还是改良》，外文出版局《编译参考》编辑部 1979 年版，第 55 页。

② ［美］弗洛姆：《在幻想锁链的彼岸》，湖南人民出版社 1986 年版，第 174 页。

③ ［美］弗洛姆：《寻找自我》，工人出版社 1988 年版，第 253 页。

太高了。一边是丰富的物质消费、浪费；一边是继续存在且不停重复制造的贫穷和痛苦。

人在这种压力下，以异化的劳动和生产来为自己赢得工资和财富以换取消费。人们的生活都同质化，吃着一样的食物，看着同样的电视节目，听着同样的乐曲，做着同样的休闲……人们按照同一种模式过着貌似丰富多彩且井然有序实则毫无新异感的索然寡味的生活，在工作中人们只关注消费这一目的的实现，无法找到劳动的乐趣，"人们劳动无非是为了挣钱，而挣钱是为了用钱干一些自己高兴的事。……人们整天来去匆匆，处于高度紧张状态之中，是为了使自己有更多的时间。接着，他们就用所节省的时间再抓紧工作，以便节省更多的时间，一直到筋疲力尽不能再运用所节省的时间为止。"① 人们忘记了什么是"真正的人的财产"：通过人并且为了人而对人的本质和人的生活，对对象化了的人和属人的创造物的感性的占有，不应当仅仅被理解为对物的直接的、片面的享受，不应当被理解为享有、拥有。这种全面自由的占有就是劳动，人同对象的具体的关系就是创造、安排和形成的关系。但在这种情况下，劳动将不再是外化了的、物化了的活动，而是完全的自我实现和自我表现。

为了积累资本而劳动这一原则，尽管从对人的"客观"影响来说，它确实对人类的进步是很有价值的，但从对人的"主观"影响来说，它给人带来了灾难性的后果。这表现在：它使人为了某种超越自己的目的而劳动，成为他所制造的机器的奴仆，产生了自己无足轻重和软弱无力的感觉。

（2）人的异化，人成为单向度的人。马尔库塞在其最有影响的哲学著作《单面人》中说道：发达工业社会比它的前身更意识形态化，当今的意识形态处于生产过程本身之中。"生产手段及其生产出来的产品和服务，'卖出'或强化了这个作为整体的社会系统。大众交通与传播工具、吃穿住日用品，具有非凡魅力的娱乐与信息工业输出，这些也同时带来了人为规定的态度、习俗以及以多少舒适的方式使消费者与生产者结合，并通过后者与整个社会结合起来的

---

① ［美］弗洛姆：《寻找自我》，工人出版社1988年版，第253页。

某些理智与激情反应。这些产品灌输、控制并促进一种虚假意识，这种意识不因自己虚假而受影响。而且，随着这些有益产品对更多社会阶层的个人变为可得之物，它们所携带的训诫就不再是宣传而是变成了一种生活方式。它是一种美好的生活方式——比从前的要美好得多，而且，作为一种美好的生活方式，它拒抗质变。一种单面思想与单面行为模式就这样诞生了。"①

那些极端享乐主义者的消遣，那些花样日益翻新的享乐以及当今社会的消遣行业，除物质消费满足以外，对社会制度作出分析和判断的其他基础已经趋于瓦解，并招致了不同程度的紧张感，却不给人以快乐的满足。而且，消费主义文化——意识形态拒绝任何对其自身的反思与批判。人就行走在这条寡然无味的不归路上，"生活的寡然索味又迫使人去不断地追寻新的、更加亢奋的消遣"②。人的全面发展或许已经成为一种梦幻。消费主义的生活态度阻碍着对现实生活方式合理性的继续关注。

第四，"虚假需求"的满足——痛苦下的安乐。

对物质享受的片面注重和对商品符号价值的追求，使人最注重的是对财富的占有。在"现代富裕社会"，特别是现代西方社会推行高生产高消费的经济政策，生产得越多，要求消费得越多。为了使生产的产品得以消费，社会主要通过制造"虚假的需求"当做消费者自己误认为是"真正的需求"。对于现代西方社会来说，这变成它必要的控制装置之一。一旦人开始享受这种"虚假的需求"，就出现了个人和整个社会制度的"一体化"。在这种"一体化"统治之下，人所过的是一种"痛苦中的安乐生活"。

"人民在他们的商品中识别出自身；他们在他们的汽车、高保真音响设备、错层式房屋、厨房设备中找到自己的灵魂。那种使个人依附于他的社会的根本机制已经变化了，社会控制锚定在它已产生的新需求上。"③ 而这些需求是"虚

---

① [美] 马尔库塞：《单面人》，湖南人民出版社 1988 年版，第 10 页。
② [美] 弗洛姆：《占有或存在》，国际文化出版公司 1989 年版，第 105 页。
③ [美] 马尔库塞：《单向度的人》，重庆出版社 1988 年版，第 9 页。

假的"需求，它是"指那些在个人的压抑中由特殊的社会利益强加给个人的需求：这些需求使艰辛、侵略、不幸和不公正长期存在下去。这些需求的满足也许对个人是最满意的，但如果这种幸福被用来阻止发展那种鉴别整体的疾病并把握治愈这种疾病的机会的能力的话，就不是一种维持和保护的事情。那么，结果将是不幸中的幸福感。最流行的需求包括，按照广告来放松、娱乐、行动和消费，爱或恨别人所爱或恨的东西，这些都是虚假的需求"。"这些需求不是个人所能控制得了的力量，它的发展和满足是受外界支配的。是一个靠统治利益来实行压制政策的社会的产物。"[①] 这种统治是由生产和消费所产生和为其辩护的。的确，这种"压抑性的统治"（人在这种消费主义狂潮中，无足轻重，感到压抑却又无法摆脱）的意识形态之所以取得它的"合法性"乃在于这样一个事实——具有实在的好处——整体的压抑性在很大程度上就在于其功效，因为它扩大了物质文化的范围，加速了获得生活必需品的过程，降低了安逸和豪华生活的代价，扩大了工业生产的领域。

除了这种经济利益上的"好处"，消费社会还制造了一种"消费民主"以及由此带来的民主政治的假象，但是，"在技术的面纱的背后，在民主政治的面纱的背后，显现出了现实：全面的奴役，人的尊严在作预先规定的自由选择时的沦丧。而权力结构不再显得是升华了的、自由文明的，它一点也不再是虚伪的（以至于它至少还必须保持着尊严的"形式"，外表），而是残忍的，它把所有对真理和公正的要求都踩在脚下"[②]。这就是这种意识形态所维护着的苦役和行使着的破坏。个体由此牺牲了他的时间、意识和愿望；而文明付出的代价则是：牺牲了它向大家许诺的自由、正义和和平。

消费主义者试图在这样一种单一的生活中寻找幸福，可是，丧失了自由意志，迷失了精神家园，忽视了人作为道德的存在之维度，又有什么快乐和幸福呢？

---

① ［美］马尔库塞：《单向度的人》，重庆出版社1988年版，第6—7页。

② ［美］马尔库塞等：《工业社会与新左派》，商务印书馆1982年版，第90页。

信奉消费主义的人认为只有物质生活的丰富和感性欲望的满足才是最重要的、有价值的，只有人所占有和享用的物质财富才是人生意义和价值的象征。当代人的生活方式采取了消费的方式并未改变其物质主义的本质。[①] 市场经济体制下，人的自利行为得到了肯定，金钱，包括物质财富成为绝对一般等价物，只要有钱，便能消费到想要消费的东西，于是，人们拼命赚钱，玩命似的消费。在当代，所谓的成功被赋予的含义更多的是对物质财富的丰富占有，对身份地位的权力攫取，拥有了这些东西，便以消费的方式体现出来，以显示与其他人的不同或向更高的阶层趋同。对这种成功或者说大众所理解的"体面的生活"的追求是无止境的。当今天的理想追求成为现实，新的追求又会成为明日的理想。物欲总是在这些人的前方吸引着，诱惑着，这些成了生活的唯一，在对物质财富的不知足的追求中，现代人既无法体会中国传统的"天人合一"的境界，也不能体会西方中世纪的"终极关怀"。或许，众多消费主义者会指责："天人合一"、"终极关怀"和"价值理性"这些东西都是哲学家和穷酸文人创造的，生活中根本就不存在，大可不必妄谈什么"人文精神"、"精神家园"。

现实是严峻的，满足不断膨胀的物质需求和感性欲望成了许多人的"精神追求"。及时享乐和私欲的满足日渐远离公益、正义和公平这些普世的道德观念。道德之所以伟大就在于能放弃自己的暂时利益或者首先想到公众、他人的利益而作出牺牲，而不仅仅是从自己的利益、情感出发行事。而消费主义价值观从根本上说与这一点是相背离的。在消费主义者看来，时间是用来创造财富的，没有财富就无法消费。而"无节制的消费将会造就一种以商品作为宗教信仰的人。……他对自己价值的理解就在于占有的多少，而他如果想成为最好的，就不得不成为占有最多的"[②]。虽然我们向往的社会也不是以道德作为宗教，但是消费主义所产生的消极、嫉妒、贪心最终导致人内心的虚弱和自卑。那些令

---

① 参见卢风：《论消费主义价值观》，《道德与文明》2002 年第 6 期。

② ［美］弗洛姆：《生命之爱》，工人出版社 1988 年版，第 31—32 页。

人类社会美好和谐的道德品质变得陌生的价值观念和生活方式是不是对社会和社会上的个体最大的不道德呢?

三、消费主义的辩证分析

(一) 科学认识消费在社会生活中的作用

1. 我国目前在消费领域的现实情况

西方发达国家的消费文明曾经对西方历史作出过贡献,对于中国这样一个发展中国家来说,对消费主义的研究仅仅借鉴一些西方的成果是不够的,消费主义除了有它的同性之外,由于各地传统文化、社会发展程度等各方面的原因,我国的消费领域还有一些自己独特的情况。

第一,社会处于转型期。中国是一个发展中国家,正在经历前所未有的现代化进程,经济政治文化和社会生活各个方面都在发生日新月异的变化,处于这样的背景下,中国人的消费生活也发生了多样化的变动,消费生活的快速变动性是当代中国消费生活的一个显著特点。面对更大的社会宽容度和消费方式的多样性选择,人们的消费观念日益表现出"趋众"、"攀比"、"炫耀"等消费现象。

第二,传统消费道德文化资源深厚。中国是有着五千年文明的国度,有着许多根深蒂固的传统观念和行为方式,这些观念和行为方式也影响和反映着我国人民的消费生活。传统的节俭美德,是我们合理抵制消费主义的宝贵文化资源,这一点,在老一辈人中表现得尤为突出,而青年一代在消费问题上逐渐改变了一些消费观念,比如举债消费、符号消费等日益显现。

第三,全球化效应深刻影响着我国的消费观念。随着全球化的加快,一些西方国家的价值观的传入,人们的消费观念和方式越来越受发达国家的影响。西方消费主义的观念和生活方式有形无形地对中国的老百姓产生了或大或小的

91

冲击。例如，跨国公司借助强大的资本对中国的消费者进行了营销攻势，推销西方的消费主义，煽动老百姓的购买欲望。西方的媒体也在客观上将发达国家的消费模式树立为中国消费者的理想模式和消费"参照群体"。消费主义生活方式已经在中国城乡开始出现，消费主义思潮也无声息地迅速蔓延，突出地表现在青年人身上。

2. 辩证认识消费对经济的拉动作用

前面已经说过，消费主义的产生不是偶然的，是资本主义市场经济的必然产物，又是一种主动的文化策略，也是资本增值所造成的一种必然结果，它能如此盛行一时，必有它能被个人或社会所认可的一面。这一面，简单说就是刺激经济的增长。

从经济学意义上，我们应认识到高消费对经济增长的拉动。同时，还要认识到，随着人们可任意支配收入的大大提高以及商品的日益丰富和多样，消费选择的范围扩大了，消费的表现功能也大大增强了。作为一种价值哲学，消费主义渗透于个人的活动之中。波德里亚指出，在现代消费社会，"财富及物品话语……构成了一个全面、任意、缜密的符号系统、一个文化系统，它用需求及享受取代了偶然世界，用一种分类及价值的社会秩序取代了自然生理秩序"①。所以现代人的消费更大程度上是"表现自己"。这是社会文化赋予商品消费的更重要的意义——人们对符号的消费和品位的鉴赏的文化意义——即商品的表现功能。

于是，如何刺激人们的消费欲望、创造稳定增长的消费欲求，为经济的不断增长创造条件，便是摆在企业界面前的一大任务，也是政府的经济政策所要考虑的一个重要内容。正是在这种背景下，在发达国家，从政府到公司，从市场营销到大众传媒，都在创造一种鼓励、煽动和诱使消费者去扩大消费的社会情景。而调动消费欲望的手段，不但包括增收减税和个人消费信贷制度等经济手段，而且包括赋予消费以"幸福"自由成功和个人尊严等价值含义的符号手

---

① [法] 波德里亚：《消费社会》，南京大学出版社 2000 年版，第 71 页。

段。政治、经济和传媒的联手合作，操纵了消费的"象征秩序"（消费符号与意义之间的有序联系），使消费生活成为一种"意义"现象。

个人的消费在很大程度上并不受国家政策的引导（虽然认为消费可以刺激经济的增长，国家鼓励消费拉动内需），在现代，除了个人经济实力和消费习惯之外，更多的是受社会潮流和习俗的影响。而社会潮流又是大众的潮流，在传媒这种推动剂的作用下，有财力的人之间争相攀比，财力较弱的下层人民也纷纷效仿。不同品牌的消费品和不同档次的商业性服务被不同阶层的人所消费或者说通过不同的消费标示了不同的阶层，在这个过程中，人们的自我价值的实现程度通过消费档次得以展现。为了消费更高档的商品，以进入更上层的社会阶层，人们总是处于紧张的张力中——激励个体拼命赚钱，及时消费，从而不自觉地构成一种大量消费激励经济增长的传统机制。

只是从单纯经济学角度看待生产与消费关系中的消费主义问题，一些经济学家把这叫做"消费早熟"，仿佛它的不合理之处仅仅在于到来得早了一点；另一种经济学观点则认为由经济收入分层造成的消费分层现象在新古典经济学意义上是道德的，因为它可以有利于经济学意义上的均衡，从而有利于推动和促进经济的增长。

消费主义所标榜的那种消费"多元化"、"共同利益"以及"共同需要"的意识形态性质，亦即它掩盖了不同阶层在其中的真正得失关系。这种表面上的"共同需要"在我国经常表现为所谓消费趋同，由于收入差距的扩大，这几年来消费趋同现象已经开始减弱，然而最多只有某些经济学家所愿意看到的那种以消费分层为特征的"消费多样化"。而实际上，这种消费多样化的表面性，确切地说它只是经济收入分层的限定之使然。在这种收入分层及消费多样性的背后仍然隐藏着较为单一的消费欲望或消费目标，即由大众媒介和高消费示范阶层所造成和推动的消费模式。[①] 正是这种消费模式长久以来成为经济学家所

---

① 参见陈昕：《消费主义文化在中国社会的出现》，（博士论文）http://www.chinese-thought.org/shll/003244.htm。

推崇的经济模式。

发达国家不但自己实行一套高消费模式，而且还通过文化输出和跨国公司将消费主义的意识形态推广到发展中国家，使消费主义不断向全球蔓延。对于来自发达国家（消费社会）和本国的消费主义，发展中国家的态度是"好恶交织"、"喜厌参半"。一方面，消费主义创造了市场需求，有利于经济的增长。对于以出口为导向的发展中国家来说，一旦发达国家经济衰退、需求不旺，从而导致出口不畅，也就是这些发展中国家的经济和社会陷入窘境的时候：经济增长下滑、失业率上升、犯罪率提高、社会矛盾加剧等。另一方面，以消费主义为特征的物质消费模式常常直接或间接导致负面的环境和生态后果。为了满足出口或国内的消费主义需求，发展中国家常常以牺牲环境和生态的代价来进行生产。①

而围绕消费主义所展开的争论的焦点也就集中在这两个方面上。消费伦理不可避免地陷入节俭是美德还是（高）消费是美德的两难境地。一方面是经济决定论者所主张的将经济的发展放在优先的位置，也就是以高消费刺激高增长；而论战的另一方则更多的是生态主义者和批判哲学家等一些伦理学代表，他们的主张更侧重于人与自然的和谐发展和人的健全发展等方面。

应该指出，中国还处于社会主义的初级阶段，生产力发展水平还不高，我们还需要通过扩大消费拉动经济的发展。因此，在拒绝消费主义的同时，必须谨慎地、认真地处理对待消费主义的问题。从中国目前的消费水平分析，它与西方发达国家相去甚远，至多达到小康水平，有些地区还处于温饱阶段。由于中国经济发展的不平衡，某些地区的经济发展达到了较高的水平，在一部分先富裕起来的人群中间，确实存在着消费主义的倾向，必须给予注意。在不同年龄的人群中间，消费观念和认识也不一样。大多中老年人崇尚节俭观念，而不少青少年追求时尚，消费水平相对比较高。因此，即使要反对消费主义，也应将教育的对象主要放在青少年中间。

---

① 参见王宁：《消费社会学》，社会科学文献出版社 2001 年版，第 308 页。

（二）正确对待消费，走出消费主义的误区

1. 以可持续消费道德协调经济发展与消费的关系

要缓解我国能源资源与经济社会发展的矛盾，必须谨防和放弃西方的消费主义消费模式和与此相对应的高消耗高生产模式，要坚持增产与节约并举，把节约放在优先位置。这不仅是当前解决供需矛盾的迫切需要，也是缓解我国资源环境压力的长远之计。必须切实转变经济增长方式，各行各业都要杜绝浪费，降低消耗，提高资源利用效率，形成有利于节约资源的生产模式和消费方式，建设资源节约型社会[①]。

同时，我们还要认识到，当前我国消费在国内生产总值中的比重偏低，不利于国内需求的稳定扩大，不利于国民经济持续较快增长和良性循环。因而，要合理调整投资与消费的关系。要努力增加城乡居民收入，提高居民购买力水平；加大收入分配调节力度，提高中低收入居民的消费能力；发展消费信贷，完善消费政策，改善消费环境；适应消费结构的变化，扩大服务消费领域，改善生产供给结构；各项改革措施要有利于增强消费者信心，形成良好的消费预期，增加即期消费。要通过不断努力，逐步改变投资率偏高、消费率偏低的状况。[②]

之所以要完善消费政策，改善消费环境，增加即期和预期消费——这里所指的消费是要大力倡导节约能源资源的生产方式和消费方式，在全社会形成节约意识和风气，加快建设节约型社会——是因为人们的消费需求不仅受消费能力的制约，而且受消费伦理观念的影响。因此，在增加城乡居民收入，增强其消费能力的同时，还要引导人们形成适度消费、合理消费的伦理观念。

笔者认为，这涉及经济和伦理的统一问题，具体说涉及消费伦理这样一个具体层面。消费什么，消费多少，如何正确认识消费，消费主体以怎样的消费在满足自己需要的同时又刺激经济的健康增长，以及关于消费大众的人的哲学

---

① 参见 2005 年 3 月 5 日十届全国人大三次会议政府工作报告。

② 参见 2005 年 3 月 5 日十届全国人大三次会议政府工作报告。

存在问题，等等。由此带来的问题是，我们的发展究竟该采取什么样的模式？在人口众多、资源相对缺乏的中国，能否采取西方的高消费模式和消费主义？我们采取这种模式会有什么后果？在环境、生态和能源意义上是不是可持续的？我们应反思自己的发展道路，避免走发达国家的弯路，建立一套适合自己国情的可持续的生活方式。

1972 年 6 月，联合国人类环境会议在瑞典首都斯德哥尔摩召开，并于 6 月 5 日通过了《人类环境宣言》，这一天也被定为"世界环境日"。20 年后的 1992 年 6 月，联合国又在巴西里约热内卢召开了 160 多个国家参加的"环境与发展大会"，会议通过和签署了《21 世纪议程》。该议程明确地将不适当的消费模式同生产模式并称为导致环境恶化等问题的原因，促使人们不但关注可持续生产模式问题，而且也关注可持续消费模式问题。

我们必须用可持续发展的观点对资本主义工业文明的消费观进行重新评价。资本主义工业文明的消费方式之所以是不可持续的，其根源在于资本主义商品生产中消费背离了需要，消费需要不是目的而是生产经营者获取利润的手段，从而导致消费突破了需要的有限性而无限扩张。[①] 这也势必导致经济的不可持续性。

我国资源短缺、生态环境恶化的局面尚未根本转变，将制约经济可持续发展。要使经济和社会生活各个方面实现可持续发展，除了要坚决抵制西方的消费主义观念、不要陷入消费的误区外，也不要走向另一个极端而保守消费，过吝啬型的生活。经济和伦理是统一的，只有转变观念，建立以"适度消费"为原则的消费伦理原则，才可能合理调整投资和消费，实现"适度的社会消费"。这样，既有利于经济社会各个方面的和谐发展，也有利于人的健康成长。

2. 作为国家经济发展战略，应大力发展循环经济

生产决定消费，生产方式一定程度上也影响消费方式。要控制消费主义的

---

① 参见刘福森、胡金凤：《资本主义工业文明消费观批判——可持续发展的一个重要问题》，《哲学动态》1998 年第 2 期。

消极影响，从生产角度看，要建设资源节约型社会，发展循环经济。"要大力发展循环经济。从资源开采、生产消耗、废弃物利用和社会消费等环节，加快推进资源综合利用和循环利用。积极开发新能源和可再生能源。"因此，要在社会生活中实现可持续的生活消费方式，除了从"人的需要"的哲学角度正确理解消费外，从根本上说，还需要用循环经济的理念统领发展。

循环经济运用生态学规律来指导人类社会的经济活动，以资源的高效利用和循环利用为核心，循环经济是可持续的生产和消费范式，其运行遵循"减量化、再利用、再循环"的基本原则。它是以低消耗、低排放、高效率为基本特征的社会生产和再生产范式，它融资源综合利用、清洁生产、生态设计和可持续消费等为一体，把经济活动重组为"资源利用—产品—资源再生"的封闭流程和"低开采、高利用、低排放"的循环模式，其实质是以尽可能少的资源消耗和尽可能小的环境代价实现最大的发展效益；强调经济系统与自然生态系统和谐共生，并非仅属于经济学范畴，而是集经济、技术和社会于一体的系统工程。

传统工业生产模式是"资源—生产—消费—废弃物排放"单向流动的线形经济。这种模式在创造了大量社会财富的同时，也需要相应的大量消费的模式来维持。所以，这种模式以惊人的速度吞噬着自然资源，污染着生态环境，导致资源、环境危机。我国人多地少、水资源缺乏、矿产资源人均储量低，如果不从根本上改变粗放型经济增长方式和浪费型的消费方式，我国经济社会发展就会受到很大影响，全面建设小康社会的目标就难以实现。因此，"大力发展循环经济，加快由传统工业文明向现代工业文明的转变，是我们唯一正确的战略选择"[1]。

作为国家的一种经济社会发展战略，已经努力开始由传统的工业社会向新型的工业社会过渡，由此，旧工业社会所带来的环境能源压力以及这种社会统治下人的困境也应该有所改善。循环经济是一个大系统，涉及经济社会生

---

[1]　刘宝庭：《用循环经济理念统领发展》，《人民日报》2004年10月8日。

活的方方面面，几乎涵盖了人类的全部活动。"发展循环经济，建设节约型社会"既是"一场深刻的产业革命，又是一场深刻的社会变革，必将引起经济社会生活以及人们行为方式和思想观念的重大转变"。那么，无论从社会层面的大循环来讲，还是从消费者主体来说，整个国家和社会应按照循环经济的要求，"人人厉行节俭，实现清洁生产，干净消费，环境净化，以建立起更全面更高层次更稳固的节约型社会。我国有13亿人口，循环经济参与意识的强弱和参与能力的高低，将产生两种截然不同的结果：积羽沉舟。如果13亿人都不注意节约资源，那么，我们的资源消耗和浪费将无法承载中华民族的发展之舟；滴水成河，如果13亿人都厉行节约，杜绝浪费，它所汇集的资源同样将是天文数字，将有力地支撑起中华民族的复兴大业"[1]。要发展循环经济，必须立足国内，"一要坚决实行开发和节约并举、把节约放在首位的方针。鼓励开发和应用节能降耗的新技术，对高能耗、高物耗设备和产品实行强制淘汰制度。……五要大力倡导节约能源资源的生产方式和消费方式，在全社会形成节约意识和风气，加快建设节约型社会"[2]。在生产环节提高能源资源利用效率，在消费这个环节减少对高资源消耗商品的消费。改变公众不合理的消费观念，合理调整消费结构，促进物质消费和精神消费的平衡，提高对再生产品的认可度，提倡绿色消费。

3. 社会应加强生态道德教育，增强消费者的生态意识

目前全球性的资源和环境危机，其实质不仅是单纯的经济和技术问题，还是文化观念和价值取向问题。要解决面临的危机，人类必须进行一场深刻的思想变革，创建以保护地球和人类可持续发展为标志的环境伦理和生态文明。

人类不是自然的主宰，"人类中心主义"思想是人类走出生态困境的樊篱。正是人类中心主义助长了人们对物欲的过分追求。美国著名战略学家兹·布热津斯基在《大失控与大混乱》一书中指出：一股追求在丰饶中的纵欲无度的精

---

① 刘宝庭：《用循环经济理念统领发展》，《人民日报》2004年10月8日第14版。

② 2005年3月5日十届全国人大三次会议政府工作报告。

神空虚之风正在开始主宰人类的行为。"界定个人行为的道德准则的下降和对物质商品的强调,两者相互结合就产生了行为方面的自由放纵和动机方面的物质贪欲。"

人们整体生态意识的退化,不再将自然视为与我们人类融合的一个大系统的一部分,而是视为与我们相隔的部分。由此,我们便自然而然地把外界自然作为我们的对立物而成为我们控制和利用的对象,人类的活动便全力以赴地集中在如何为了人类的目的而去干预影响自然,而很少去反思这种干预的限度和合理性。例如,人类为了交通的便利而发明了汽车以后,便毫无节制地每天排放大量的废气,将大气层作为一个具有无限容量的垃圾箱;为了能源的需要而用最先进的手段去拼命地开采石油,而丝毫不考虑这种开采的限度及其本身所伴随的生态恶果。

为此,要积极开展循环经济宣传、教育,把与发展循环经济密切相关的生态环保和资源节约活动逐步变成全体公民的责任意识和自觉行为。实施循环经济不仅需要政府的倡导和企业的自律,更需要提高广大社会公众的参与意识和参与能力。

通过学校教育和大众传媒等方式引导消费主义向生态意识转变,进行循环经济意识教育。例如,加拿大蒙特利尔在向公众宣传循环经济时,将垃圾减量等理念纳入各级学校教育,以教育影响学生,以学生影响家长,以家庭影响社会。目前,我国环境教育的发展战略仍把主要精力局限于专业教育和培养少数专事环保的研究者和管理者,而对全体国民的环境教育重视不够,学校教育、在职教育和社会教育等多层次的体系还未形成。把高校建设成具有全方位环境教育的主阵地,把可持续发展理念和循环经济范式渗透到自然科学、技术科学、人文科学以及综合性学科的教学与实践环节中,并贯穿于大学教育的始终;同时为政府机关、企业人员进行专门培训,既为环保事业和生态工业提供具有较强适应能力的高素质新型人才,又为社会提供符合可持续发展需要的科技成果。

4. 作为消费者个人,要正确理解消费与幸福的关系

"幸福"一词所指的不仅是私人的、主观的满足感状态,而且是一种实在

的自由和满足。幸福包含了知识，它是理性动物的特权。[①] 幸福不仅仅是主观主义所说的是一种主观心理体验，却也有不以人的意志为转移的客观本性。幸福是对需要、欲望、目的得到实现的心理体验，它离不开一定的物质条件和消费水平，但对于自身生活水平相对较高的工业化国家或地区的人来说，更多的消费并不等于更多的充实和幸福。无度的消费意识形态所造成的后果不仅超过了自然界的支付能力，造成生态受损，而且就人本身来说也形成了极大的压力。

心理学的研究成果也表明，消费与个人幸福之间的关系是微乎其微的。闲情逸致、社会关系，似乎在奔向富有的过程中已经枯竭，人们一直试图在用物质的东西来满足不可缺少的社会、心理和精神的需要。可是，高消费社会不能兑现它通过物质舒适而达到满足的诺言，因为人类的需求欲望是无限扩张的，消费再多也不会满足，消费不能与幸福画等号。

不言而喻，传统上人们所讲的需要与消费经常是指人们为了生存以及在此基础上满足一定的生活舒适与活动便利而产生的对衣、食、住、行、教育、娱乐等方面的基本需求和发展需求。人们曾经认为，随着生产的发展和科学技术的进步，这些需求终究会得到满足。然而，历史一直在不断地向我们展示，现代社会中人的消费需求——欲望是永远无法得到满足的，因为：人们关于"基本需要"（或合理需求）的观念总是在变化，"基本需要"与"不合理的需求"之间的界限也从来就不甚分明；更重要的是，消费社会中实力雄厚的（特别是跨国的）商业财团和与之紧密配合甚至联姻的现代媒体（尤其是电子媒体）总是在创造、刺激和再生产着人们的消费需要和消费欲望，其驱使形形色色的人们不断地追求高档品，无止境地向往名牌。即使是经济收入并不宽裕的普通民众，也在消费主义文化——意识形态潜移默化的感召下，无视自己的经济能力而"积极主动地"加入采购者大军和欲购者队伍的行列。

在这个行列中，人们所付出的代价之一是生活节奏的加快和紧张。标新立

---

① 参见［美］马尔库塞：《爱欲与文明》，上海译文出版社1987年版，第73页。

异的经济学家提出了一个经济学定律：一个社会真正可以用的闲暇的数量通常是与这个社会用以节省劳动的机器的数量成反比。人们越重视时间——因而越绞尽脑汁去节省它——人们就越不可能放松和享有它。闲暇时间变得如此宝贵以至于不能在空闲上浪费。人们没时间休闲，作为劳动报酬的休闲穿着代替了休闲。人们的闲暇时光是用来消费的。①

　　虽然有研究结果表明人类幸福的关键性因素是满意的工作，足够的闲暇（还有社会关系），但是，消费者社会的天平大大向工作倾斜了。欧洲人自从1950年以来，一致用增加部分工资来换取传统的闲暇时光，美国人更是如此，哈佛大学经济学家朱丽特·索尔在《过度工作的美国人》中写道："从1948年以来，美国工人的生产率水平已经不止一倍地增加了。……我们本来能够选择每天工作四个小时……与此相反，美国人却工作同样长的时间去挣取两倍的金钱。"②满意的工作成了能赚钱的工作。这种虚幻的和无止境的消费需求像一根绳索套在了人们的脖颈上，这样作茧自缚的生活与幸福背道而驰。

　　除了消费欲望带来的紧张工作压力之外，还有一个问题是，由于消费主义者把快乐和幸福限制在物质消费领域，就出现了与生产过程的分离，它稳定了社会中幸福的特殊性和主观性。这个社会没有带来生产与消费和劳动与享受过程的统一。本来作为人的存在方式的劳动变成为人所排斥的对象，而为了实现消费却又不能摆脱，人就在这种困境下挣扎，不断就业、跳槽，总想找一个适合自己的，可是如果工具理性在社会上还占统治地位，消费主义的生活观念不改变，这种选择的自由也不过是在有限空间中的自由。

　　在新的价值观下，人们应该过一种以提高生活质量（人的生活舒适、便利的程度，精神上所得到的享受和乐趣）为目标的适度消费的生活方式。提高生活质量不是以追求豪华高档为目标，而主要表现为消费需求多样化，特别是应

---

　　①　参见［美］艾伦·杜宁：《多少算够——消费社会与地球的未来》，吉林人民出版社1997年版，第26页。

　　②　［美］艾伦·杜宁：《多少算够——消费社会与地球的未来》，吉林人民出版社1997年版，第81—82页。

消费知识和智慧价值含量高的商品，为了需要而消费，而不是为了地位、为了潮流而消费。同时，在我国当前条件下，需求多样化的满足（经济的转型、国家的政策选择等）更应该倡导和选择消费可循环利用的消费品，将更多的消费转向服务业，在合理性消费中追求更高层次的幸福——精神的满足。从一定意义上说，人的精神追求能够为人生提供更为实质性的内容。根据当代被普遍认可的需要结构层次理论，人的物质需要尽管是基本的，但却处于人类需要的较低层次，而人的精神需求、自我实现的需求则处于较高的层次。在人的基本生活需要已得到满足的情况下，增加更多的物质消费既不意味着获得了更多的享乐，更不意味着生活的充实和生活质量的提高。经济学中消费的边际效用递减规律，对此已作了很好的说明："边际效用递减是由于这一事实：你从某物品中得到的享受随着该物品的增多而下降。"[①] 自然资源和社会物质财富的有限性，决定了消费主义的消费方式具有不可持续性，但人的精神需求则不同，它不像物质需要的满足那样，完全受客观物质条件的限制，其开发和满足在今天具有更为广阔的空间。因为，精神消费如科学、艺术、文化教育以及社会交往等，虽然也要消耗一定的社会物质财富和自然资源，但一般说来，它不会造成环境污染、生态失衡等人类生存的危机。

没有对自然的尊重，没有对社会的责任感，而只注重个人的物质享受或追求片面经济增长，必将使人物欲膨胀，道德信仰危机，迷失精神家园。无论从现实的角度，还是从人生哲学的角度，都是有违个人的健全发展和社会的和谐进步的。

---

① ［美］诺德豪斯·萨缪尔森：《经济学》（上），北京经济学院出版社 1996 年版，第151 页。

第四章
当代中国消费伦理
规范体系

社会主义市场经济的发展和经济全球化的浪潮，推动了中国消费伦理观念的变革。在这一变革进程中，研究和建立当代中国消费伦理规范体系，调节和引导人们的消费观念、消费心理、消费行为，是建设社会主义和谐社会的需要，是人的全面发展的需要。我们必须继承中国消费伦理中的传统美德，同时又吸收国外先进的消费伦理理念，使消费伦理原则和规范将经济上的合理性与道德上的合理性更好地统一起来，成为人们内心的信念，并转化为自觉的行动。

一、消费伦理规范体系的特点

每个社会都有与其政治、经济和文化相适应的伦理规范体系，而消费伦理规范体系是其中的重要分支。消费伦理规范体系反映了一定社会生产力发展的水平和社会中人们相互之间的利益关系，同时也是思想家和理论工作者对消费伦理生活规律性的概括和总结。这些概括和总结来源于生活，同时也指导生活，以造就良好的社会消费风气。消费伦理规范体系是应当普遍遵循的行为准则和道德价值观念。

消费伦理规范体系具有多样性和复杂性特点，主要表现在：第一，消费行为主体的多样性。在国民经济运行中，至少有三个层次的行为主体，这就是政府、企业和个人。由于政府、企业和个人在经济运行与社会生活中所处的地位不同，它们必定有各自的消费行为准则。消费伦理规范体系必须兼顾三方面行为主体的消费特点。当然，本章主要是从个人消费行为入手，阐发和概括具有共性的消费伦理规范体系。

第二，消费行为合理性评价标准的复杂性问题。什么样的消费是合理的？什么样的消费是不合理的？合理与不合理的分界线在哪里？评价标准会因收入的不同、职业的不同、地方的不同而有所区别，也会随着经济的发展而变动。因此，脱离了具体的条件，谈论消费行为的合理性是难以站得住脚的。

第三，个人消费价值取向和社会消费伦理价值导向之间关系的复杂性。在一定意义上说，个人消费属于私事。每个人由于生理、心理、家庭环境、经济收入的不同，在消费价值取向上呈现出多样性，这是无可厚非的，但同时，社会消费伦理价值导向也需有一些确定的基本原则。例如，某人具有消费虎骨酒的经济实力和爱好，但这种消费是违背生态伦理原则的。假如他进行了这方面的消费，是要进行伦理谴责的，甚至要受到法律的制裁。总之，消费行为的伦理规范体系是在承认个人消费取向多样化的同时，以确定的伦理原则对个人消费行为进行导向。

消费伦理规范体系可以分为两大部分，即消费伦理原则和消费伦理规范。消费伦理原则是贯穿于整个消费伦理规范体系的总纲，起着主导作用，具有普遍性、全面性和相对稳定性。而消费伦理原则则是它的展开、具体化和补充。尽管消费伦理原则和消费伦理规范有着一定的差别，但是两者在本质上是相同的，也就是说，消费伦理原则可以视为普遍的消费伦理规范，而消费伦理规范可以视为具体的消费伦理原则。

尽管中国理论界对于消费活动中的伦理道德问题进行了不少研究和分析，提出了相应的具体对策，但是，从建构当代中国消费伦理规范体系的高度探讨消费伦理于今阙如。因此，探讨当代中国消费伦理规范体系的工作是一项创新工程，需要我们为之努力探索。笔者认为，当代中国消费伦理规范体系包括两大原则和三个规范。两大原则是：人与自然和谐的原则、物质生活与精神生活和谐的原则。三个规范是：适度消费、科学消费和绿色消费。

二、当代中国消费伦理原则

（一）人与自然和谐的原则

消费是一个自然过程，在这一个过程中，消费主体或多或少地要消耗来自自然的物质资料，以满足需要。因此，消费必然涉及人与自然的关系问题。消费伦理原则要反映人类的共同利益，并以此调节人们的行为，必须对人与自然的关系有正确的认识。换言之，它必须站在世界观的高度认识问题。当代中国消费伦理原则要反映当代世界在人与自然关系上科学的、先进的世界观，首先要将人与自然和谐作为其首要内容。

在古代社会，无论是中国还是西方，都对节俭给予了充分肯，这其中有着深刻的社会历史背景。由于科学技术的不发达，人类向自然索取的能力还很弱，人类的消费空间非常有限，减少消费、抑制消费是应有之义。在强大的自然界面前，整个人类是"弱势群体"。但当人类开始跨入近代以后，由于科学技术的迅猛发展，人类对自然的改造和索取的能力大大提高，人与自然的关系也发生了重大变化。著名的哲学家康德的"人为自然立法"的著名命题正是人与自然新关系的宣言，同时也是人类中心主义的宣言。

但到了 20 世纪以后，人类中心主义遇到了现实社会的强烈挑战，人与自然的矛盾以新的形式出现了。面对地球上人口的急剧增加和资源消耗的直线上升，生态环境不堪重负。这里有两大矛盾：一是消费的增加与地球资源有限性的矛盾。人类消费总量的迅速增加，给地球资源的供给造成了空前的压力，特别是一些无法再生的资源加速枯竭，为人们敲响了警钟。二是消费的增加与保护环境的矛盾。消费得越多，生产得也越多，往往是排泄的污染物也越多。消费得越多，生活垃圾也越多。不断增长的生产污染物和生活垃圾恶化了人类生存的环境。

人类处在一个新的历史转折点上。我们只有一个地球，必须用尊重自然、爱护自然态度取代对自然的无限掠夺和破坏，必须从狭隘的人类中心主义中走出来，从世界观的高度认识人与自然和谐对于人类生活的重要意义，并自觉以人与自然和谐作为消费伦理规范体系的首要原则。

中国消费伦理规范体系的建立必须挖掘和吸收中国传统文化中有益的思想资料，充分发挥它在现实生活中的作用。人与自然和谐的思想在中国有着深厚的历史文化底蕴。中国古代道家认为"天地与我并生，万物与我为一"，"天人同源、天人合一"，即把天、地、人看成是一个统一的整体，认为人本来就是自然的一部分，非常重视人与万事万物的和谐发展。天地万物虽然形态各异，但它们在本源上是相同的，自然与人类也是平等的关系。因此，不能过分地膨胀欲望而无止境地追求物质财富，以致毁灭性地利用自然资源。道家的这些思想跨越了几千年的时空，不乏现代价值。

当代中国正在建设社会主义和谐社会，"人与自然和谐相处"是其重要特征。近二十余年来，中国的经济有了跨越式发展。我们实现了 GDP 的快速增长，却难以完成生态环境保护的指标。生态环境问题成为中国进一步发展的"瓶颈"，突破这一"瓶颈"，必须在消费道德规范体系中突出"人与自然和谐"的原则。这一原则包括两大方面：一是在消费中减少资源的占用，特别是能源的占用。二是在消费中减少对环境的污染，加强对垃圾的无公害处理。

当然，要真正落实这一原则，不仅要在认识上着眼于世界观问题，而且要在操作上处理好经济与伦理关系。无论是企业还是个人，无论是在生产性消费还是生活性消费中，都要坚持"人与自然和谐"的伦理原则。消费不仅要问经济上的合理性，而且要问伦理上的合理性，即对生态环境的社会责任。坚持经济上的合理性与伦理上的合理性的统一，消费伦理规范体系中的"人与自然和谐”的原则才能真正落到实处。

（二）物质消费与精神文化消费和谐的原则

消费不仅是自然过程，而且是一个社会过程，社会的道德风尚、个人的价值偏好都对消费的内容、数量、形式等发生重要影响。从历史上消费伦理对消费行为的调节分析，如何处理物质消费与精神文化消费的关系是一个基本问题。消费伦理学规范体系中"人与自然和谐"的原则侧重于世界观的角度，而"物质消费与精神文化消费和谐"的原则侧重于人生观的角度。

物质消费是人类生存须臾不可离开的基本要求，然而精神文化消费又体现了人的特质。两者关系如何处理，不同的人们及其思想流派依据不同的人生观加以回答。禁欲主义人生观贬低物质消费的价值，抬高精神文化消费的价值，而纵欲主义则与之相反，抬高物质消费的价值，贬低精神文化消费的价值。尽管两者的观点极端对立，但实质都是将物质消费和精神文化消费建立在排斥、对立的基础上，而不是以和谐的方式来处理两者关系。

物质消费与精神文化消费和谐的原则的主旨是：既要注重物质消费，更要注重精神文化消费，把两者有机统一起来。物质产品的匮乏以至物质消费不足，会给人生带来痛苦，这是毋庸论证的客观事实。人生的目的在于追求幸福，幸福中必然包含物质生活的内容。宽敞的住房、可口的饭菜、漂亮的服饰等，与人们对生活的美好憧憬与向往是联系在一起的。改革开放不同程度地提高了中国人民的生活水平，物质生活、物质消费比过去丰富多了，中国也从温饱型社会走向了小康社会。在中国今后的发展中，不断提高中国人民的物质消费水平，特别是西部地区和农村的物质消费水平，才能使人民的生活更上一个新台阶。

美国著名经济学家罗斯托在论述经济增长的六个阶段时认为，"追求生活质量的阶段"是最高的阶段，即在"高额群众消费阶段"之后，人们将转向追求高层次的精神文化生活。这种追求的动力他称之为"布登布洛克式的动力"。布登布洛克是德国小说中的一个富翁，他的后代尽管出生在有钱、有地位的家庭里，但对金钱和地位都不感兴趣，而是热爱音乐，追求高尚的精神文化生活。可见，所谓"布登布洛克式的动力"是人们在由追求物质消费上升到精神文化消费的内在驱动力的代名词。[①] 但在很多情况下，这种动力不是自发产生的，需要一定的社会条件的推动，包括社会消费伦理观念的引导。在进入小康社会后的当代中国，许多人热衷于追求物质生活享受，整天渴望的是"名车豪宅"，物质生活与精神生活严重失衡，物质消费与精神文化消费严重不和谐，在社会上产生了种种弊端。如何运用伦理的力量引导，鼓励更多的人们追求高尚的精神文化生活，使物质消费与精神文化消费得以更好地和谐，成为时代的课题。

精神文化需要是高层次的需要，满足精神文化需要的消费是高层次的消费。强调精神文化消费有着重要的现实意义，首先，它进一步拓宽了消费的领域，极大地推动了经济的发展。当前，文化产业在中国的发展如火如荼、方兴未艾，正是精神文化消费发展广阔空间的反映。近年来，文化产业以年均15%的速度增长，远高于国民经济的增长速度。强调精神文化消费，不仅有利于思想道德建设，也有利于经济的发展，体现了两者的统一。同时，精神文化消费占用的物质资源相对较少，有利于生态环境的保护。

其次，它提高了人们的生活情趣，促进了人的全面发展。精神文化消费与人的生活情趣紧密相关，那些整天沉湎于物质享受、缺乏精神追求的人，生活情趣就难以提高。要成为全面发展的人，不能做感官和肉体的奴隶，而要做它们的主人，就要用高尚的理想信念来引导物质生活，提高生活情趣。享受物质生活无需更多的培养和训练，而追求精神生活则需要教育和自我修养，意义也更为重大。马克思主义关于人的全面发展理论告诉我们，人的发展主要并不是物质消费的增加，而是精神文化消费的增加和精神境界的提高。人的精神生活及与此相适应的精神文化消费是实现人的全面发展的关键一环。

最后，它推动了良好社会风尚的建立和社会文明的进步。物欲横流，社会风气败坏，将成为腐败现象蔓延滋长的温床。精神生活的贫困与缺乏，将影响

---

① 参见罗志如等：《当代西方经济学说》下册，北京大学出版社 1989 年版，第 411 页。

社会的精神面貌和凝聚力。一个具有良好社会风尚的文明社会，是一个物质生活与精神文化生活、物质消费与精神文化消费和谐的社会。在这样的社会生活中，才能更有力地遏制腐败，建立良好的人与人之间的关系，实现社会的稳定与长治久安。

三、当代中国消费伦理规范

规范是标准的意思。在社会生活中，有各种各样的规范，诸如政治规范、经济规范、语言规范、技术规范和伦理规范等。从社会角度省察，伦理规范是社会规范的一种形式。从伦理学内部的结构分析，伦理规范是伦理原则的具体化。消费伦理原则要实现其职能，就必然要向人们诉诸伦理规范，告诉人们哪些是应该做的，哪些是不应该做的，从而调整人与人之间的关系。我们研究伦理"是为了使自己变好"，必须按照一个共同的并且先被承认的伦理规范来行事。这就是说，提高人的伦理素质，最终要落实到人们认识和实行某种伦理规范上。消费伦理规范是消费伦理发挥其社会职能的具有决定意义的环节。

（一）适度消费：崇尚节俭和合理消费相统一

节俭和奢侈问题是中国古代经济思想的三大基本问题之一。在当代中国消费伦理规范的建构中，如何评价节俭和奢侈，人们各抒己见，观点不尽相同，甚至截然对立。在不同观点的争鸣中，焦点是经济评价和伦理评价的矛盾和冲突。而要实现经济评价和伦理评价的尽可能统一，必须在矛盾的双方之间找到一个平衡点，适度消费是一个很好的选择。

1. 消费的经济评价与伦理评价的统一

中国古代以"黜奢崇俭"著称，大多思想家总是将节俭归之于善，将奢侈归之于恶。中国古代的《左传》认为："俭，德之共也；侈，恶之大也。"根据司马光的解释，这一观点把消费与人的欲望联系起来，节俭是大德，因为它使人寡欲，一切德行皆从节俭来；而奢侈是大恶，因为它使人多欲，所有恶行都由奢侈发端。先秦思想家墨子认为，节俭是圣人之所为，而淫佚是小人之所为，并断定"俭节则昌，淫佚则亡"。他把节俭上升到人格和人的生存发展的高度上，其节俭思想的丰富性、深刻性和严厉性，在古代独树一帜。

中国古代对节俭之德的颂扬比比皆是，但概括起来不外两个层面：个体层面和社会层面。从个体层面分析，节俭能对各种自发的物质欲望进行节制，从而奠定道德自律的基础，而奢侈意味着纵欲，必将动摇道德人格的根基。物质欲望的节制，可以使人集中心力追求高尚的精神境界。奢侈和纵欲，沉湎于声色之中，坚强意志和刚毅精神将荡然无存。从社会层面分析，节俭能造就社会良好的道德风尚，使社会稳定且具有凝聚力，国家能长治久安，而奢侈造成人心涣散，世风日下，家庭、民族和国家的道德纽带将被破坏。在国家管理机器运转中，节俭土壤中生长出来的是清廉，而在奢侈温床上培育出来的是腐败。"历览前贤国与家，成由勤俭破由奢。"清廉是国家兴旺发达的推动力，而腐败则是国家尽失人心并导致灭亡的前奏曲。无论是儒家、道家还是墨家都主张崇俭，崇俭构成了中华美德的重要内容。

中国古代崇尚节俭、反对奢侈主要是从伦理道德角度论证和阐发的，而一旦把节俭和奢侈问题放到与经济发展的关系的角度进行评价，分歧就产生了。换言之，经济评价往往与伦理评价不一致，甚至截然对立。在《管子·侈靡》篇中，作者认为，一方面"无度而用，则危本"，另一方面"不侈，本事不得立"。他甚至发出了惊世骇俗之语："兴时化，若何？曰，莫善于侈靡。"富人大量消费，穷人因而得到工作，作者的思路是侈靡消费—解决就业—促进经济发展。尽管《侈靡》篇的观点较为偏颇，但其中也有真理的颗粒，即消费需求拉动经济的发展。北宋范仲淹运用了这一观点，在解决旱灾问题中取得了良好的效果，而英国古典经济学创始人威廉·配第提出宁愿粉饰"凯旋门"以增加就业的看法，现代西方著名经济学家凯恩斯的公共工程政策，都与《侈靡》篇中的观点有不谋而合之处。

每当社会面临大力发展经济的历史关头，生产和消费的矛盾就会显现出来。一些思想家就会更多地从经济的角度评价消费。在近代中国，为了发展经济，谭嗣同就对崇俭持异议。他认为崇俭和发展生产有矛盾。发展生产是为了消费，既然崇俭，那么"遣使劝农桑"、"开矿取金银"就是多余的，而"开物成务，利用前民，励材奖能，通商惠工，一切制度文为，经营区划"皆在废绝之列。

如何正确评价节俭和奢侈，深层次的问题是从哪个角度出发？伦理角度、经济角度，抑或两者尽可能统一的角度出发？我们断然拒绝"节俭有弊，奢侈有利"的观点，但对于消费问题的评价绝不可简单化。必须从对消费的伦理评价与经济评价的二律背反中走出来，进行辩证思考。

一方面，对消费的伦理评价与经济评价在一定条件下可以完全统一起来。节俭是善的，不仅具有道德价值，而且在近现代社会发展中也具有极为重要的经济价值。首先，作为生产过程中的节俭，直接降低了成本，提高了效率。以"追求效率、讲究低成本、高利润、最优选择和功能合理性"为内容的经济和节俭原则是工业社会特有品格的基础。其次，节俭是一种道德规范，是一种信仰，它为效率的提高提供了精神动力。在发展市场经济的时候，享乐主义蔓延滋长，奢侈之风弥漫社会，就会消磨进取精神，窒息创新观念。节俭精神一旦丧失，经济的发展也会因缺乏动力而搁浅。最后，节俭有利于经济的可持续发展。一个社会的经济要可持续发展，必须充分重视生产资源的节约。地球所能提供的物质资料有一个极限，人类正在趋向这一极限。如果不注意节约资源，改变奢侈与过度消费风气，人类的经济就不可能持续发展。我国是一个人口众多、资源相对贫乏的国家，耕地、水源、矿藏的人均占有量均比较低。因此，在经济工作中，节约更是一项基本要求，要节水、节地、节能、节财、节粮，千方百计地减少资源的占用和消耗，以实现经济的可持续发展。

另一方面，对消费的伦理评价与经济评价又可能发生矛盾。伦理评价是价值判断，植根于人的理想、信仰，注重人的精神生活，而经济评价是事实判断，强调效果、收益，与人的物质生活紧密联系。节俭是朝着克制欲望、减少消费的方向发展的，它与经济的发展、特别是商业的发展存在着一定的矛盾。从社会再生产的角度看，消费具有"承前启后的效应"，它为生产创造需求，为生产提供市场。在任何国家的经济发展中，消费的"瓶颈"制约作用不可低估。刺激消费需求，推动经济发展，是经济学派的重要理论。现代商业离不开广告，铺天盖地的广告目的是刺激消费欲求，创造消费欲求，说服人们去购买广告产品。没有消费欲求带来的广阔的消费市场，产品就会滞销，经济就难以发展。概括起来说，对消费的伦理评价与经济评价发生矛盾的焦点在于是减少、抑制消费还是鼓励、刺激消费？

改革开放的总设计师邓小平同志指出：当代中国评判一切问题的价值标准的基础在于三个"有利于"，即是否有利于社会主义生产力的发展，是否有利于综合国力的增强，是否有利于人民生活水平的提高。以胡锦涛为总书记的党中央提出，"发展是第一要务"。在当前中国的经济形势下，发展生产力，增强综合国力，就必须刺激消费需求。对消费的伦理评价必须服从于这个大局，必须遵循"经济建设为中心"的党的基本路线。人民的生活水平的提高与消费状况是成正比的，鼓励人民消费，是为了更好地提高人们的生活质量，使人们更好地享受改革开放的成果。我们当然要将对消费的伦理评价与经济评价尽可能地统一起来，然而，在不同的情况下我们应该而且可以强调某一个侧面。伦理评价与经济评价的统一是具体的、历史的。在当前我国经济发展的"三驾马车"（投资、出口、消费）中，投资和出口很热，而国内消费却跟不上形势。当我国经济面临内需不旺时，难道我们在对消费的评价中不应加大经济的考虑吗？现代中国消费伦理评价应该朝着有利于推动经济建设的方向发展，而不是相反。我们应该走出脱离经济发展的现状来抽象地对"节俭"和"奢侈"进行伦理评价的误区，使经济评价和伦理评价的统一建立在现实的基础上，正确认识经济评价和伦理评价的关系。

根据马克思主义历史唯物主义的观点，社会存在决定社会意识，人们的伦理道德植根于一定的经济事实中，是由一定的经济关系所决定的，也就是说，经济关系比伦理关系更为根本。联系消费的内容分析，消费的伦理评价标准是一定的社会生产力发展水平的反映，节俭和奢侈的标准随着经济的发展而变化。想当初空调、高级音响、大屏幕彩电、电脑曾经是高档消费品，而如今随着社会生产力的发展，已进入寻常百姓家，它们不再是奢侈生活的象征了。联系消费目的分析，消费的伦理评价是为了更好地实现人的全面发展，而这一切需要以生产力的进步为前提和基础。毛泽东指出：我们所做的一切"归根到底，看它对于中国人民的生产力的发展是否有帮助及其帮助的大小，看它是束缚生产力的，还是解放生产力的"①。在对消费的评价中，我们也应始终不渝地贯彻这一原则。经济评价和伦理评价应尽可能统一，但两者相比较，特别是在中国目前内需不旺的情况下，消费的伦理评价应沿着有利于启动和刺激内需的方向发展，这才能更好地发展生产力。这是符合马克思主义基本原理的、有利于建设有中国特色社会主义事业的。

2.适度消费的内涵："俭而有度，合理消费"

改革开放后的中国，人们的消费方式、消费内容、消费能力较之计划经济时代有了很大变化，个人消费的价值取向呈现出多样化的状态。但为了使个人的消费更好地有利于国家产业结构调整和国家经济发展战略，有利于创造良好的社会道德风尚和个人的自我完善，必须发挥伦理规范导向的"指示仪"作用。通过宣传、教育、引导，在"俭而有度，合理消费"的伦理规范的引导下，使当代中国的消费更好地推动中国的经济建设和道德建设。

如何正确理解"俭而有度，合理消费"的伦理规范?"节俭"是与合理消费统一在一起的。亚里士多德提出"德性是适度的型式"。节俭作为一种德性，它在消费观上应采取的是适度原则。从"节"字上分析，《周易》曰："节，亨，苦节，不可贞。"意思是说，节制而又适度，"刚柔两分而刚得其中"，则万事通达；过分节制（苦节）则不得其中。过分节俭不是善，因为它过分抑制了消费需求，不利于经济的发展。当社会生产出来的产品不能消费掉，就无法实现生产的良性循环，更谈不上市场的开拓，再生产规模的扩大，这是其一。其二，因为它不利于人性的健康发展。人的需要的一定量满足，是人性健康发展

---

① 《毛泽东选集》第三卷，人民出版社 1991 年版，第 1079 页。

的必要条件。过分地压制人的需求，导致人格的畸形。"存天理，灭人欲"的封建主义道德观扭曲了人性，为现代道德观念所摒弃。其三，因为它影响生活的质量。过分的节俭是苦行僧的生活，与现代生活质量相去甚远。国外经济学家也有同样的观点，例如美国制度学派的代表人物凡勃伦认为："足以阻碍进步的，不但是人们的奢侈生活——它断了对现状不满而要求改进的机会，而且衣食不周，物质生活过于艰苦，也会同样发生作用，作用之有效程度不亚于前一情况。"[1]

贾谊曾说过："费弗过适，谓之节，反节为靡"，靡即浪费。节约而不浪费是节俭之要义。适度又是合理消费的灵魂，节俭与合理消费在本质上是统一的。但是，我们应该看到，合理的消费支出的范围显然要比节俭广一些。也就是说，合理的消费不限于节俭。

经济学家把合理的消费支出概括为三层含义：第一，等于或接近于社会平均消费水平；第二，与个人收入、财力相适应；第三，在资源的社会供给量为既定的条件下不过多地占用或消耗该种资源。节俭是"略低于"社会平均消费水平的消费支出，是"略低于"个人收入水平或财力状况的消费支出，是"较少地"占用或消耗该种资源的消费支出。而"略高于"社会平均消费水平的消费支出，"略高于"个人收入水平或财力状况的消费支出，"不过多地"占用或消耗该种资源的消费支出，都可以称为合理的消费支出。

消费行为的道德规范不仅强调节俭，同时也重视合理消费，将两者统一起来，才能更好地推动经济的发展。从社会再生产的角度看，消费具有"承前启后的效应"，它为生产创造需求，为生产提供市场。在任何国家的经济发展中，消费所发挥的作用都不可低估。消费不足对经济发展有"瓶颈"制约作用。消费行为的道德规范把崇尚节俭与合理消费统一起来，有利于把道德建设与经济发展更好地协调起来。

在人们的消费过程中，某些消费现象具有复杂性。例如，"炫耀性消费"

---

[1] ［美］凡勃伦：《有闲阶级论》，商务印书馆1964年版，第149页。

是否是合理的消费需要认真分析。"炫耀性消费"是美国制度学派的代表人物凡勃伦在《有闲阶级论》一书中提出的。"炫耀性消费"的动机不在于或不主要在于追求生活质量的提升，而在于显示消费者的身份、地位和财富。凡勃伦认为，"炫耀性消费"不仅存在于有闲阶级中，而且也存在于一些收入并不高的家庭中。这些家庭为了不被周围人轻视，也需要有"炫耀性消费"。这样，对于社会上大多数家庭来说，一是家庭内部比较节俭，二是在大庭广众的消费中花钱多。因为前者消费在隐蔽处，而后者在显眼处。

奢侈的"炫耀性消费"是不合理的，它是讲排场、讲虚荣、摆阔气的表现。改革开放以后，一部分地区、一部分人先富起来了。有些大款、大腕为了显示自己的富有，挖空心思地进行炫耀性消费。几千元人民币与爆竹绑在一起，随着一声爆炸，人民币化为灰烬。设下几万元或者更高价格的宴席，购买价格令人咋舌的生活用品，更多的是为了表示自己的财大气粗。在此类炫耀性消费中，甚至出现了令人作呕的斗富。这些不正常的消费现象，反映了一些人畸形的心态，且败坏了社会风气，腐蚀了人们的思想，必须坚决地加以反对。

但是，消费的炫耀性和"炫耀性消费"不能画等号，它在一定条件下是可以被理解的。从古至今，人作为社会成员，总是要进行社会交往。在社会交往中，人们往往热情好客，宁愿在安排家庭内部的消费时过得节俭一些，而在社会交往中要丰盛一些，大方一些；宁愿在平时消费时节俭一些，而在婚礼等人生重大场合中隆重一些，阔绰一些……这些消费行为，只要消费者量力而行，既不违法，又不损害他人利益，应该由消费者自行决定。

现代经济发展中，市场营销战略格外引人注目，"名牌战略"有其特殊的地位。名牌之所以会受人青睐，不仅在于它的款式、质量，也在于它在消费者中的良好形象。名牌战略不能拒绝人的炫耀心理，但又不能过于刺激人的炫耀心理，以至败坏了社会风尚。关键在于，对于人的炫耀心理进行调控、引导，使消费行为纳入合理的轨道。

在引导消费趋向合理的过程中，必须重视消费道德观念的变革，正确对待"超前消费"。在传统的计划经济向社会主义市场经济的转变过程中，人们的道德观念或迟或早会发生变化。消费道德观念是人们道德观念的重要组成部分,比较直接地反映社会的经济变革。过去传统的计划经济是短缺经济,是卖方市场,消费品供不应求,而现在是市场经济,是买方市场,消费品比过去丰富得多了,绝大多数消费品供大于求。为了刺激消费需求,进一步推动生产力的发展,我们必须不失时机地转变消费道德观念。信用消费是市场经济条件下一种重要的消费方式,它对于住宅、轿车等市场的繁荣有重要意义。为了更好地推动信用消费,我们必须反思过去对"超前消费"的伦理评价,以更好地实现消费道德观念的转变。对"超前消费"必须具体分析,适度的超前消费对生产力的发展是有利的,道德应该接受这种方式。这样,信用消费才可能有现实的道德基础。否则,全盘否定"超前消费",信用消费就走向了道德的对立面,怎么能更好地刺激需求、发展生产力呢?对于"量入为出"的传统的消费道德观念也应作新的解释,这里的"入"不仅指"过去的"、也包括"现在的"、而且也指"将来的"收入。这样,传统的消费道德观念才能适应分期付款等现代信用消费。传统的道德观念在开源节流的关系上,强调"节流",对"开源"重视不够,这与一定时代生产力的发展状况是相适应的。现代社会的发展表明,"发展是硬道理",只有首先发展生产,社会进步才能实现。节流不能过多地抑制消费需求,以至影响生产的发展。一般说来,"开源"是第一位的,而"节流"是第二位的,必须在这个基础上建立现代道德观念。古代的节俭精神应融入现代消费道德观念,但现代消费道德观念又要超越古代的节俭精神。

25—35岁的青年人,特别是上海、北京、深圳等大城市的白领青年走在了消费伦理观念变革的前列。他们迫切需要提高生活质量,眼前经济实力不济但预期良好,于是通过向银行贷款,提前购买了房子或车子等大宗消费品,"用明天的钱,圆今天的梦"——成为了名副其实的"负翁"。对于这些"负翁"必须分析。"负翁"不仅意味着超前消费,也意味着对个人的将来负责,对社会负责。也就是说,超前消费要"适度",对于未来的经济预期要留有余地,要有风险意识。当前也有一些青年在消费伦理观念的变革上没有把握好"度",走入了误区,成为"房奴"、"车奴",还贷的经济负担使他们感到生活的巨大压力。必须加强对他们的消费伦理道德教育，使他们的人生能够在健康的轨道上运行，真正得到人生的幸福。

（二）绿色消费：要确立符合保护生态环境要求的消费

消费的适度不仅要考虑经济的承受力，也要考虑生态环境的承受力。在科学技术迅速发展、生态环境迅速恶化的当代世界，为了实现人类社会的可持续发展，绿色消费的伦理观念应运而生了。这种代表国际先进思想潮流的消费伦理观念要求"人们在购买物品和消费时，一方面要注意对自身健康的生存环境是否有益；另一方面，要有利于环境保护，有利于生态平衡。"[①]

绿色消费的价值基础是人与自然之间的关系，是消费伦理中"人与自然和谐"原则的具体体现。绿色消费必然包含着两个基本理论观点。

一是可持续发展的观点。从可持续发展的观点分析，必须是有利于生态平衡和保护环境的消费才是合理的。随着人类消费量的不断增长，必然刺激生产力的发展，加重对自然界的压迫。而自然承受力是有一定限度的，一旦超过临界点，生态平衡将会被打破，人类将受到自然界的报复。为了维护自然界的生态平衡，保证人类社会的可持续发展，控制在临界点之内的消费欲求才是合理的。人类在消费过程中，也会或多或少产生各种垃圾，造成环境污染，贻害子孙。合理的消费应该尽可能地减少对环境的污染，有利于自然的保护。为此，人类消费的结构、数量、内容必须加以控制。

二是公平消费的观点。我们只有一个地球，为了保护生态环境，必须强调公平消费。它包括代内公平消费与代际公平消费两方面。可持续发展的代内公平消费，要求任何国家和地区的发展与消费不能以损害别的国家和地区为代价。就是在一个国家范围内，地区利益必须服从国家利益；在国际范围内，国家利益必须服从全球利益。可持续发展的代际公平消费，要求当代人自觉担当起在不同代际之间合理分配与消费资源（包括自然资源和社会资源）的责任。既满足当代人的需要，又不对后代人满足其需要的能力构成危害。

---

① 绿色工作室:《绿色消费》，北京民族出版社 1998 年版，第 23 页。

当代中国要实现绿色消费，面临着严峻的形势。《中国公众环保民生指数》是由国家环保总局指导的，中国环境文化促进会组织编制的国内首个环保指数，被誉为中国公众环保意识与行为的"晴雨表"。据《中国公众环保民生指数（2006）》报告披露，86%的公众认同环境污染对现代人的健康造成了很大影响，39%的认为环境污染对本人和家庭的健康造成了很大影响或较大影响。在访问的14类问题中，被访问者最关心的是：

食品安全问题。比较关注和非常关注的人占82%，表示在日常生活中遇见过食品安全问题的被访者占38%。

饮用水污染问题。比较关注和非常关注的人占81%，表示在日常生活中遇见过饮用水污染问题的被访者占34%。

空气污染问题。比较关注和非常关注的人占73%，表示在日常生活中遇见过空气污染问题的被访者占42%。

中国生态环境的高关注度不是偶然的，原因在于中国生态环境污染问题已到了非解决不可的地步。以水污染和空气污染为例：江河水系70%受到污染，40%严重污染（基本丧失使用功能），流经城市的河流95%以上严重污染。3亿多农民喝不到干净的水，4亿城市人口呼吸不到新鲜空气，全国多半以上的城市空气都不达标。世界污染最严重的20个城市中，中国占16个。

与这种高关注度形成反差的是，《中国公众环保民生指数（2006）》报告还显示，我国公众的环保意识和环保行为双双不及格，环保意识总体得分仅为57.05分，环保行为得分仅为55.17分。

生态消费不完全等同于绿色消费，但主要内容是绿色消费。实现绿色消费，不能仅靠环保局独家"呐喊"，还要强调国家一系列机制和体制保证消费者的权利。现在，消费者作为个人往往无法单独提起环境污染公益诉讼，环保指标在政绩考核中还没有真正"硬"起来，消费者对商品和服务的知情权还未得到充分的保障。总之，机制和体制的不完善成为绿色消费过程中的"软肋"。制度的安排是关键，要通过制度安排使公众在消费过程中有更多的环境知情权、环境监督权。公众是环保事业的主体，公众的环保意识和环保行为是实现绿色消费的基础。公民有绿色消费的权利，但同时也有相应的义务，即做到经济消费、清洁消费、安全消费。

所谓经济消费，即人们的消费对资源和能源的消耗最小。在人们的消费过程中，不同的消费方式对资源和能源的消耗是不同的，有的消耗得多，有的消耗得少。绿色消费的伦理规范要求消费者接受和选择资源和能源消耗少的消费方式。例如，轿车开始走入了中国家庭，是选择大排量的轿车，还是选择小排量的轿车？不仅要从经济角度考虑，同时也要从绿色消费的角度考虑。绿色消费的伦理规范鼓励消费者选择小排量的轿车，以尽可能地减少能源消耗，有利于生态环境保护。

所谓清洁消费，即消费过程中产生的废弃物和污染物最小。在消费过程中，往往会产生各种各样的废弃物，有的甚至会产生污染。以白色塑料一次性饭盒为例，上海日均消耗饭盒80多万只，如何加以充分的回收和利用，需要消费者的大力支持。只有将政策的诱导和伦理的激励结合起来，消费过程中产生的废弃物和污染物才会达到最小。塑料袋给人类的生活带来了许多方便，但它的大量使用造成了对环境的"白色污染"。对这些生活垃圾的处理，很大程度上要靠我们每一个家庭。试想，一个家庭如果每天丢掉两个，一年时间便要有700个塑料袋垃圾，数字是很可观的。塑料袋基本上只被使用一次便被丢弃了。如果大家都能从现在开始将手中的塑料袋集中丢弃，或自觉延长每一个塑料袋的使用周期，或者干脆改用布袋购物，这样塑料袋对环境的污染将会大为改观。而这些做法对每个人来讲仅是举手之劳，但要持之以恒，必须有绿色消费意识的支持。

所谓安全消费，即消费结果不危害消费者或他人的健康。人们的消费方式直接影响人的身体健康，绿色消费方式有利健康，而不良的消费方式会带来健康的隐患。例如吸烟会危害身体健康，在公共场合吸烟，不仅危害吸烟者自身的身体健康，也危害被动吸烟者的身体。

（三）科学消费：建立科学、文明、健康的消费方式

物质产品的丰富，收入的增加，人们面对着现实生活中一个突出的问题是如何进行消费。休谟说："习惯是人生的指南。"人们在消费过程中，无疑会受到消费习惯的影响，特别是社会消费习惯的制约。不可否认的是，在当代中国社会的消费习惯中，还有与科学、文明、健康消费相悖的陋俗：为死者大办丧事，大修坟墓。丧事的规模不断扩大，费用直线上升。坟墓越修越豪华，甚至为活着的人预修坟墓；婚娶之事，大置嫁妆，大送彩礼，大摆宴席，耗资令人咋舌；占相问卜看风水，把有限的经济收入消费在迷信活动之中……诸如此类的"消费陋俗"，影响了社会道德风尚，对一部分消费者造成了较大的经济压力。在市场经济条件下，一方愿买，一方愿卖，两相情愿，要下令禁止出售或购买高价但不违法的商品是困难的。占相问卜看风水很大程度上属于思想意识上的问题，一道禁令也难以杜绝。对此，只能加以引导。以正确的消费伦理规范引导人们自觉抵制消费陋俗，开创消费文明新风。当然，对于有一些与科学、文明、健康消费相悖的消费现象，不仅要诉诸道德手段，也要诉诸法律手段。例如，吸毒成瘾、传播黄色淫秽书籍或音像制品等，既是缺德的也是违法的，只有道德与法律双管齐下，才能奏效。

几年前，5 位中科院院士、中国工程院院士和 153 位科技专家签名发出以"树立科学消费观念、倡导科学消费行为"为内容的倡议。这份倡议书提出"在全社会提倡科学、合理、发展型消费，反对愚昧、颓废、短视型消费"，这是完全必要和及时的。科学消费包含丰富的内容，在这里要突出强调的是两条。一是以科学的精神指导消费，反对愚昧和迷信的消费。科学是与愚昧、迷信相对立的。科学揭示了自然界和人类社会发展的规律，以科学精神指导消费，才能使消费沿着正确的轨道发展。迷信是人们对客观世界及其规律性虚幻的甚至是颠倒的反映，迷信会使消费活动走入歧途。人类社会的发展，正是科学不断战胜迷信的历史。但是，由于意识形态的相对独立性，残存在人们头脑中的旧的迷信意识绝不会轻易地退出。在消费内容和方式上，它们还要顽强地表现自己。社会生活的剧烈变动，使许多人产生了人生的困惑。他们试图通过迷信消费，找到人生的解脱。社会上的另一些人在利益的驱动下，利用迷信消费大发横财。在当代中国，还难以完全消除迷信消费，但旗帜鲜明地提出用科学的精神指导消费，能够遏制或减少迷信消费，以净化社会消费风尚。我们要以辩证唯物主义和历史唯物主义观点指导生活，宣传无神论，从伦理观念上抵制封建迷信消费活动，并诉诸行动。

二是以文明、健康的消费方式指导消费。消费方式的"文明、健康"与消极、颓废相对立。文明具有"积极"、"进步"的含义，文明的消费方式指那些对社会进步、个体自我完善有积极意义的消费方式。健康不仅指身体健康，而且还指心理健康、社会适应良好。当前社会生活中，颓废的色情消费在社会生活中蔓延滋长，引起了有识之士的深深忧虑，特别是网络上的色情消费有愈演愈烈的趋向。1995 年，当中国刚刚跨入互联网的大门，大家用得比较频繁的还仅仅是电子邮件和 BBS 两种手段，大容量的图片、视频传播受到了极大的限制，因此色情消费是通过文字进行的。1998 年，伴随着中国网民数量的大量增加，个人主页的兴起和网络广告模式的形成，网络色情开始由单一、缓慢的电子邮件"文字色情"正式升格为完善的网络色情。2000 年以后，搜索引擎成为色情消费的一个重要助推力量，QQ 通信时代的来临也为色情的发展拓宽了发展模式。依托"短信注册"机制，网络色情消费已经完成了产业链的最后合围，网络色情的收入不再仅仅局限于有限的广告，开始向目标客户伸出收费的双手。网络上的色情消费败坏了社会道德风尚，影响了青少年的健康成长。要解决这一问题，必须在社会生活中大力倡导文明、健康的消费方式，提高生活的情趣，抵制社会中存在的不良诱惑。

第五章
消费伦理与节约型社会

　　节约是消费伦理的基本内容之一。古往今来，伦理学家对节约的伦理价值进行了多方面阐述，并指出节约是美德，是人生重要的道德规范，是良好社会道德风尚的基础。当人类社会跨入 21 世纪以后，人们更多地强调从生态环境的角度阐述节约的价值。中国社会有了跨越式发展，但也面临着严峻的生态环境的压力。为了落实科学发展观，实现人与自然的和谐，必须加快建设节约型社会。这是一项艰巨而又有战略意义的工作，不仅需要党和政府通过法规、政策来加以落实，而且需要全社会的参与，在全社会树立节约意识、节约观念，用正确的消费伦理观念引导人们的行为，自觉为节约型社会建设作贡献。

一、节约内涵的现代解读

（一）从道德价值、经济价值和生态价值三者统一的基础上把握节约内涵

　　在当代中国建设节约型社会、培育现代消费伦理观念的过程中，科学地分析、完整地理解节约的内涵有着重要的现实意义。节约，是节省和俭约的意

思。但如何理解节约，却可能有两种思路。第一种，着重从减少资源的消耗的角度理解。节约时间、节约纸张、节约电力……就是减少时间、纸张、电力等的绝对消耗量。这种节约是最直接的，是显而易见的。第二种，着重从提高资源的效率的角度理解。付出了同样的时间、同样的纸张、同样的电力……却产生了更大的效果，也是一种节约。这种节约是间接地、相对地减少了资源的消耗，也不能忽视。从传统的对节约概念的理解中，第一种理解是主流。但随着社会的发展，青年一代的"新节俭主义"更多地从第二种角度理解节约，认为节约是在有限的资源投入中，获得更大的效果。换言之，节约不仅仅在于减少，也在于提高效率。

节约具有道德价值。一方面，自古以来，勤俭节约或曰节俭，一直是德性的基本内容，道德修养的必修课。诸葛亮说："夫君子之行，静以修身，俭以养德。"[1] 勤俭节约为何能"养德"，提高人的道德境界？中国古代儒家的理论认为，节俭能使人寡欲，能够抑制人性中欲望的过度冲动，从而使人保持高尚的道德境界。儒家所推崇的道德楷模，总是与节俭联系在一起的。例如，颜回是孔子最得意的弟子，列七十二贤之首。孔子称赞颜回的节俭生活极具道德人格："贤哉，回也。一箪食，一瓢饮，在陋巷。人不堪其忧，回也不改其乐。贤哉，回也。"（《论语·雍也》）人的道德修养总是与日常的生活联系在一起，宋代大儒朱熹将"一粥一饭，当思来之不易；半丝半缕，恒念物力维艰"当做治家的格言，通过节俭精神的培养，建立良好的家风，熏陶家庭成员的道德人格。另一方面，中国儒家的道德修养是沿着"修身、齐家、治国、平天下"的价值路线发展的，节约的道德价值不仅体现在"修身、齐家"之中，而且体现在"治国、平天下"之中。节俭不仅关系到个人的品性和家风，而且关系到国家的兴衰成败。唐代诗人李商隐的"历览前贤国与家，成由勤俭破由奢"名句之所以千百年来为后人所吟诵，因为它揭示了中国历史上国家兴衰成败的一条规律。节俭所带来的清廉是国家兴旺发达的推动力，而奢侈温床上滋生的腐败

---

① 《诫子书》，《诸葛亮集》。

则是国家尽失人心并导致灭亡的前奏曲,中国历史上许多朝代的统治者沉湎于奢侈,从而断送了江山。历史的经验昭示后人,节俭所造就的道德人格、道德风尚,是国家和谐稳定、长治久安的基础。

节约具有经济价值。节约的经济价值可以从三方面来论证:第一,节约可以推动资本的增加。投资是拉动经济增长最直接、最有力的因素之一,节俭可以带来资本的增加,推动经济的发展是不用赘述的。第二,生产性节约直接减少经济的成本。在生产过程中,节约原料、节约人力、节约生产时间,降低了成本,提高了效率,是企业管理和发展所追求的基本目标,是实现企业最大利润的基础。以"追求效率、讲究低成本、高利润、最优选择和功能合理性"为内容的经济和节俭原则是工业社会特有品格的基础。① 第三,节约提高了竞争力。现代市场经济充满了竞争,企业要在竞争中处于有利地位,必须降低商品生产中的个别劳动时间。为此,企业需要加强管理,革新技术,将节约原则贯彻到生产的每一个环节中。节约的经济价值表明,节约是一种美德,也是一种创新的智慧,从而直接推动了生产力的发展。正如恩格斯所说:"真正的经济——节约——是劳动时间的节约(生产费用的最低限度——和降到最低限度)。而这种节约就等于发展生产力。"②

但是,随着科学技术的迅速发展和社会生产力的提高,人和自然关系的矛盾、社会发展和资源有限性的矛盾日益突出,对生态价值的重视和强调构成了现代消费伦理观念的时代特征。换言之,对节约内涵的理解不仅仅要从道德价值、经济价值的层面上,而且更要强调从生态价值上去把握,把三者统一起来。究其理由,是因为:

第一,传统的道德视野中,节约是个人品行修养、社会道德风尚的要求,主要涉及的是人伦关系。而现代社会的可持续发展理论表明,要解决日益严重的人类生态环境危机,必须冲破传统的人类中心主义,把道德的视野扩展到人

① 参见 [美] 丹尼尔·贝尔:《资本主义文化矛盾》,三联书店1989年版,第132页。
② 《马克思恩格斯全集》第46卷(下),人民出版社1974年版,第225页。

和自然的关系上。同时，也应该认识到节约不仅关系到个体和社会的道德生活问题，而且也关系到人类的生存和发展问题。只有从道德价值和生态价值的统一基础上理解节约，才能使人们对节约价值的认识提高到一个新的水平，反映21世纪时代发展的客观要求。

第二，在生产性消费中，从经济价值角度对节约的评价与从生态价值的评价有时也会产生矛盾，经济价值的背后是利益关系，而当代中国社会进入了利益分化时代，各种利益主体在追求自身利益最大化的目标下，往往会不顾环境恶化和自然资源的有限性，挑战生态价值观。例如，某些企业为了节约成本，超限度地采用某些不可再生的资源。尽管这些企业获得了较好的经济效益，但却破坏了生态环境建设。国家反复强调要节约水、电、煤，但许多企业由于经济的原因缺乏积极性，具体落实往往遇到许多困难。因此，要使企业确立现代消费价值观，对于消费不仅要问经济上的合理性，而且要问道德的合理性和生态环境的合理性。

第三，在生活性消费中，要建设节约型社会，必须动员全民参与，但往往会遇到思想观念上的障碍。人们往往把消费视为个人的私事，"我有钱，浪费点资源其他人管不着"，特别是一些大款，仗着财大气粗，暴殄天物，在社会上造成了恶劣影响。建设节约型社会要从每个人做起，聚沙成塔，集腋成裘。中国的小事，只要与13亿人口联系起来就成了大事。一度电、一滴水、一张纸、一粒粮，也许在经济上对个人来说几乎是微不足道的，但社会责任感要求将节约的观念建立在道德价值、经济价值和生态价值统一之上。

建设节约型社会，追求的是道德价值、经济价值和生态价值的统一，而在实际操作中，需要经历一个过程。尽管中国通过改革开放获得了举世瞩目的经济成就，但也面临着诸多的社会矛盾，而经济的发展是解决这些社会矛盾的基础。因此，处在21世纪的中国遇到了发展的难题，如果按照现有的发展模式，经济的发展依靠大量的资源消耗，中国的生态环境将不堪重负，难以为继，同时这种"残酷"的发展可能带来社会的不稳定；如果按照绿色发展道路，环境的压力可以大大减轻，但如果要保持预定的经济发展速度，我国的技术和管理水平还跟不上。因此，道德价值、经济价值和生态价值的统一是具体的、阶段性的统一。需要建立长远目标，分阶段逐步减少生态环境的压力，在经济发展和生态环境中建立最佳平衡点。

在节约的道德价值、经济价值和生态价值的统一问题上，是局部利益与整体利益、眼前利益与长远利益、当代人利益和后代人利益之间的关系问题。要真正落实节约型社会的各项部署，必须兼顾各种利益关系。一些个人或企业仅仅从经济的价值认识节约，是仅仅关注了局部的利益、眼前的利益和当代人的利益，这样难免会在行动上走入误区。要将局部利益与整体利益、眼前利益与长远利益、当代人利益和后代人利益尽可能地统一起来，从大局着眼，从长远着眼，才能提高建设节约型社会的自觉性。

另外，在增强节约意识和节约观念进而建设节约型社会时，我们还应该看到它对于经济安全和国家安全的重大意义。在经济全球化背景下，中国和国际社会的经济交往越来越频繁，各国间在经济上的相互依赖已明显增强。近几年来中国进口了越来越多的石油、矿产等资源，以满足中国经济飞速发展的需要，中国对国外市场的依赖程度已大大超过以往任何时候。中国的资源需求程度直接影响着国际市场的供求矛盾，过多地依赖国际市场，会产生一系列经济、政治、外交方面的问题。为了保证经济安全和国家安全，必须立足国内解决资源问题，同时又需通过节约，控制和降低对国外资源的依赖程度。

加快建设节约型社会，事关现代化建设进程和国家安全，事关人民群众福祉和根本利益，事关中华民族生存和长远发展。"国家兴亡，匹夫有责。"每个希望国家繁荣富强的炎黄子孙，都要以对国家和民族的责任感投入到节约型社会的建设中去，并化为具体的行动，从我做起，从现在做起，增强节约意识和节约观念，养成节约的习惯，努力为节约型社会的建设多做贡献。可喜的是，近几年我国公众节约意识得到了显著提高。据 2010—2011 年度调查显示：大约 57.8% 的公众认可并接受节约理念，通过多种途径学习并具备了必要的节约知识，在日常生活中践行节约行为并已经达到习惯化的程度，较 2006—2007 年度的调查上升了近 16 个百分点。当然，相应地也有超过四成的社会公众节约意识还有待加强。[①]

（二）当代中国节约理论的来源

建设节约型社会需要节约的理论为指导，加强节约理论的研究对于推动节约型社会建设有重要价值。当代中国节约的理论来源主要有两大方面：

第一方面，直接来源于我党几代领导人的节约理论与实践。毛泽东、邓小平、江泽民、胡锦涛等党的领导人继承了中国传统文化中的节俭美德，在领导中国人民进行革命和建设的过程中，形成了一系列有关节约的思想观点、措施和途径，成为马克思主义中国化思想宝库中的重要组成部分。

早在新民主主义时期，毛泽东就号召人们"节省每一个铜板为着战争和革命事业，为着我们的经济建设"[②]。20 世纪 50 年代，面对"一穷二白"、百废待兴的新中国，毛泽东指出："勤俭办工厂，勤俭办商店，勤俭办一切国营事业和合作事业，勤俭办一切其他事业，什么事情都应当执行勤俭的原则。这就是节约的原则，节约是社会主义经济的基本原则之一。"[③]毛泽东不仅提出了节约是社会主义经济的基本原则，而且要求工厂和农村在生产过程中的每一个环节都贯彻节约的原则。例如，在工厂，要尽可能节省成本（原料、工具及其他开支）。在农村，要勤俭办社，严格节约，降低成本，实行经济核算。坚持节约的原则，就必须反对浪费，两者是相辅相成的。毛泽东对于浪费现象深恶痛绝，他明确指出："贪污和浪费是极大的犯罪。"[④]毛泽东对于浪费的批判的严厉性在中国社会主义建设史上独树一帜，掷地有声。在新中国成立的初期，在毛泽东的领导下，政府还出台了规定，对于浪费严重的负责人要追究责任，甚至给予法律制裁。

邓小平继承了毛泽东的节约思想，在 20 世纪 50 年代初明确提出了厉行节

---

① 参见华东理工大学课题组：《今天，你节约了吗？——2010—2011 年度我国公众节约意识调查》，《光明日报》2011 年 6 月 14 日。

② 《毛泽东选集》第一卷，人民出版社 1991 年版，第 134 页。

③ 《毛泽东文集》第六卷，人民出版社 1999 年版，第 447 页。

④ 《毛泽东选集》第一卷，人民出版社 1991 年版，第 134 页。

约是中国建设社会主义的客观要求。他指出："我们国家虽然地大物博，但生产力比较落后，财力有限。这就要求财政工作人员要善于节约，善于把钱用到主要方面去。"① 他认为，必须从整个国家的大局来认识节约的重要价值。他说："为了把国家财政放在稳固的基础上，保证社会主义工业建设，必须节减一切可以节减的开支，克服浪费。"② 为了搞好节约工作，必须研究如何做好节约工作，他说："怎么花钱是个学问，要好好研究精打细算，方针要对头，办法要对头。"③ 邓小平认为要搞好节约工作，必须调动积极性，同时坚决反对浪费，他说："节约也要有积极性，如果没有地方的积极性，就不可能节约，就要发生浪费"④，"我们的资金来之不易，我们生产出来的东西来之不易。任何浪费都是犯罪"⑤。

1992 年，中国开始建立社会主义市场经济，生产力获得了新的发展契机。整个社会充满着蓬勃的生机，经济繁荣。如何正确处理经济发展和生态环境保护的关系，成为中国社会发展必须要解决的最大课题。

在新形势下，江泽民将节约和生态环境保护联系起来，并将节约作为保护环境的基本国策的一部分，对党的节约理论作出了重要贡献。他在十五大报告中指出："坚持计划生育和保护环境的基本国策，正确处理经济发展同人口、资源、环境的关系。资源开发和节约并举，把节约放在首位，提高资源利用效率。"他在《正确处理社会主义现代化建设中的若干重大关系》中强调："要根据我国国情，选择有利于节约资源和保护环境的产业结构和消费方式。坚持资源开发和节约并举，克服各种浪费现象。综合利用资源，加强污染治理。"⑥ 他还说："经济发展，必须与人口、资源、环境统筹考虑，不仅要安排好当前的

---

① 《邓小平文选》第一卷，人民出版社 1994 年版，第 200 页。
② 《邓小平文选》第一卷，人民出版社 1994 年版，第 197 页。
③ 《邓小平论国防和军队建设》，军事科学出版社 1992 年版，第 101 页。
④ 《邓小平文选》第一卷，人民出版社 1994 年版，第 197 页。
⑤ 《邓小平文选》第二卷，人民出版社 1994 年版，第 261 页。
⑥ 《江泽民文选》第一卷，人民出版社 2006 年版，第 464 页。

发展，还要为子孙后代着想，为未来的发展创造更好的条件，绝不能走浪费资源和先污染后治理的路子，更不能吃祖宗饭、断子孙路。"①

如何搞好节约，江泽民指出："要努力节约开支，把开源与节流结合起来。"②要"坚持节水、节地、节能、节材、节粮以及节约其他各种资源，农业要高产、优质、高效、低耗，工业要讲质量、讲低耗、讲效益，第三产业与第一、第二产业要协调发展"③。他还特别指出了消费在生态环境保护中的价值。他说："消费结构要合理，消费方式要有利于环境和资源保护，绝不能搞脱离生产力发展水平、浪费资源的高消费。"④

江泽民将发扬勤俭节约，反对奢侈浪费与开展反腐败斗争联系起来，形成了江泽民节约理论的鲜明特点。1997 年江泽民在《大力发扬艰苦奋斗精神》一文中指出："奢侈浪费既是消极颓废的表现，也是腐败问题得以产生和蔓延的温床。如果现在再不引起大家高度重视，不坚决加以整治，后果不堪设想。"⑤"我们要在全国形成艰苦奋斗的良好风气，首先党内要大兴艰苦朴素、勤俭节约之风。……在各个方面，都要注意精打细算、厉行节约。"⑥"我们各级领导机关、领导同志和广大干部更应该自觉发扬艰苦奋斗、勤俭节约的精神，没有任何理由铺张浪费、挥霍国家和人民的钱财。"⑦

进入 21 世纪以后，中国的经济发展进入到一个新的阶段，同时生态环境的状况也日益严峻。面对新形势，胡锦涛提出了科学发展观，并将其作为当代中国社会发展的重大战略方针。为了贯彻落实科学发展观，必须加强资源节约型、环境友好型社会建设。胡锦涛指出，坚持节约资源的基本国策，牢固树立

---

① 《江泽民文选》第一卷，人民出版社 2006 年版，第 532 页。
② 《江泽民文选》第一卷，人民出版社 2006 年版，第 470 页。
③ 《江泽民文选》第一卷，人民出版社 2006 年版，第 532—533 页。
④ 《江泽民文选》第一卷，人民出版社 2006 年版，第 533 页。
⑤ 《江泽民文选》第一卷，人民出版社 2006 年版，第 617 页。
⑥ 《江泽民文选》第一卷，人民出版社 2006 年版，第 622 页。
⑦ 《江泽民文选》第一卷，人民出版社 2006 年版，第 618 页。

节约资源的观念。胡锦涛特别重视能源的节约，他指出："能源资源问题是关系我国经济社会发展全局的一个重大战略问题。我们要从推动我国经济社会持续发展和人民生活水平不断提高的全局出发，全面分析能源资源形势。深入研究能源资源问题，全面做好能源资源工作，促进形成可持续的生产方式和消费模式。"[①]胡锦涛提出了节约能源的八个方面的要求，其中包括节约能源资源的宣传教育。

从毛泽东、邓小平、江泽民、胡锦涛节约理论的阐述中，不难发现，他们的这一理论是一脉相承的。其共同点是围绕着各个时期党的中心任务，阐述勤俭节约对于中国革命和社会主义建设的重大意义。在新民主主义革命时期，围绕着武装斗争和夺取政权的中心任务，毛泽东强调节约首先是为了战争和革命事业。在社会主义建设时期，围绕着建设中国和发展中国的中心任务，无论是毛泽东、邓小平，还是江泽民、胡锦涛，都突出节约对于经济建设的重大意义。当然，随着社会的发展，这一节约理论也与时俱进。例如，江泽民在节约理论的阐述和国家方针政策的制定中，明确将节约和生态环境保护联系起来，并把节约作为基本国策的重要内容。这是对毛泽东、邓小平节约理论的重大发展。胡锦涛提出中国要建设资源节约型社会，并特别强调能源节约，在21世纪中国的发展道路上具有里程碑的意义。

第二方面，大胆吸收和借鉴代表人类文明发展优秀成果的可持续发展的理念。自20世纪六七十年代以后，面对人类社会发展中面临的各种困境和危机，人们越来越感到，西方近代工业文明的发展模式和道路，存在着严重问题。它破坏了生态平衡，造成了大量的环境污染，直接威胁着人类的生存。要解决这些问题，必须重新反思和评价传统的社会发展理念，确立新的发展理念。在这样的历史条件下，可持续发展理念应运而生。1972年，全球的工业化和发展中国家的代表云集瑞典首都斯德哥尔摩，在联合国人类环境研讨会上，共同探讨人类的环境问题。在这次具有历史意义的研讨会上，"可持续发展"（Sus-

---

① 《人民日报》2005年6月29日。

tainable development）概念首次被提出。1992 年 6 月，联合国在里约热内卢召开的"环境与发展大会"，通过了以可持续发展为核心的《里约环境与发展宣言》、《21 世纪议程》等文件。经过几十年的努力，可持续发展的理念已经为世界大多数国家所接受，并在实践中产生重大影响。它代表着人类文明的优秀成果，已经为历史和现实所公认。

根据世界多数学者的共识，所谓可持续发展是一种注重长远发展的经济增长模式，指既满足现代人的需求，又不损害后代人满足其需求的能力。可持续发展战略就是为了使社会具有可持续发展能力，使人类在地球上世世代代能够生活下去。一些人类生存必不可少的自然资源是有限的，要实现可持续发展必须解决自然资源的可持续利用问题。这样，对资源的节约，就构成了可持续发展的基本要求。资源节约成为国家发展的重大战略问题。

改革开放以后，中国特色社会主义大胆吸收和借鉴了人类文明发展的优秀成果，其中可持续发展的理念就是其中之一。1994 年，中国政府编制了《中国 21 世纪人口、资源、环境与发展白皮书》，首次把可持续发展战略纳入我国经济和社会发展的长远规划。1997 年，党的十五大明确提出，根据我国"人口众多，资源相对不足的国情，在现代化建设中必须实施可持续发展战略"。2007 年，党的十七大报告认为，科学发展观的基本要求是"全面协调可持续"。可见，在当代中国，可持续发展理念已经体现在执政理念中，成为政府制定方针政策的基本根据。为了实现可持续发展，中国必须节约资源，特别是节约能源。这种节约包含两大方面，一方面是生产性节约；另一方面是生活性节约。对于前者，国家强调经济增长方式由粗放型向集约型转变，降低资源的消耗，而对于后者，则鼓励人们采用资源占用少的消费方式，在满足消费需求的前提下，减少生态环境的压力。国家在这两方面出台了不少政策和法规，这些政策和法规从中国的国情出发，同时又吸收和借鉴了发达国家在社会发展中的经验和教训，是可持续发展理念指导下的结果。

二、节约型社会的建设与现实选择

（一）建设节约型社会是基本国策

改革开放以来，中国的经济实现了跨越式发展，人民生活水平也有了显著提高。特别是在全面建设小康社会进程中，经济规模不断扩大，居民消费结构逐步升级，资源供需矛盾和环境压力越来越大。而我国人口众多，资源相对不足，环境承受能力较弱。数据表明，我国人均水资源占有量仅相当于世界人均水资源占有量的 1/4，我国人均耕地和矿产资源都不到世界平均水平的 1/2。为了解决好经济发展和资源环境的矛盾，一方面，要积极做好开源工作，另一方面要优先做好节约工作。在有 13 亿人口的中国，节约是大有潜力可挖的。

从 20 世纪 80 年代中期开始，中国科学院国情分析研究小组对中国国情进行了系统研究，出版了一系列国情研究报告。这些研究报告提出中国的人口资源、环境、经济要协调发展，要走非传统的现代化道路，建立资源节约型国民经济体系。通过开源与节约相结合，大力开发人力资源，解决人口过多和资源相对紧缺的矛盾。1992 年的《开源与节约》报告提出了建设资源节约型国民经济的四个体系：以节地、节水为中心的集约化农业生产体系；以节能、节材为中心的节约型工业生产体系；以节约运力为中心的节约型综合运输体系以及以适度消费、勤俭节约为特征的生活服务体系。这四个体系勾勒出"节约型社会"的基本框架。

进入 21 世纪以后，中国的经济持续增长，同时经济增长与环境、资源的矛盾日益显现出来。2004 年年初，我国政府正式提出要"建设节约型社会"的主张，目的是通过转变经济增长方式等措施，根本解决全面建设小康社会面临的资源和环境压力，保障经济社会的持续、协调和健康发展。

建设资源节约型社会是以胡锦涛同志为总书记的新一届党中央领导集体针对中国经济社会发展的资源和环境等问题和矛盾，从中国经济社会的长远发展出发所作出的一个重要决策。资源节约型社会要从根本上改变"大量生产、大量消费、大量废弃"的传统经济增长模式。在保证人民群众物质文化生活水平改善和提高的前提下，最大限度地节约资源，提高资源利用效率，以尽可能小的资源消耗和环境成本，获得尽可能大的经济效益和社会效益。

2004年中央人口资源环境工作座谈会上，胡锦涛同志指出："要牢固树立节约资源的观念……要在资源开采、加工、运输、消费等环节建立全过程和全面节约的管理制度，建立资源节约型国民经济体系和资源节约型社会，逐步形成有利于节约资源和保护环境的产业结构和消费方式，依靠科技进步推进资源利用方式的根本转变，不断提高资源利用的经济、社会和生态效益。"2005年中央人口资源环境工作座谈会上，胡锦涛同志再次指出："要加快调整不合理的经济结构，彻底转变粗放型的经济增长方式，使经济增长建立在提高人口素质、高效利用资源、减少环境污染、注重质量效益的基础上，努力建设资源节约型、环境友好型社会。"2006年12月，中共中央政治局进行第三十七次集体学习，中共中央总书记胡锦涛主持。他强调，必须按照科学发展观的要求，充分认识建设资源节约型、环境友好型社会的重要性和紧迫性，下最大决心、花最大气力抓好节约能源资源工作。

2004年4月，国务院《关于开展资源节约活动的通知》指出："组织开展资源节约活动，推进资源节约工作，加快建设资源节约型社会。"2005年6月，温家宝在全国做好建设节约型社会近期重点工作电视电话会议上，提出节约型社会的含义、重要意义、近期重点工作以及保障措施等。第一次把建立节约型社会的远期目标、近期具体工作安排、政策体制建设及协调保障机制等作为系统整体提出。"十一五"规划纲要专门将"建设资源节约型环境友好型社会"列为一篇，对节能、节水、资源综合利用、生态建设和环境保护等进行总体部署，目的就是要落实科学发展观，使当代中国实现可持续发展，以最小的资源环境代价实现我国的工业化、城市化和现代化的目标。"十二五"规划纲要又提出"坚持把建设资源节约型、环境友好型社会作为加快转变经济发展方式的重要着力点"，并把"发展循环经济，推广低碳技术，积极应对气候变化"，作为建设节约型社会的重要路径。

(二) 节约型社会建设的伦理支持和法律保障

节约型社会是一种新的社会发展模式。这种发展模式通过机制、技术、管理和宣传教育等手段，动员和激励全社会节约和高效利用各种资源，以实现社会的可持续发展。

自从 20 世纪 60 年代以后，人类社会发展中生态环境问题开始受到西方各国民众、民间团体和政府的广泛关注，并引起许多有识之士深深的忧虑。事实说明，地球的有限资源难以承受消费型工业社会的进一步发展，必须改变社会发展的模式，以避免资源短缺造成的社会发展窘境。人类在关注经济发展对环境造成污染的同时，也要重视资源的合理利用和数量的控制，才能实现可持续发展。节约型社会或曰资源节约型社会的社会发展模式应运而生，标志着人类社会对自身发展模式的认识进入到一个新阶段。

节约型社会的内涵是什么？有两种观点：一种观点认为节约型社会更应强调的是消费型节约，为此要在全社会形成崇尚节俭、合理消费、适度消费的社会风气，形成与国情相适应的节约型消费模式；另一种观点则认为节约型社会的实质是生产型节约，反对消费型节约。因为消费品节约不利于经济的发展，是不可取的，而鼓励消费才能推动经济的发展，同时更符合人的本质要求。两种观点各有其根据，各有其合理性。但从整个社会的视野来分析，节约型社会包括消费型节约，也包括生产型节约，两者不可偏废。当然，在不同时期，针对不同的问题，可以而且应该强调其中一个方面，从而更有利于节约型社会建设的推进。

节约型社会建设，需要在社会再生产的生产、流通、消费各个环节中，贯彻节约原则，尽可能减少资源消耗。不言而喻，这是一项巨大的社会工程，需要社会公众的广泛参与。这种广泛参与需要伦理的支持。这种伦理支持主要分为以下三个方面：

一是形成人与自然关系的正确道德认识，激发公民参与节约型社会建设的积极性。自工业革命以后，科学技术的飞速发展大大提高了人类开发、利用自然资源的能力，改变了人与自然的关系。培根的"知识就是力量"的名言已经家喻户晓，"人类中心主义"的理论和学说在社会生活中有着广泛影响。但近几十年来，由于人类所处的生态环境的恶化，"知识就是力量"的名言和"人类中心主义"的理论和学说，受到了不少质疑。在当代中国，如何使广大公众认识到生态环境面临的严峻形势，形成人与自然和谐的道德认识，成为节约型社会建设首先需要解决的问题。大众传媒在这方面承担着不可推卸的责任，在新闻报道、时事评论、人物介绍等方面要加强舆论引导，以利于社会形成人与自然和谐的共识。公民也需要积极学习中国特色社会主义理论体系中有关生态文明的内容，吸收国外代表人类发展最新成果的生态环境道德理念，不断提高对节约型社会建设的认识。各级领导干部要以身作则，在提高对节约型社会建设重要性和迫切性的认识方面领先一步，并在工作中积极贯彻有关节约型社会建设的方针政策。领导的表率作用必将推动公众认识的提高，从而激发公众参与节约型社会建设的积极性。

二是提高社会责任感，反对消费主义，提高公民参与节约型社会建设的自觉性。建设节约型社会，各级政府有着不可推卸的责任。在社会发展规划中，在实施社会管理的方针政策中，各级政府必须贯彻有利于节约型社会建设的原则。但同时，每位公民作为社会的成员，也有着应尽的社会责任。消费不仅仅是经济行为，而且也是伦理行为。一位具有社会责任感的消费者，在消费选择过程中，往往会考虑消费行为对节约型社会建设的影响，即究竟是利还是弊。有利于或者不利于节约型社会建设的消费活动，会采取不同的态度。在市场经济中，资本的逻辑是追求利益的最大化，创造消费需求是其必然要求，但这同时会造成消费主义的蔓延滋长，会对节约型社会建设造成负面影响。社会生活中，"符号消费"大行其道，也就是说，不是"为生活而消费"，而是"为消费而生活"的现象在生活中屡见不鲜。脱离实际生活需求的异化消费，虽然满足了心理的欲望，但对节约型社会的建设却是不利的。消费什么，消费多少，属于个人生活的范畴，难以制定一项统一的标准来加以规范。因此，减少甚至抑制非理性的异化消费，更多地需要通过提高公民的社会责任感来实现。

三是增强持之以恒的道德意志力，使更多公民养成节约资源的消费习惯。建设节约型社会，减少物质资源的消耗，必须动员社会成员广泛参与。为此，建立有关的正式制度是重要的，但正式制度也只占整个制度很少的一部分，人们生活的大部分空间，特别是消费生活，是由非正式制度来约束的。也就是说，伦理道德和风俗习惯对建设节约型社会的价值不能低估。要建设节约型社会，必须建立废旧资源回收系统，搞好垃圾分类，必须节约水、木材、石油等资源。这些行动对社会成员来说并非难事，甚至有的仅是举手之劳，但关键是这些微不足道的行动需要持之以恒才能产生实质性的良好效果。中国有"集腋成裘"、"聚沙成塔"之说，形象地说明了多与少的辩证法。尽管一个人每天节约的资源不多，但日久天长，积累起来就是一个可观的数字。中国有十几亿人口，全民都动员起来了，节约型社会建设就能上一个新的台阶。因此，通过培养持之以恒的道德意志力，多年如一日厉行节约，养成良好的消费习惯，建设节约型社会的举措才能产生真正的、实际的效果。

建设节约型社会，不仅需要伦理支持，而且需要法律保障。伦理支持和法律保障两者是相辅相成的。在节约型社会建设中，必然需要思想道德的"软约束"，也需要法律制度的"硬约束"。道德唤醒人们心中的良知，将节约的理念转化为自觉的行动，但缺乏法律保障的道德教育又是苍白的。节约型社会的核心是节约资源，这种资源的节约在很大程度上会触动许多经济主体的利益。当资源的节约与经济主体的利益相一致时，节约资源的举措就很自然地受到经济主体的支持，但当资源的节约与经济主体的眼前利益、局部利益不一致时，要求相关主体要自觉自愿节约资源，是难以做到的。法律制度通过外部的强制来制约各相关主体的行为，对节约型社会建设提供了有力的保障。

节约型社会的法律保障包括生产、流通和消费三方面，是调整自然资源保护保育、开发利用、流通流转等关系的法律法规。改革开放以来，我国出台了不少与节约型社会建设直接相关的法律法规，有力地保障了节约型社会的建设。例如《中华人民共和国节约能源法》，该法律于 1997 年 11 月 1 日第八届全国人民代表大会常务委员会第二十八次会议通过，2007 年 10 月 28 日第十届全国人民代表大会常务委员会第三十次会议修订。该法律第八条规定:"国家鼓励、支持节能科学技术的研究、开发、示范和推广,促进节能技术创新与进步。国家开展节能宣传和教育,将节能知识纳入国民教育和培训体系,普及节能科学知识,增强全民的节能意识,提倡节约型的消费方式。"

但是,在节约型社会的法律保障方面,中国还有许多事情要做。例如:目前中国在自然资源的节约和保护方面虽已经颁布了系列的法律法规,但只是对资源节约作出了方向性、概念性的笼统表述,缺乏细化的具体规定和实施办法。在整个法律体系中,还欠缺如《反浪费法》那样有利于推动资源节约的相关法律。在税收政策、资源价格政策等方面,还有许多与节约型社会建设相悖的内容。特别是一些地方政府的"土政策",成为节约资源、能源和环保技术推广的障碍。例如,全国多个城市出台的限制或变相限制小排量轿车的"土政策"。随着中国汽车市场的火暴,中国居民轿车拥有量大幅上升,大大提高了石油资源的消耗量。而推广小排量轿车,对于减少石油资源消耗、缓解生态环境压力是切实有效的。但不少地方以其影响城市形象或交通道路承受能力为由限制小排量汽车的发展,这是与节约型社会建设背道而驰的。

(三)在资源节约与拉动内需中建设节约型社会

在当代中国,节约型社会的建设在宏观上必然要处理好资源节约与拉动内需的关系。在当前世界经济发展过程中,根据消费内需对经济发展的作用不同,可将经济大国增长类型分为两类:一类是高储蓄率、低消费率、高出口依存度的出口主导增长型,另一类是高消费率、低储蓄率、低出口依存度的内需主导增长型。在改革开放三十余年来,我国通过高储蓄、低消费、高出口赢得了经济的发展,但在 1997 年亚洲金融危机和 2001 年中国加入世界贸易后,这种出口主导增长型的经济方式遇到了越来越严峻的挑战。尽管中国的出口商品在海外打开了市场,受到了消费者的青睐,但各种贸易摩擦不断。一些国家利用反倾销、技术壁垒、环保壁垒等手段制约我国商品的拓展,甚至在人民币汇率问题上不断对中国施压。中国作为一个经济大国,长时间将总需求的大比重放在海外市场,等于把经济发展调控的主动权交给了国际市场。必须尽快将经济增长的方式从出口主导增长型及时转换到内需主导增长型模式上来，才能掌握经济发展的主动权。

党的十六届五中全会明确指出："要进一步扩大国内需求，调整投资和消费的关系，增强消费对经济增长的拉动作用。"消费对经济的拉动作用需要通过两条途径实施，一是切实提高中低收入者，特别是农民的消费能力，使更多的人们"能够"消费；二是转变不适应时代发展的消费观念，鼓励和引导人们适度消费，使更多的人们"愿意"消费。在这一过程中，消费伦理观念上会发生碰撞，引起人们的困惑，究竟是强调节约、减少消费呢，还是强调消费、扩大消费？前者有利于人与自然的和谐，而后者有利于经济的发展，但两者都不可偏废。我们既需要建立环境友好型的社会，又要实现经济的繁荣，必须着手考虑建立与当代中国社会发展相适应的新的消费伦理观念。

这种消费伦理观念继承了传统的节约观念，同时又要注入时代的新元素。这种消费伦理观念是建立在节约基础上的，但主要强调的是资源节约，据一般的理解，这里的"资源"主要指那些给生态环境造成压力的物质资源，例如土地、淡水、能源、矿产资源等自然资源。在人们的消费过程中，占用自然资源的多寡不尽相同，有些占用的多，有些占用的少。传统的节约观没有具体区分消费过程中对自然资源占用的不同情况，以至加剧了经济和伦理的紧张关系。要将建设节约型社会和发展经济统一起来，就要在消费伦理观念上教育人们增强社会责任感，鼓励和引导人们使用占用自然资源少的消费方式。这样，一方面减少了消费对生态环境的压力，符合节约型社会的要求；另一方面鼓励消费，拉动了内需，有利于经济的发展。

这种消费伦理观念在当代中国是必要的，也是可能的，有其实现的现实条件。这主要表现在：第一，在政治方面，大力建设节约型政府，有利于在全社会形成资源节约的消费伦理观念和消费风尚。温家宝在全国建设节约型社会电视电话会议上的讲话强调，要"加大建设节约型政府的工作力度"，"政府带头，做好表率"，"严禁滥用公款消费，杜绝办公浪费"。政府在节约型社会的建设中起着重要的表率作用，政府工作人员的一言一行对消费伦理观念和消费风尚有着重要影响。真正大手大脚铺张浪费的，大多是公款消费，这在餐桌上表现得特别突出。有些地方领导为了"政绩工程"，大兴土木，以致造成了大量浪费。大力建设节约型政府，将在人民中树立良好的政府形象，同时使节约的行为蔚然成风，造就了良好的社会消费风气。

第二，在经济方面，大力发展循环经济的国策，有利于人们在消费过程中减少资源消耗，形成资源节约的消费伦理观念。循环经济是以"减量、再用、循环"为原则，以资源的高效利用和循环利用为基本特征的社会生产和再生产活动。它将传统的资源——产品——废弃物排放的线型经济发展成为资源——产品——再生资源的环状反馈式循环经济，不是抑制消费，而是强调资源的充分合理利用，缓解了经济发展和生态环境的紧张关系。它要求消费者在资源节约的消费伦理观念下，接受循环经济的再生产品，自觉支持消费废弃物的分类清运。

第三，在文化方面，大力发展文化事业和文化产业方针，有利于人们使用占用自然资源少的消费方式。与其他消费方式相比较，人们的文化消费所占用的自然资源较少。而在我国，文化消费的发展空间还很大。人们在满足温饱的基础上对精神文化生活的消费需求逐渐强烈。在满足人们精神文化消费中扩大了内需，同时占用了较少的自然资源，将资源节约与扩大内需很好地统一起来了。

与当代中国发展相适应的新的消费观念以资源节约为基础，同时又强调适度消费。随着我国生产力水平的提高，鼓励人们适度消费，使社会的生产和再生产得以良性循环，是社会主义市场经济发展的客观要求。在这一过程中，人们享受到社会发展带来的各种成果，有利于人性的健康发展。由于市场经济带来了各个社会群体之间经济状况的差异，适度消费的标准也是相对的，但适度消费这一原则却是确定不疑的。总之，节约资源与适度消费的结合构成了当代中国新的消费伦理观念的核心。

三、低碳经济与消费伦理观念的变革

伴随着各种能源的开发和利用，人类社会从农业文明走向了现代化的工业文明。然而，随着经济规模的扩大和消费的升级换代，人类生活对能源的依赖性大大加强了，能源消耗数量直线上升，同时，能源的使用造成的环境问题不断为人民所认识，特别是大气中二氧化碳浓度升高带来的全球气候变化，引起了人们深深的忧虑。"低碳经济"的新概念、新政策应运而生。2003年，英国能源白皮书《我们能源的未来：创建低碳经济》最早提出了"低碳经济"的概念。2006年，前世界银行首席经济学家尼古拉斯·斯特恩领衔的《斯特恩报告》呼吁全球向低碳经济转型。许多国家的领导人充分认识到，消费的增长给国家带来了能源安全的时代课题，同时又引起了气候的变化，对人类社会提出了挑战，必须改变经济增长模式和消费模式，建设低碳经济。国际著名专家还指出，全球现在以每年GDP1%投入低碳经济，将来可以避免GDP5%—20%的损失。简言之，低碳经济是人类共同的事业，建设低碳经济刻不容缓。

低碳经济的建设获得了国际社会的积极响应。2007年12月，在印度尼西亚巴厘岛举行了联合国气候大会。来自《联合国气候变化框架公约》的192个缔约方以及《京都议定书》176个缔约方的1.1万名代表参加了此次大会。据悉，这也是联合国历史上规模最大的气候变化大会。该大会正式通过一项决议，制定了国际社会应对气候变化的"巴厘岛路线图"。该"路线图"要求发达国家在2020年以前将温室气体减排25%—40%，为全球进一步迈向低碳经济起到了积极的推动作用。2009年12月，在丹麦哥本哈根举行了新一次联合国气候大会。哥本哈根会议虽然没有达成一项具有法律约束力的协议，但维护了《联合国气候变化框架公约》及其《京都议定书》确立的"共同但有区别的责任"原则，就发达国家实行强制减排和发展中国家采取自主减缓行动作出了安排，并就全球长期目标、资金和技术支持、透明度等焦点问题达成广泛共识。联合国秘书长潘基文对哥本哈根气候变化大会所取得的进展感到满意，认为这次会议是朝着正确的方向迈出了一步。

中国国家领导人和政府在中国特色社会主义建设事业中，积极落实科学发展观，大力推进低碳经济的发展。2007 年 9 月，中国国家主席胡锦涛在澳大利亚悉尼亚太经合组织（APEC）第 15 次领导人会议上，郑重提出了四项建议，明确主张"发展低碳经济"。他指出："应该建立适应可持续发展要求的生产方式和消费方式，优化能源结构，推进产业升级，发展低碳经济，努力建设资源节约型、环境友好型社会，从根本上应对气候变化的挑战。"2009 年 9 月，胡锦涛在哥本哈根联合国气候变化峰会上承诺，"中国将进一步把应对气候变化纳入经济社会发展规划，并继续采取强有力的措施"，"大力发展绿色经济，积极发展低碳经济和循环经济，研发和推广气候友好技术"。中国政府采取多种措施，出台多项政策，研究部署应对气候变化工作，组织落实节能减排工作，在低碳经济建设方面取得了不少成效。特别是中国在清洁能源的研究方面，已经引起世界的关注。美国总统奥巴马在 2011 年国情咨文中称"中国已拥有世界上最大的私营太阳能研究设施"，肯定了中国在清洁能源及推动低碳经济方面所取得的进展。①

所谓低碳经济，是指为了实现可持续发展，通过科研创新、技术创新、制度创新等多种手段，减少温室气体排放的经济发展形态。世界走向低碳化时代是大势所趋，低碳经济将成为重塑世界经济版图的强大力量。低碳经济建设的必要性和迫切性不仅需要通过理论论证、现实分析和未来展望，而且要用有力的数据和事实加以证明。在 20 世纪 90 年代初，加拿大大不列颠哥伦比亚大学规划与资源生态学教授里斯（Willian E.Rees）提出了"生态足迹"的理论和方法。"生态足迹"也称"生态占用"，是一种评估人类活动对地球生态系统和环境影响的分析方法。生态足迹的测定，首先需要收集一个区域或国家人口大量

---

① 参见《奥巴马发表 2011 年国情咨文演讲（全文）》，http://news.xinhuanet.com/world/2011-01/26/c_121027753.htm。

的衣、食、住、行以及他们所产生的废弃物方面的数据，然后把它们折算成可以生产或吸收这些资源的陆地或水域生态系统的面积。生态足迹的高低意味着人类消耗资源的多寡及对生态环境的影响。生态足迹越高，对生态环境的影响越大，反之，则影响较小。

2004年10月，世界自然基金会（WWF）和联合国环境规划署共同完成了一项报告，该报告使用了"生态足迹"这一指标，并列出了一份"大脚黑名单"。在这份"大脚黑名单"上，阿联酋以其高水平的物质生活和近乎疯狂的石油开采"荣登榜首"——人均生态足迹达9.9公顷，是全球平均水平（2.2公顷）的4.5倍；美国、科威特紧随其后，以人均生态足迹9.5公顷位居第二。贫困的阿富汗则以人均0.3公顷生态足迹位居最后。尽管中国排名第75位，人均生态足迹为1.5公顷，低于2.2公顷的全球平均水平，但中国的经济发展势头良好，人民的生活水平在迅速提高，生态足迹上升的趋势不容乐观。

如何降低生态足迹，推进低碳经济建设？必须节能减排，降低能源消耗，现实的路径有两条：一条是从生产入手，摒弃以往先污染后治理、先粗放后集约的发展模式，通过新能源开发、技术创新、产业转型等手段，尽可能减少煤炭、石油等高碳能源消耗，减少温室气体排放。一些专家惊呼：一场以低碳经济为核心的产业革命已经出现，低碳经济是未来世界经济发展结构的大方向。另一条是从消费入手。两条路径相辅相成，不可偏废。根据本书研究的主旨，着重从消费的路径来阐述低碳经济建设。

20世纪以后，随着大工业流水线的诞生，消费在经济生活中的地位发生了显著变化。消费是拉动经济发展的"火车头"，生产什么，生产多少，必须依据消费的需求。消费需求旺盛，生产就有了强劲的动力，而消费需求不振，生产就会陷入低迷状态。那些高碳能源消耗的产业要转型，要退出历史舞台，除了国家强有力的政策之外，消费者的广泛支持也是必不可少的条件。每个人都有义务和责任来减少自然资源的消费，减小自身的生态足迹，支持以低碳经济为核心的产业革命。

联合国环境规划署曾经将 2008 年"世界环境日"的主题确定为"转变传统观念，推行低碳经济"不是偶然的。低碳经济不仅是一场产业革命，也是一场消费革命。这场消费革命是以消费伦理观念变革引领的消费模式革命。这主要表现在：

首先，要以低碳优先的价值观引导"便利消费"观念的变革。"便利"是消费者所追求的消费生活目标，也是现代商业营销的核心价值观念。商家通过便利的商品和服务，使消费者的需求得到了满足，提高了生活质量。但在低碳经济建设的 21 世纪，我们不仅要问商品和服务是否给消费者带来了便利，而且还要追问是否"低碳"？当"便利"与"低碳"发生冲突时，何者优先？

环顾我们周围的消费生活，一次性商品比比皆是。这些一次性商品的广泛使用，既便利了我们的生活，同时又对能源和生态环境造成了巨大压力。毋庸讳言，有些一次性用品是完全必需的，例如一次性针筒等医疗用品，对于减少疾病的传染，功不可没。但许多一次性商品却不然，并非必需，完全可以找到低碳的"代用品"，例如"一次性"塑料袋。随着科学技术的发展，一次性塑料袋的成本越来越低，以至它在超市和集市农贸市场被普遍使用。在超薄塑料袋取代菜篮子的同时，市民养成了使用免费一次性塑料袋的消费习惯。一方面，是因为它的确为消费者提供了方便；另一方面，一次性塑料袋的低成本也使商家乐意接受这种做生意的方式。2008 年 6 月 1 日，国务院发布的"限塑令"在全国正式实行。石油是塑料的来源，限塑的意义不仅在于遏制白色污染，而且还在于节约石油资源和减排二氧化碳。尽管少生产 1 个塑料袋只能节能约 0.04 克标准煤，相应减排二氧化碳 0.1 克，但由于塑料袋日常用量极大，如果全国减少 10%的塑料袋使用量，那么每年可以节能约 1.2 万吨标准煤，减排二氧化碳 3.1 万吨。[①] 低碳经济的消费要求和功利相一致的时候，这些要求就很快会落实。超市等大型商场不提供免费的塑料袋，对于商家减少支出是有利

---

① 参见《全民节能减排实用手册》，社会科学文献出版社 2007 年版，第 13 页。

的，因此，被迅速得到执行。但是，值得研究的是，当低碳经济的消费要求和功利并不一致，它带给我们的并不是"便利"、功利，我们应该如何进行道德选择？这对我们的价值观是一个考验。

中国人口众多，一次性纸巾已经在生活中广泛使用，因而纸巾的消耗量极大。用手帕代替纸巾，每人每年可减少耗纸约 0.17 千克，节能 0.2 吨标准煤，相应减排二氧化碳 0.57 千克。如果全国每年有 10% 的纸巾使用改为用手帕代替，那么可减少耗纸约 2.2 万吨，节能 2.8 万吨标准煤，减排二氧化碳 7.4 万吨。[①] 但习惯于使用一次性纸巾的消费者来说，换用手帕是不"便利"的，在实际生活中要真正实行是困难的。中国消费者协会曾提出"把丢掉的手帕捡起来"的倡议，但收效甚微。然而，在日本、欧美等国家，手帕的使用率大大高过我国。在这些国家中，公民的生态环境保护意识、资源节约意识是很强的。在生态价值和个人便利方面，他们将前者置于优先地位。因此，要改变中国现实生活中不利于节能减排的消费方式时，首先要转变消费价值观念。

其次，要以低碳为重的理念减少社会的"炫耀性消费"。当代中国的消费状况与计划经济时代相比，已经迥然不同了。随着人们收入水平的提高和市场的繁荣，消费已经不再仅仅是为了满足人们衣食住行的生存需要，而在很大程度上是为了满足人们的心理需要，"炫耀性消费"在社会生活中大行其道。进入 21 世纪以后，私人轿车进入了中国家庭，轿车销售火暴，甚至出现井喷现象。一大批高档的大排量轿车在中国供不应求，乐坏了那些汽车厂商和销售商，但对低碳生活产生了不小的负面作用。尽管政府不能对大排量的高档豪华车下一道禁令，但可以通过消费伦理的引导，减少这些豪华车的负面影响。在欧洲，小排量的汽车受到青睐。欧洲消费者喜欢购买小排量轿车不仅仅是经济的考量，更是环保的考量，体现了他们的消费伦理观。即使在日本，市民购买了私家车，但私家车每年的行驶里程仅 3000—5000 公里，而中国私

---

① 参见《全民节能减排实用手册》，社会科学文献出版社 2007 年版，第 22 页。

家车却是它们的 3 倍多。中国开豪华高档私家车不仅仅是出行的需要，往往更多的是为了炫耀，体现身份和经济实力。在中国的许多大城市，马路上飞奔的轿车中，各种大排量的豪华车应有尽有，其数量之多、品种之齐全甚至超过了发达国家的大城市。在中国汽车展览会上，一些高档的顶级大排量豪华车，价格令人咋舌，但却供不应求。因此，低碳经济要节能减排，减少大排量轿车的使用，必须建立低碳为重的消费伦理观念，减少"炫耀性"消费的负面影响。

商品在销售过程中是需要包装的，良好的商品包装对于开拓市场、增加销售量是大有裨益的。但厂商为了获取更多的利润，经常包装过度。根据有关规定，包装体积超过商品的 10%，包装费用超出商品价格的 30%，即可界定为包装过度。我国已经成为世界上豪华包装情况最严重的国家，目前我国 50%以上的商品都存在过度包装问题，我国城市生活垃圾里有 1/3 都是包装性垃圾，每年废弃价值达 4000 亿元。① 过度包装是低碳经济的大敌，要解决这一问题，首先要对厂商的行为进行规范，从源头上遏制过度包装，但这还不够。过度包装之所以有市场，还与消费者"炫耀性消费"观念有关。把一些商品包装得华丽而且高档，消费者购买后感到心理上获得了满足，自己使用或馈赠他人，都很有"面子"。必须使更多的消费者认识到，过度包装对于低碳经济的危害。当大量消费者认识到了这种危害，拒绝过度包装的商品，对于厂商来说是有威慑力的。因为过度包装的商品销路受阻，不得不使厂商改弦更张。对当代中国的大多数消费者来说，对过度包装采取什么态度，主要不是经济问题，更多的是消费伦理观念问题、对生态环境的态度问题。对一个有社会责任感的消费者来说，应该树立低碳为重的理念，并且行动起来，对过度包装商品说"不"，为推进低碳经济作出自己的贡献。

最后，要以低碳为优的理念建立健康饮食伦理观念。中国古语云："民以食为天"，人的饮食是生活中的大事。膳食结构不仅影响身体健康，同时也

---

① 参见《中国逾五成商品存过度包装》，《人民日报》2011 年 6 月 11 日。

是建设低碳经济的重要内容。追溯人类的饮食史，肉食消费的急剧增加是近一二百年的事情。科学技术的发展推动了肉类食品生产的快速发展，更多的肉类食品上了餐桌，同时也使肉类食品在人类的膳食结构比重中大大增加了。从营养学角度看，适量的肉食是完全必要的。但从目前的情况分析，人类的肉食比重在多数情况下已经超量了。这为心血管、高血压、肿瘤等各种严重危害人类健康和生命的疾病埋下了隐患，也不利于低碳经济建设。联合国粮农组织有关报告指出：大约有 18% 的人认为温室气体排放来自畜牧业。生产肉类所消耗的能源和排放的二氧化碳比生产碳水化合物的食物更多，前者是"高碳食品"，而后者是"低碳食品"。低碳经济建设就要鼓励人们在膳食结构上少消耗"高碳食品"，多消耗"低碳食品"。为此，必须改变人们的饮食习惯和饮食口味，荤素结合，餐桌上要减少肉类食品，增加蔬菜等食品。在有利于人的身体健康的同时，也有利于低碳经济建设。

当前中国在饮食消费中的一个突出问题是浪费太严重。经济发展了，人们的收入增加了，餐桌上的食品大大丰富了。特别是中国人注重通过餐桌交流和增进感情，形成了独特的饮食文化。好客的主人用丰盛的宴席来招待客人，餐后杯盘狼藉，餐桌上剩余的大量佳肴（其中很大一部分是肉食品）被浪费了，这种情况在公款招待中尤为突出。要减少"高碳食品"的消耗，首先要减少浪费。每人每年少浪费 0.5 千克猪肉，可节能约 0.28 千克标准煤，相应减排二氧化碳 0.7 千克。如果全国平均每人每年减少猪肉浪费 0.5 千克，每年可节能约 35.3 万吨标准煤，减排二氧化碳 91.1 万吨。[①]

膳食结构的优化，饮食消费的适当，直接关系着低碳经济建设。然而，这种行为的调适，需要制度的约束（例如对公款宴请的具体规定），但更多地依赖于个人的自觉，依赖于消费伦理观念的调整。当消费者将饮食消费与社会责任联系起来，与健康生活方式联系起来，他就会选择有利于低碳经济的饮食消费方式。需要指出的是，人的消费伦理观念的确立，消费方式的选择，受到社

---

① 参见《全民节能减排实用手册》，社会科学文献出版社 2007 年版，第 3—4 页。

会风尚的直接影响。要改变餐桌上的浪费，就要改变讲排场、摆阔气的社会风气。改变这种社会风气，需要舆论的引导，弘扬以艰苦朴素为荣、以铺张浪费为耻的社会新风。当然，这种新风要为社会大多数消费者所接受，并落实在实际行动中，绝非一朝一夕所能完成。但只要全社会共同努力，持之以恒，这一目标是肯定能实现的。

第六章
消费伦理与社会和谐

　　人们的消费伦理观念植根于社会的经济生活中，同时人们的消费伦理观和在此基础上形成的消费伦理风尚又对社会生活产生着重大影响。改革开放三十多年以来，中国的消费观念、消费方式、消费内容发生了巨大变革。但由于分配收入差距的拉大，各个收入不同的阶层消费水平有着不少差异。我国进入人均 GDP3000—5000 美金的发展时期，这是一个社会矛盾凸显的时期。"拜金炫富"的价值观念使一些人的消费走入误区，同时也激化了社会不同收入阶层之间的矛盾。必须深入研究消费伦理与社会和谐的关系，充分发挥消费伦理观念在消费活动的调节作用，以更好地建设社会主义和谐社会。

一、消费伦理在社会和谐中的价值

　　凡勃伦是美国著名的社会学家、经济学家，生活在 19 世纪末 20 世纪初。当时美国工业发展速度非常快，从后起的资本主义国家一跃成为世界上最强大的先进的工业国家，其工业生产总值居世界第一位。经济的发展造就了一大批暴发户，他们在曼哈顿大街构筑豪宅，疯狂追逐时髦消费品，奢侈消费令人咋舌。目睹这一切，凡勃伦提出了著名的"炫耀性消费"理论，并剖析了这些暴发户消费行为背后的社会文化心理动因。

《有闲阶级论》是凡勃伦的代表作，在历史上产生了重要影响。这部著作奠定了凡勃伦在经济思想史上的地位，也确立了旧制度学派的理论基础。在这部著作中，凡勃伦认为，人们占有财物的真正动机在于获得荣誉，实现歧视性对比。"所以要占有事物，所以会产生所有权制，其间的真正动机是竞赛"，"占有财富就博得了荣誉"。① 他还指出，拥有财富曾经"只被看做是能力的证明"，而在资本主义社会"则一般被理解为其本身就是值得赞扬的一件事"，"财富本身已经内在地具有荣誉性"。② 这种为了获得荣誉展开的金钱财富的竞赛必然要影响人们的消费观念和消费行为，即"关于个人享受以及个人日常生活中使用钱财的方式方法与采购物品时的如何选择，在很大程度上是在这种竞赛的影响下形成的"。③ 凡勃伦断定，"以消费作为财富的证明，应当被认为是一种派生的发展"。④ 从财富的竞赛到消费的竞赛，在这样的逻辑推演中，孕育了凡勃伦"炫耀性消费"理论。

"炫耀性消费"理论，又被称为"凡勃伦效应"。它是指消费者出于展示金钱财富、身份地位的需要，一种商品价格越高反而越愿意购买的消费倾向。凡勃伦对资本主义条件下，有闲阶级（寄生阶级）的炫耀性消费的动机进行了深刻揭露和尖刻讽刺，为经济学的发展作出了重要贡献。但在西方社会生产主导型时代，他的这一理论受到了广泛的批评。直到20世纪80年代以后，随着消费在经济发展中的作用日益凸显，消费问题的研究成为理论研究的前沿问题之一，凡勃伦的"炫耀性消费"理论才更多地受到学术界的关注和肯定。

"炫耀性消费"概念本身有一定的模糊性，要对"炫耀性消费"理论作全面、客观、辩证的评价，首先要对"炫耀性消费"作界定。从消费目的分析，消费

---

① 参见［美］凡勃伦：《有闲阶级论》，商务印书馆1964年版，第22页。

② 参见［美］凡勃伦：《有闲阶级论》，商务印书馆1964年版，第25页。

③ ［美］凡勃伦：《有闲阶级论》，商务印书馆1964年版，第27页。

④ ［美］凡勃伦：《有闲阶级论》，商务印书馆1964年版，第53页。

包含获得直接的物质满足与享受的内容，同时也包含获得一种社会心理上的满足的内容。前者表达了消费对生存需要的满足，而后者体现了消费者在社会生活中的身份和地位。在现代社会中，消费不仅仅满足了人们的生存需要，而且或多或少地带有文化的附加值，从而对消费者的身份地位加以确认。从这个意义上说，现代消费或多或少地具有"炫耀"成分。但我们所说的"炫耀性消费"主要是指消费的主要目的不是为了生存的需要，而更多的是身份地位的展示，即"不是为了生活而消费，而是为了消费而生活"。在其他一些学者中，这种消费被表述为"符号消费"。

对于"炫耀性消费"的评价，有两种截然不同的观点。辩之者说，"炫耀性消费"有拉动消费、推动经济发展的作用。大款大腕们购买顶级名车、名表、名酒、珠宝黄金、私人游艇、私人飞机等，会带来巨大的商机，使经济发展有了更多的动力。同时，高档消费要依法纳税，增加了国家的税收。攻之者说，"炫耀性消费"扭曲了人们的价值观，甚至导致一些人的贪污腐败，并导致资源浪费，对生态环境造成更多的压力。

对"炫耀性消费"的分析必须置于一定的社会背景下进行，得出的结论才能更具有说服力。经过三十多年的改革开放，当代中国的物质财富已经大大增加了，但社会成员财富的差距也拉大了，基尼系数甚至超过了国际社会收入分配差距的警戒线。20世纪80年代，邓小平提出的"让一部分人先富起来"的政策是完全正确的，它极大地调动了社会成员的积极性，其历史功绩不可磨灭。但发展起来的中国又面临着如何解决社会公正，以实现共同富裕的目标问题。事实表明，中国分配收入差距的悬殊带来了不少社会矛盾，特别是贫富之间产生的紧张关系导致的某些社会成员中仇富心理的蔓延滋长，消解着主流社会为实现社会和谐所做的努力。

一部分先富起来的人们，在获取财富的途径和手段上，有三种情况：一是对社会的杰出贡献致富。袁隆平是其中的杰出代表，他的科研成果为解决13亿人的吃饭问题作出了巨大贡献。资料表明，如果全球50%水稻田种植袁隆平的杂交水稻，就可多养活3.6亿人。袁隆平的收入大大高于一般人的收入是可以理解的。二是在制度框架内致富。在当代中国，许多富人能够获得巨额财富，不仅仅在于他个人的才能，更在于他从体制的不完善、不合理中获得了巨大利益。假如他的收入是在制度政策框架内运作的，其合法性是毋庸置疑的。但要解决这些问题，必须改革制度。三是违法乱纪致富。中国在社会转型过程中，制度建设和管理还不够完善和严格，一些人贪污受贿、化公为私、违法乱纪、中饱私囊。他们见利忘义，在社会上造成了恶劣影响。人们对这些富人的憎恨，是事出有因的。

一部分先富起来的人们，往往希望通过高档消费来证明自己的"成功"，体现人生的价值。因此，买名牌的昂贵的商品成为他们消费选择的应有之义。收入水平不同的消费者购买不同档次的商品，这在市场经济中是一个正常现象。但在中国发展的特殊阶段，亿万中国民众刚从平均主义分配的计划经济模式中走出来，又面对贫富差距扩大的社会现实，他们的心态具有特殊性。一些腰缠万贯的富翁或者是他们的子女在炫耀心理驱动下的、过于张扬的高消费，引起了社会其他成员的反感，常常酿成群体事件。例如，近几年来，中国的宝马车负面新闻不断。宝马车系国际豪华车品牌，最初是进口产品，后在国内生产，销量直线上升。但一些宝马车主开着豪华车横冲直撞，造成了交通事故，拒不道歉，还口出狂言，必然触犯众怒，从而影响了社会的和谐稳定。又如，杭州文二路飙车事件。据媒体报道，一名富家子弟驾驶改装过的三菱跑车，与友人在闹市疯狂飙车，结果撞死了一名正过斑马线的 25 岁浙江大学毕业生。肇事者撞死人后若无其事，惹怒了杭州市民。浙大上千名学生前往案发现场烛光悼念师兄，全国网上论坛一片骂声："一个人渣撞死一名才子"，更有学生扬言上街示威。

事实表明，消费伦理观念不仅仅影响消费者的消费选择，同时从中也折射出一定时代人们的心态、价值观念和道德风尚，影响着社会的和谐稳定。消费伦理在社会和谐中具有重要价值，这主要表现在：

第一，健康的消费伦理观念有利于人们形成平和的心态，为社会和谐创造良好的心理基础。党的十一届三中全会以来，以市场为取向的经济体制改革改变了中国社会发展的面貌，同时也深刻地影响着社会每个成员的心态。与计划经济时代相比较，改革开放时代的人们的心理更多地呈现出动态的特征。同时，市场经济以市场为资源配置的基本手段，功利原则成为社会的道德基础。在追求功利的过程中，市场经济的"惊险跳跃"，充满着难以预测的风险。功败垂成，往往在须臾之间，这对当事者的心理是一个严峻考验。而一旦成功，心理上的成就感油然而生，迫切希望通过消费来展示这种成功，也就是凡勃伦所说的"以消费作为财富的证明"。在中国社会剧烈变动的历史条件下，个人财富的增加也是社会经济迅速发展的一个缩影。社会在一定程度上，对这种"展示"和"证明"的消费是能够理解和容忍的，但在当代中国，这种消费风气愈演愈烈，以至拜金炫富的现象在社会生活中屡见不鲜，有些已经达到了令人难以容忍的地步。

浙江温岭经济发达，民间丧葬攀比之风盛行。2011年春天，温岭的富翁花巨资为过世的母亲在学校的操场上办丧事，造成了恶劣影响。据报道，那天上午，原本安静的校园变得人潮涌动，哀乐长鸣，一场奢华葬礼正在这里举行。在学校操场上，一排9辆豪华林肯轿车身披纸幡，16门礼炮威武气派，长长的甬道两边摆满了近千只花圈，一条黑色地毯贯穿操场。地毯尽头，是一张巨大的老人遗像。现场还有两个移动大屏幕，播放着老人生前的视频录像。千人规模的鼓乐队奏乐，好几百名僧人做法事，一只只写着"奠"字的气球不断缓缓升空……学校的教学秩序因此受到了严重影响。政府有关部门及时采取措施，制止了这场违规丧葬行为，并严肃查处了相关责任人。

要实现社会和谐，必须反思以拜金炫富为取向的消费心态的经济文化土壤及其应对之策。在商品经济中，人与人的社会关系被物与物的关系所掩盖，从而使商品具有一种神秘的属性，似乎它具有决定商品生产者命运的神秘力量。在《资本论》中，马克思把商品世界的这种神秘性称为商品拜物教。货币作为一般等价物的特殊商品，货币拜物教是商品拜物教的发展形态。拜金炫富正是植根于商品拜物教，是商品拜物教在我国社会生活中的具体表现。社会上的一些人，特别是一些富豪，把金钱财富作为人生成功的标志，作为人生幸福的源泉，以致铺张浪费，一掷千金，无疑对社会和谐产生了极大的负面影响。某电视台的相亲节目中，一位女孩子宁愿牺牲爱情也要通过婚姻获得金钱财富，她公开声称"宁愿在宝马车里哭"。这句雷人的语言，反映了当今中国社会中一些人的畸形心态和价值取向，在社会上激起了强烈的反响。不少人用犀利的文字，抨击这位"拜金女"的言行。当前中国还处于社会主义初级阶段，还不具备使商品拜物教消亡的客观条件。但是，制止以拜金炫富心态为基础的消费伦理观念的蔓延滋长，却是完全必要的，有着许多有价值的工作可做。首先，要看到拜金炫富的消费伦理观念扭曲了人性，造成了人的畸形心态，败坏了社会道德风尚，不利于社会和谐。在这一基本观点上，要使社会大多数人达成共识。其次，要坚持对青年进行正确的人生观、道德观和价值观教育，在此基础上使他们以平和的心态对待金钱、享受、消费等人生课题。最后，要充分发挥大众传媒在引导健康消费心理、实现社会和谐中的作用。在现代社会，大众传媒对消费者心理的影响和消费道德风尚的形成有着极为重要的作用，不可小觑。特别是影视、网络等大众传媒异军突起，它们的作品，技术之先进，制作之精良，是其他大众传媒所难以匹敌的。大众传媒要履行社会责任，正确地引导消费，推进和谐社会建设。

第二，健康的消费伦理观念有利于铲除滋生犯罪的土壤，为社会和谐创造良好的社会氛围。市场经济带来了商业的繁荣，消费水平的提高。但不可否认的是，社会生活中犯罪数量呈上升趋势。要建设和谐社会，必须加强法治建设和道德建设，铲除滋生犯罪的土壤。许多专家在对当代中国犯罪现象进行深入调查研究后发现，贪财性犯罪在犯罪现象中所占的比例名列前茅。这种类型的犯罪往往不是出于谋生的考虑，而是贪图享受、追求高消费的恶果，这在青少年犯罪现象中体现得特别明显。改革开放以后，一大批高级豪华的宾馆、酒店、洗浴中心拔地而起，商业中心里各种商品琳琅满目，刺激着人们的消费欲望。许多青少年涉世未深，面对花花绿绿的外部世界，难以抑制自身的消费冲动，但无奈经济状况有限，难以满足不断膨胀的消费欲望。特别是青少年之间相互攀比，追求名牌，诱发了一些青少年走上偷窃、抢劫等犯罪道路。一位稚气未脱的盗窃犯直言不讳地说："家庭给我的钱不算少，但还比不上别人家的多。人家有的我要有，人家没有的我也要有，一旦自己的欲望得不到满足就去偷。"

要减少当代中国青少年犯罪现象，必须结合时代特点，将青少年人生观、道德观和价值观教育与消费伦理教育结合起来，正确处理人生、消费与享受的关系。随着中国城市化进程的加速，一大批农村青少年来到繁华的城市。在从农村消费到城市消费的升级换代中，他们必然会遇到对时尚生活的追求与实际经济能力之间的矛盾。是盲目攀比还是理性思考，是依靠人生努力拼搏改变现状还是好逸恶劳、走"捷径"，满足个人高消费的欲望？他们无法回避对这些人生课题的回答。当然，即使在城市家庭出身的青少年，也会面临这样的人生课题。但相比较而言，来自农村的青少年所面临的这一课题的处境更为严峻。如何引导和帮助青少年解决这一人生课题，使他们健康成长，是学校、家庭的责任，也是整个社会的责任。需要指出的是，社会要倡导健康的消费伦理观念，为社会和谐创造良好的社会氛围，必须加强社会管理。

加强广告管理是加强社会管理的重要内容。在市场经济条件下，广告是社会生活中司空见惯的现象。广告在宣传和介绍商品或服务时，必然蕴涵着一定的价值观念，影响着消费者的行为选择。广告对社会的消费伦理观念和社会风尚的广泛影响力、不可低估。当儿童在咿呀学语时，电视或广播中的广告词已经被他们熟练地背诵。在他们的成长过程中，形形色色的广告包围着他们，以至他们在思考和分析问题时往往会打上广告的烙印。由于青少年缺乏对信息成熟的认知和判断能力，广告中所表达的价值观会对他们产生较大的负面影响。广告是经济活动中市场营销的重要组成部分，其目的旨在扩大商品的销售，实现更多的赢利。在各种华丽的包装下，广告必然蕴藏着其鼓励消费者多消费、多享受的价值取向。这样，广告很容易催生享乐主义和消费主义，对青少年道德人格的形成投下阴影。政府在社会管理中，要对那些赤裸裸地鼓吹享乐主义和消费主义的广告说"不"，而对于广告投放的范围和场合，也要有必要的限制，以利于青少年的健康成长。

现代生活中，信用卡进入千千万万普通老百姓的生活。信用卡作为支付工具，方便了持卡人的消费活动，信用卡作为理财工具，可以为个人的理财发挥重要作用。而作为发行信用卡的银行一方来说，信用卡的广泛使用，能更好地提高银行的经济效益，因而对推广信用卡的使用有着内在的经济动力。毋庸讳言，信用卡的使用是现代金融和科学技术发展产生的成果，它提高了经济效率，对于健康消费伦理观念不无益处，但也会产生过度消费的消极作用。对一些没有经济能力的大学生来说，是弊大于利的。自从 2004 年第一张大学生信用卡进入大学校园以来，大学生持有信用卡的人数直线上升。据统计，校园里 1/3 以上的学生拥有信用卡。"先消费，后付款"的信用卡消费模式固然受到了不少大学生的欢迎，但同时也助长了大学生高消费、多消费的倾向，许多大学生因此成了"负翁"。由于经济尚未完全独立，许多大学生的家庭经济不宽裕，消费后的还款成了一件困难的事，从而引发了不少经济纠纷，影响了社会的和谐稳定。在社会管理中，政府有关方面应该加强对信用卡发放的管理，减少银行对大学生滥发信用卡的现象，以利于大学生树立健康的消费伦理观念，并为社会和谐创造良好的氛围。

第三，健康的消费伦理观念有利于人生的和谐，为社会和谐创造良好的道德基础。人性是一个复杂的多面体，既有自然属性，又有社会属性。人的自然属性表明，人的生存和发展离不开一定的物质享受和消费，即人需要物质生活。而人的社会属性又表明，人不同于动物，人需要精神生活，不能沉湎于感官的享乐，要用伦理精神引导消费。人生的和谐是物质生活和精神生活的和谐，是社会和谐的基础。

健康的消费伦理观念要有利于人生的和谐，首先要将以物质享受为主要内容的消费置于正确的人生位置上。中国古代著名的哲学家庄子说："物物而不物于物。"（《庄子·山木》）即驾驭外物（物欲），而不为外物（物欲）所驱使。他的这一富有深邃哲理的命题穿越了时空，至今依然有着重大的现实价值。人有追求幸福和快乐的权利，物质享受和消费是幸福生活的基本内容。但将物质享受和消费作为人生的最高或唯一的目的，也就是被物欲所主宰，就必然走入误区。社会上的腐败现象多源于对金钱和财物的贪婪，其背后往往是高消费物欲的驱使。一些贪官滥用手中的权力，贪污受贿，巧取豪夺，其违法犯罪行为受到了法律的严厉制裁，也有一些官员公款消费，铺张浪费，受到了有关部门的批评教育。各级领导干部的消费情况，从一个侧面反映了国家反腐倡廉的状况，影响着社会的和谐稳定。一些官员的严重腐败，甚至成为社会群体事件的催化剂。党和国家非常重视公款消费的公开和透明在反腐倡廉、和谐社会建设中的作用，并做了制度安排。2010 年 3 月 23 日，国务院常务会议决定，2011 年 6 月向全国人大常委会报告中央财政决算时，将因公出国（境）费、公务用车购置及运行费和公务接待费，即"三公"经费支出情况纳入报告内容，并向社会公开。"三公"经费支出情况的公开和透明，受到了广大人民群众的欢迎，为社会和谐创造了良好的氛围。作为各级领导干部，在执行这一制度时，也要加强自身修养，树立正确的消费伦理观。

其次，要以人的自由而全面发展作为人生理想，提升消费中的精神追求。市场经济和科学技术创造了巨大的物质财富，为人类的消费生活提供了物质基础。但市场经济中资本的逻辑是获得更多的利润，以至不断地通过各种途径和手段刺激需求，造成了消费的异化。人们的"真实需求"应该是真正意义上的自由的体现，但引起消费异化的需求是人性中的"虚假需求"，它使人为物欲所奴役，摧残了人的自由意识，扭曲了人的精神生活。例如炫耀性消费往往是反映了人的"虚假需求"，尽管能获得心理上和精神上一定的满足，但与人的自由而全面发展的人生理想相去甚远，难免落入低俗和庸俗的境地。在生活中，社会的物欲横流在精神文化消费中就表现为人欲横流。在电影、电视、网络中，一些作品为了"夺"人眼球，充斥着露骨的色情、凶杀、暴力内容。这些内容，很容易对受众产生不良刺激，从而产生道德失范，诱发违法犯罪，影响社会和谐。在当代中国，文化产业在满足社会成员精神文化消费需求方面作出了不少贡献，但文化产业中商业化和娱乐化的倾向又往往使文化消费流于庸俗、低俗和媚俗，对社会和谐产生负面影响。文化消费是有层次的，既有高雅的艺术消费，又有通俗的大众消费，前者是"阳春白雪"，后者是"下里巴人"，两者不可偏废，但同时又各有特点。"阳春白雪"体现了理想的要求，然而，在社会生活中这一层次的文化消费毕竟是少数，而"下里巴人"具有深厚的现实土壤，为广大平民百姓所喜欢和欣赏，同时又往往受到庸俗、低俗和媚俗的侵袭。社会生活中的消费，特别是精神文化消费应该被理解为在人的自由而全面发展的理想的指导下，不断提高和追求更高层次的精神境界的过程，才能更好地有利于社会成员的人生和谐，并为社会和谐创造良好的道德基础。

二、奢侈的科学分析

自古以来，奢侈问题总是受到社会的关注，并成为消费伦理研究的重要对象。当代中国，经济的发展和居民购买力的提高，推动了奢侈品的旺销。据世界奢侈品协会的最新报告称，中国内地 2010 年的奢侈品市场消费总额已经达到 107 亿美元，占全球份额的 1/4。预计中国将在 2012 年超过日本，成为全球第一大奢侈品消费国。① 如何对奢侈进行伦理评价成为时代的课题。

（一）奢侈的特征及其科学分析

对奢侈消费行为进行伦理评价前，我们必须首先了解奢侈的基本概念。在当代中国，由于经济发展水平的原因，对奢侈问题的研究仅仅处在起步阶段。对奢侈概念的解释主要出现在词典上，从词义上把它定义为"花费大量钱财，追求过分享受"，而对奢侈概念界定的学术研究还很少。相反，西方学者进行了大量研究，有着丰硕的研究成果，最典型的要数美国学者克里斯托弗·贝里，他以《奢侈的概念》为题专门著书研究。

在西方学者对于奢侈概念的界定中，主要有三种观点：

第一种认为：奢侈是人作为一种生物要生存下去不直接必需的所有的东

---

① 参见《环球时报》2011 年 6 月 18 日。

西。① 也就是说，一切不直接必需的消费都算是奢侈。

第二种认为：奢侈是一种整体或部分地被各自的社会认为是奢华的生活方式，大多由产品和服务而决定。② 这种概念认为奢侈应该是被社会公认为奢华的生活方式。

第三种认为：奢侈是任何超出必要开支的花费。而"必要开支"，可以通过两种方法来确定。一是参考某些价值判断（例如道德的或审美的判断），主观地确认"必要开支"；二是建立一个客观的标准来衡量"必要开支"。③

第一种观点，对奢侈概念的界定过于宽泛，认为一切不是生存所直接必需的所有消费都是奢侈的，换句话说，现代人的大部分消费都属于奢侈的范畴，很难使人接受。而第二种观点又过于严格，因为要取得社会的公认，当然也要包括富人的公认，这就大大地缩小了奢侈消费的范围。相比较而言，第三种观点从主客观两方面来确定"必要开支"的方法，比较全面，有效地区分了奢侈消费的范围。特别是通过建立一个客观的标准来衡量"必要开支"，容易在实践中操作，并能为大多数人所接受。很多西方国家依照此方式确定了奢侈品的范围，以方便征收奢侈品消费税。需要补充的是，奢侈的客观标准是个人标准与社会标准的统一，它包括个人收入和财力水平，也包括社会平均消费水平和资源的社会平均供给量。

奢侈消费有四大特征：炫耀性，浪费性，高价性和贵重性，利己性和贪婪性。④ 在这四大特征中，首要的和根本的特征是炫耀性。根据美国制度主义经济学的创始人凡勃伦在《有闲阶级论》一书中的观点，当社会出现"有闲阶级"

---

① Mandeville, *The Fable of the Bees or Private Vices, Publick Benefits*（1732 edition），2 vols., ed.F.Kaye（1924）; Indianapolis: Liberty Classics, 1988 p.107.

② 参见 [德] 沃夫冈·拉茨勒：《奢侈带来富足》，中信出版社 2003 年版，第 46 页。

③ [德] 维尔纳.桑巴特：《奢侈与资本主义》，上海人民出版社 2000 年版，第 79—81 页。

④ 参见赵修义：《试论节俭之德及其现代意义》，《毛泽东邓小平理论研究》1996 年第4 期。

以后，奢侈便应运而生了。①"有闲阶级"为了显示其财富和在金钱竞赛中所处的优越地位，为了证明自己比同一社会中其他个人具有更加显赫的地位和权力进行浪费性的非必要的消费，这便是奢侈。奢侈的炫耀性表明，这种消费绝对不是为了满足基本生存的需要，主要是着眼于炫耀自己的财富、地位和权势。中国古代西晋时的"石崇斗富"就是典型的例子。晋武帝统一全国后，奢侈成风，大臣们把奢侈当做体面事，比富、斗富。在京都洛阳，王恺与石崇都为豪富。王恺虽为外戚，权力比石崇大，但不如石崇富，心中一直不服。石崇听说王恺家洗锅子用饴糖水，他就命厨房用蜡烛当柴火烧。王恺在家门前的大路两旁，夹道四十里，用紫丝编成屏障，石崇就用更贵重的彩缎铺设五十里。尽管石崇在斗富中获胜，但他的奢侈不仅付出生命的代价，失宠后锒铛入狱，最终人头落地，而且有关他斗富之事，千年以来时时让人闻到奢华糜烂的腐朽之味，并被正直的人们嗤之以鼻。

其次是浪费性。奢侈消费用过多的人力和物力来显示某种意义的行为或质上的精益求精，本身就是过度消费，意味着资源的浪费，是对资源的一种不合理的配置。例如，上述的石崇斗富中，用饴糖水洗锅子，用蜡烛当柴火烧，将紫丝或彩缎编成大路两旁的屏障，都是挥霍和浪费。

再次是高价性和贵重性。消费的动机既然是炫耀，那就要在独特的享受中满足金钱上的优越感，因此代价高昂就成为必要条件。奢侈的追求固然不排斥美感，奢侈品也往往附有实用价值，但实用观念和审美观念在奢侈中都屈从于价格高昂的要求。有些低价品尽管实用且具有美感，但难以满足奢侈者的炫耀心理，难以得到他们的青睐。

最后是利己性和贪婪性。奢侈的动机是从极其狭隘的自私心出发，用奢侈消费来显示个人金钱、地位的优越。但这种虚荣心的满足是无止境的，通过不断的攀比和金钱的竞赛，奢侈越来越暴露出贪婪性特征。

市场经济的发展使一部分人先富裕起来了，其中先富裕起来的一大批青年

---

① 参见［美］凡勃伦：《有闲阶级论》，商务印书馆 1964 年版，第 56 页。

人成为中国消费奢侈品的主力军。据调查，在全球奢侈品销售额不断下降的时候，中国的奢侈品市场却以每年 20%—30% 的速度增长。全球大的奢侈品公司纷纷抢滩上海和北京等大城市，看好中国市场。奢侈品在中国的迅速扩张，引起了不同思想观点的碰撞。攻之者说"恶"，辩之者说"善"，那么应该如何理性地分析奢侈品和奢侈消费并科学地进行道德评价呢？

奢侈品及其带来的奢侈消费现象的蔓延滋长对当代中国社会产生了诸多负面效应：

首先，败坏了社会道德风尚。追求名牌，追求享受，互相攀比，物欲横流，难免为腐败提供温床，同时腐蚀了青少年健康的心灵。

其次，增加了生态环境的压力。例如，豪宅名车占用或消耗了更多的土地、石油等自然资源。为了保持生态环境的平衡，对子孙后代负责，大多数人难以从道德良心上接受奢侈消费。

最后，削弱了社会的凝聚力。一些人一掷千金，奢侈消费，而另一些人却苦苦挣扎于生存线上，强烈的消费反差往往使人心态不平衡，不利于和谐社会建设。

奢侈问题是个复杂的社会问题，仅仅诉诸道德批判是难以解决问题的。在操作层面上，有许多问题值得研究。例如，奢侈品一般被认为是一种超出人们生存与发展需要范围的，具有独特、稀缺、珍奇等特点的消费品，又称为非生活必需品，但在具体落实时又会遇到困惑。因为在经济的动态发展过程中，奢侈品又往往是不确定的。十几年前，"大哥大"被认为是奢侈品，是财富的象征，但现在智能手机已进入寻常百姓家，成为"青菜"、"萝卜"一样的大众消费品。轿车在现阶段的中国还是高档消费品，某些名牌的轿车称之为奢侈品绝不为过，但谁能断言，这一情况在不长的时间内不会改变呢？又如，根据消费者主权理论，消费者有权根据自己的意愿选择消费品。在市场经济条件下，市场已细分为高档市场、中档市场和低档市场。而当代中国人的收入已明显拉开了差距，有些消费者若选择高档市场的商品和服务（其中很大一部分属于奢侈消费），这种选择是不是应该容许？有的专家已提出，对奢侈消费的道德批判不能违背消费民主的原则，也是有一定根据的。再如，当前我国的经济发展呈现出"投资热，消费冷"的特点，奢侈品消费的一定增长，对于经济的发展也有一定的益处。

奢侈问题的复杂性并不意味着我们只能听之任之，无所作为。我们要将道德评价与经济评价尽可能地统一起来，为此，对于奢侈品和奢侈消费应容许其在一定条件下存在和发展，但又要有所限制，绝不能提倡和鼓励。国家可以通过消费税等形式调控奢侈品和奢侈消费。2006年4月1日，国家有关部门出台了新的消费税政策，其中新增高尔夫球及球具、高档手表、游艇等税目，排气量大的小汽车将征收更多的税款，这一新政策的重要原则之一就是抑制奢侈品和奢侈消费。但仅此还不够，还需要通过社会主义荣辱观的引导和教育，转变社会消费风尚，培养健康的消费心态。

（二）贵族生活不是主流生活

改革开放三十多年来，中国经济的跨越式发展，推动了消费的升级换代，同时也带来了人们生活方式的新变革、新特点。由于个人经济收入的不同、生活习惯的不同、人生价值观的不同以及社会地位、家庭文化背景的不同，人们的生活方式呈现出多样性，不同的社会阶层有不同的生活方式。贵族生活方式就是其中的一种。

作为贵族阶层必须包含两个基本特征：一是他们的特权被法律所认可；二是他们的身份基本上是世袭的。根据这两个标准，在当代中国，贵族阶层似乎往往在历史博物馆里才能见到，但贵族的生活方式常常是人们在茶余饭后谈论的资料，甚至是一些人津津乐道的话题。一些商家通过以贵族生活方式为内容的商业广告创意，对奢侈品进行了精致的文化包装，从而打开了市场的销路，获得了不错的业绩。由于一些大众传媒的刻意渲染，贵族的生活方式似乎在不断扩大它在社会生活中的影响力。人们不禁要问，它能成为主流生活方式吗？回答应是否定的。

首先，大多数中国人的收入难以支持贵族生活方式。在市场经济中，人们的消费是可以细分的。既有高档消费，也有中档和低档消费。贵族的生活方式属于高档消费。从目前中国大多数的工薪阶层来说，他们的收入水平难以承受贵族生活方式的高档消费开销。尽管人们可以在思维中向往贵族生活，但就大多数人来说，画饼不能充饥，要把贵族生活方式变为现实，缺乏经济能力的支持。现在中国还是一个发展中国家，人均 GDP 在世界中还处于中下水平。对中国国情保持清醒的头脑，对贵族生活方式是否成为主流生活方式的回答才是理性的。

中国几千年的传统文化难以支持贵族生活方式成为主流生活。就当代中国许多人来说，往往是以欧洲文化传统为基础理解贵族生活方式的。只要看看那些代表贵族生活方式的各种商品、服务，就可以找到大量的佐证。然而，任何一种生活方式要在中国成为主流生活方式，必须有中国传统文化的根基或者被中国传统文化所认可。传统的生活方式有着几千年的深厚基础，尽管随着历史的演进，中国人的生活方式正在缓慢地变革，但要从根本上改变这种生活方式，让以欧洲文化为代表的贵族文化占据中国的主流地位，几乎是不可能的。

其次，贵族生活不等于幸福生活，人们对于幸福生活有不同的理解。人们对生活方式的选择，贯穿着一个基本的价值取向，即对人生幸福的追求。贵族生活方式能给人以幸福吗？我们难以下肯定的结论。英国王妃戴安娜在 20 世纪 80 年代演绎了现代版的"灰姑娘"，但是她在享受奢华的贵族生活的同时，心灵又追求大众社会的自由与成功，结果却婚姻失败，香消玉殒。简单地在贵族生活和人生幸福之间画等号是不符合事实的。何况人们对幸福生活有不同的理解，有些人认为"平平淡淡"才是真，简约的生活给人以更多的精神生活的空间，贵族生活方式的繁文缛节，奢华铺张，也不是所有的人都向往的。

贵族生活方式虽然难以成为当代中国的主流生活方式，但其对生活品位的追求和消费中注重文化含量的倾向，在构建当代中国主流生活方式中依然有其价值。由于中国社会多元文化的客观现实，有些人根据个人和家庭的经济实力以及兴趣爱好选择贵族生活方式，我们没有理由不尊重他们的选择。但就大多数人来说，他们不会选择"高高在上"的贵族生活方式，而是选择"平民、平实、平和"的生活方式，这种生活方式更适合中国国情和中国人的文化心理。

中国传统文化的特点是重"和合"，在生活方式中表现为在人际关系中、在物质生活和精神生活关系中、在人与自然关系中强调和谐，并用求实、平和的心态处理各种关系。当代中国的主流生活方式既要承接中国传统文化中有民族底蕴的价值观念，又要不断注入现代文明社会的元素。例如，在消费问题上，要将经济评价和伦理评价尽可能统一起来，建立"俭而有度，适度消费"的新的生活方式，有利于人生的幸福和社会经济的发展。因此，依笔者拙见，可将当代中国的主流生活方式概括为："和谐求实，心态平和，乐观进取，适度消费"十六字。

（三）从荣辱观入手，走出奢侈消费的误区

胡锦涛在社会主义荣辱观建设中提出了"八荣八耻"的重要论述，其中将"以艰苦奋斗为荣，以骄奢淫逸为耻"作为其中的重要内容之一。这就为从思想和道德上认识和解决社会奢侈问题提供了正确的方向和有效的切入点。

在当代中国，奢侈消费的本质更多的是炫耀性消费。由于经济转型，中国开始从生产社会走向消费社会。在消费社会中，"欲望"的消费往往取代了"需求"的消费，人们往往不是为生活而消费，而是为消费而生活。商品及其形象成为一个巨大的"符号载体"，不断地刺激人的欲望并驱动人的行为选择。不同的商品符号在某种程度上象征着人们的身份或社会经济地位，人们在奢侈消费中获得了心理满足。特别是中国的许多富翁是"一夜暴富"，他们渴望通过奢侈消费来炫耀自己的财富，证明自己的成功，以获得社会的承认。还有一些手中有权的官员，挥霍公款，极尽奢华浪费，以致败坏了党和政府的形象。搞奢侈消费的人总是以"阔气"为荣，视节俭为"寒酸"，荣辱颠倒，走入误区。因此，在着手解决奢侈消费过程中，必须重视从思想道德根源上分析其特点，从荣辱观入手，以提高思想道德教育的针对性和实效性。

荣辱是社会对个人积极或消极的评价，荣辱感是个人对社会评价所产生的不同的心理感受和自我意识。当"以艰苦奋斗为荣，以骄奢淫逸为耻"日益成为社会风尚的时候，炫耀性消费所产生的心理满足感就会大大减弱，奢侈消费就会受到很大的抑制，人们就会以更加理性的、健康的心态对待消费。当前加

强社会主义荣辱观教育，使更多的人能够在节俭与奢侈问题上明荣知耻，必须充分重视以下工作：

第一，加强广告和大众传媒的管理和社会责任感的培育。在当今社会，广告以强大的经济实力为后盾，引领消费潮流，对社会道德风尚产生重大影响。广告是"货物的标记，新生活方式展示新价值观的预告"，广告在实现其经济目的的同时，也必须承担重要的社会伦理责任。广告是通过大众传媒出现在消费者面前的，广告和大众传媒是紧密联系在一起的。加强广告和大众传媒的管理和社会责任感的培育，其核心内容是将义和利更好地统一起来，要重视经济效益，更要重视社会效益。广告和大众传媒不能为了经济效益，为奢侈消费推波助澜，以至对社会主义荣辱观建设产生恶劣的负面影响。

第二，加强对传统习俗中"面子消费"的引导。中国传统消费伦理有两面性，一方面以节俭为主流，但另一方面又认为消费中要讲"面子"。这种"面子"观念诱发了"摆阔气，讲排场"的消费现象，而人与人之间的相互攀比，使奢侈消费在生活中蔓延滋长。尽管有些人经济不宽裕，甚至经济拮据，但迫于"面子"，不得不高消费。在中国人的消费中，完全排除"面子"观念是不现实的，但消费的排场要与国家经济发展的水平相适应，与个人的经济状况相适应，这需要加强道德的引导。

第三，加强公款消费的管理和制度建设。在当代中国的奢侈消费中，公款消费占有很大的比重，其中有触犯法律的问题，但大多数是管理和教育问题。当然，管理和教育只有在搞好制度建设的前提下才能有效进行。传统的公款消费制度难以适应社会主义市场经济的迅速发展，公款消费制度的改革必须抓紧抓好，其中必须突出公款消费中的监管问题。只有严格的监管，才能更好地杜绝公款消费的漏洞，减少公款消费中的奢侈现象。

三、财富消费与慈善伦理

消费与财富有着天然的联系，人们拥有了一定的财富，就必然通过一定的方式去消费和享用它。消费伦理与人们的财富观是结合在一起的。许多怀有慈悲之心的企业家并不通过奢侈消费，炫耀财富，而是认为个人的财富应该"取之于社会，用之于社会"，为社会公益事业服务。中国有位著名的慈善家生动地表达了他的财富消费伦理，他说："如果你有一杯水，你可以独自享用；如果你有一桶水，你可以存放家中；但如果你有一条河，你就要学会与他人分享。"在建设社会主义和谐社会事业中，越来越多的人们认识到，私人财富在满足个人消费和享用之余，将财富通过慈善的方式捐助给社会，使社会面临困难的人们能够得到救助，是文明社会成员应尽的义务。慈善事业是社会财富的道德分配，它的发展体现了社会的文明与进步，化解了不少社会矛盾，有利于社会的和谐。

（一）慈善的本质是伦理的

慈善代表着人类的良知，指对人关怀且富有同情心，仁慈而善良。据考证，"慈善"两字，出自《魏书·崔光传》："光宽和慈善，不忤于物，进退沉浮，自得而已。"慈善及其事业是人类社会最悠久的传统之一，源远流长。在西方，慈善的传统源自古希腊的社会救助。美国在独立战争后，慈善事业空前兴盛，对美国社会的发展产生了深远影响。古代中国儒家的"仁爱"思想、道家的"积功累德、慈心于物"（《太上感应篇》）都构成了慈善事业的伦理基础，在此基础上，几千年的中国古代历史上，尽管战火不断，王朝更替，但济贫赈灾、医疗救助、养老扶幼等慈善事业绵延不断。改革开放以来，中国的慈善事业开始复兴，并且有了较快发展。特别是 2008 年汶川大地震以后，中国的慈善事业进入到一个新阶段。纵观古今中外慈善事业的发展，不难得出这样的结论：所谓慈善是人们基于同情心，通过自愿捐赠物品和提供行为帮助等各种形式，表达对弱势群体仁爱之心的道德实践活动。慈善行为涉及社会的分配，是经济的，但同时又是伦理的，其本质是伦理的。为什么说慈善的本质是伦理的？（"伦理"和"道德"在严格的意义上说，是有区别的。但本书为了叙述的方便，将两者在同等意义上使用）

第一，从慈善形成的过程分析，慈善基于人的基本道德情感——同情心。同情心是人的基本道德情感，是作为一个社会的人的最简单、最基本的本能特征之一，同时又是在社会活动中形成和发展起来的社会性情感，具有伦理性。中国古代的思想家孟子认为"恻隐之心，人皆有之"（《孟子·告之上》），"恻隐之心"即同情心。西方著名思想家休谟认为，"人性中任何性质在它的本身和它的结果两方面都最为引人注目的，就是我们所有的同情别人的那种倾向"，他断定"同情是人性中的一个很强有力的原则"①。同情心是慈善行为的最重要的心理驱动力，"强有力"地推动着人们形成慈善的意向，并诉诸慈善的行为。因为处于一个社会共同体的人们，情感是相通的。当看到他人遭受痛苦和不幸时，自然会产生想象，感受他人这种痛苦和不幸的感觉，从而伸出援助之手。2008 年汶川大地震是场山崩地裂的大灾难，无情地夺去了数以万计的同胞的宝贵生命，摧毁了美丽富饶的家园。当人们看到地震造成的惨不忍睹的景象时，无不洒下同情的眼泪。海内外的炎黄子孙纷纷慷慨解囊，捐款超过了 100 亿。对不幸的人们的同情心，特别是对不幸的同胞的同情心，演绎了永载史册的汶川大地震的慈善动人情景。

第二，从慈善的形式分析，慈善是自愿奉献的道德行为。在经济生活中，人们追求利益的最大化，各种利益群体之间是利益交换关系，体现的是工具理性。而慈善更多体现的是价值理性，为了社会的人道、公平和正义，自愿奉献，从而获得精神的满足。慈善行为在形式上具有两个明显的特点，一是自愿性，是出自人的内心而诉诸于行动的。二是奉献性，不是商品交换，更多的是不计回报的付出。人们在履行社会义务的时候，有合法性和合道德性两个层

---

① 休谟:《人性论》，商务印书馆 1980 年版，第 352、620 页。

次。合道德性与合法性是两个相互联系又相互区别的概念。道德是不成文的法律，法律是最低限度的道德，体现的是道德与法律的联系，但是法律与道德又不是一回事。在著名德国哲学家康德看来，合法性不等于合道德性，只有具备善良意志、排除功利考虑的行为才是合道德性的。也就是说，考察行为是否合道德性，关键是动机。他的观点是有价值的，在中外思想史上独树一帜。慈善强调的是自愿奉献，追求的更多的是行善的动机，而不是功利和回报，是高层次的道德行为。即使以康德合道德性的要求衡量，慈善也具有充分的道德含金量。在当代中国慈善事业中，一大批志愿者活跃在抗灾赈灾、助贫济困、支教帮教的第一线上，无私奉献，体现了高尚的道德境界，他们不愧为当代中国的道德榜样。

第三，从慈善的过程分析，慈善具有提高个体道德素质的育人价值。慈善所弘扬的是自愿奉献的伦理精神，投身于慈善活动的人们在过程中无时无刻不受到这一伦理精神的熏陶、激励、感化和教育，从而提高了自身的道德素质。在市场经济条件下，"人不为己，天诛地灭"的人生信条在社会生活中蔓延滋长，关心他人、帮助他人的精神淡薄了。道德的冷漠，成为提高个体道德素质迫切需要解决的问题。一个文明健康的社会里，不仅需要经济冲动，而且更需要道德冲动，强调道德的热忱。但是，这种冲动和热忱并非仅仅是个体从书本上阅读和掌握一些知识就能获得的，它需要个体对生活的体验，需要通过慈善等道德实践来培育的。青年学生在世界观、人生观和价值观的形成时期，慈善的育人价值在青年学生中体现得特别明显。一批大学生志愿者利用节假日期间，开展社会实践活动，其中一个重要内容是帮助弱势群体解决各种困难。例如，师范大学的学生举办爱心学校，以"献大学生一份爱心，给孩子和弱势群体一份关心，换社会一份热心"的服务精神坚持了多年，在为社会志愿服务的过程中，贡献了知识，也显著地提高了道德素质。

第四，从慈善的功能分析，慈善具有调节社会关系的伦理功能。在社会生活中，不仅需要通过市场手段、政府手段，而且需要通过道德手段来调节社会财富的分配。这里，道德手段调节的基本途径就是慈善活动。社会分配过程中的市场调节和政府调节，有其优势的方面，但也有其不足。改革开放三十多年来，中国人民的生活水平有了较大提高，但贫富差距也明显拉大了，影响了社会的和谐稳定和进一步发展。当代中国迫切需要通过慈善事业，让更多的人们通过献爱心的形式，即通过道德手段弥补市场手段和政府手段在调节社会财富方面的不足。以慈善为主要内容的道德调节，缓解了贫富差距拉大的矛盾，满足了社会发展的需求。这主要表现在两方面：一方面，慈善事业确实为解决社会弱势群体的困难做了不少工作，使弱势群体感到了社会的温暖；另一方面，慈善事业弘扬了"仁爱"精神，对于缓解和改变分配差距带来的社会贫富阶层的对立情绪，有着重要的推动作用。当代中国经济有了跨越式发展，社会中确实有一部分有经济实力的人们，当然还有更多的虽然经济不富裕、但充满爱心的人们，愿意用实际行动投入到慈善事业中去。总之，慈善在发挥其调节社会关系的伦理功能方面有着广阔的空间。

以上对慈善的伦理本质进行了论证和阐述，这种论证和阐述是在对社会慈善现象概括和提炼基础上形成的，具有抽象性、纯粹性、理想性特点。在当代中国现实生活中，慈善事业情况是复杂的。慈善机构主要是以基金会的形式出现的，基金会可以分成政府层面的公募基金会和民企或个人出资的非公募基金会。后者在捐助时，往往带有广告、好处、拉关系的利益考虑。对这种慈善动机如何进行伦理评价？在市场经济社会中，人们所从事的活动往往基于功利的考虑，这是很容易理解的。但带有功利的捐赠与慈善的伦理本质是有距离的，过分功利的捐赠甚至会使慈善变味、异化。人们往往在慈善中遇到理想与现实的矛盾：过于理想化的慈善理念使慈善的发展缺少现实基础，而过于功利化的慈善理念又难以使慈善沿着健康的方向前进。我们必须在理论与实践的结合上研究和解决这一矛盾。

改革开放以后，中国的经济成分多样化，必然要反映到思想文化观念上来，形成各种思想文化的相互激荡。在慈善伦理上的不同观点是社会多样文化的一个缩影，必须以理性的态度进行分析。当代中国慈善伦理动机可以分成三大类：第一类是建立在无私奉献基础上的慈善伦理观，这类慈善伦理观真正体现了慈善伦理的本质，但在现实生活中是少数。第二类是带有一定功利色彩的慈善伦理观，这类慈善伦理观在社会生活中有广泛基础。第三类是将慈善作为实现某种功利的工具，打着"慈善"的招牌，借"义演"、"义卖"、"募捐"等慈善之名，牟取不正当私利。

第一类的慈善伦理观要鼓励和提倡，它代表了慈善事业发展的方向。第二类要宽容理解，但这种宽容和理解也是有一定限度的。而对于第三类则要旗帜鲜明地反对，并大喝一声"此路不通"。在当前中国多样文化并存的条件下，对于慈善伦理观要尊重差异，包容多样，但同时必须坚持正确的导向。慈善是一种境界，体现的是一种崇高的人道主义的、理想主义的精神，慈善事业在其社会运转过程中应该更多地注入精神的东西，以奉献为导向，抑制和减少功利冲动。

（二）慈善伦理理想与现实冲突的文化动因

以仁爱为核心的慈善伦理，寄托着人类的美好理想，千千万万个有慈悲心怀和善良品德的公民是文明社会的标志。慈善伦理是社会意识形态的组成部分，受一定的物质生活方式的制约和规定，同时又是在一定的民族文化传统基础上形成和发展起来的，因而，不同的社会、不同的文化传统，造就了不同特点的慈善伦理。在当代中国社会中，慈善伦理在发展过程中遭遇的许多尴尬，实质上是传统文化与现代文化、中国文化与西方文化的矛盾与冲突的表达。

中国传统文化中慈善伦理的鲜明特点，是对建立在宗法血缘关系基础上的仁爱的文化认同。中国古代社会是在没有摧毁原始氏族组织的情况下直接进入奴隶制国家的，国家的组织形式与血缘氏族制是紧密结合在一起的。[1] 中国的伦理思想集中体现了这一特点。孔子是中国传统文化中首屈一指的代表人物，他的核心思想是"仁爱"。但他的仁爱，首先是"爱亲"，即把基于血缘关系的亲子之爱置于仁爱的首位，然后才是"泛爱众"。"泛爱众"与"爱亲"所涉及

---

① 参见朱贻庭主编：《中国传统伦理思想史》，华东师范大学出版社2009年版，第16页。

的父子、兄弟关系不同，涉及的是氏族成员间的关系，本质上也是对整个氏族的爱。总之，无论是"爱亲"还是"泛爱众"，尽管是建立在不同伦理关系的层面上，但宗法血缘关系是其基础。

以孔子为代表的儒家思想是西汉以后中国古代社会的主流意识形态，在宗法血缘关系的基础上形成，同时又为代表这种宗法血缘关系的政治制度服务，贯穿于社会生活的各个方面。慈善伦理以仁爱为核心，儒家仁爱观给予中国古代慈善伦理以深刻影响。儒家认为，人有亲疏之分，因而"爱有差等"。但中国古代墨家以"兼爱说"为立论，反对建立在宗法血缘关系基础之上的"爱有差等"，主张"爱无差等"。然而，墨家的这一富有理想色彩的观点并没有被中国古代大多数人所接受。在中国几千年的慈善事业发展中，人们更多地接受的是儒家的"爱有差等"的慈善伦理观念。人们往往希望尽可能多地把财富传给自己的子女，特别是儿子，直到现在，这种观念依然在社会生活中有着深厚的文化基础，而对捐献财富给社会往往缺乏足够的热情。在血缘关系基础上，对于族缘、乡缘、地缘的文化认同也是推动民间慈善事业发展的动因。对于同族、同乡、同地的人们遇到了困难和不幸，人们更愿意奉献爱心，给予各种捐助。几年前，有一份调查数据显示，当自己在路上遇到伸手向自己求援的陌生人时，194人回答"绕过去，不理睬"，占45.9%；146人回答"给予帮助"，占34.5%；该题无效答卷83份，占19.2%。而在问到"如果您周围的同事、同乡、同学、朋友需要帮助，您是否会给他们捐助"时，347人回答"会给予捐助"，占82%；41人回答"不会"，占9.7%；35人未回答，占8.3%。八成以上的人表示愿意救助自己周围遇到困难的同事、同乡、同学、朋友，而只有三成多的人表示愿意救助陌生人，近半数的被调查者表示自己对伸手向自己求援的陌生人会采取绕过去、不理睬的态度。[①]这表明，中国民间慈善愿意施助的对象更多的是"熟人"，而不是"陌生人"。

与中国古代建立在宗法血缘关系基础上的"爱有差等"的慈善伦理观不

① 参见许琳、张晖：《关于我国公民慈善意识的调查》，《社会学研究》2004年第5期。

同，西方的慈善伦理与宗教有着不解之缘，它是建立在"上帝之爱"的基础上的。在基督教教义中，人生来有罪。为了赎罪，必须爱上帝，信仰和顺从上帝。人应该彼此相爱，这是上帝的命令。上帝就是爱，彼此相爱，上帝就在人们心中了。换言之，基督教教义把做善事作为基督教信徒不可推卸的义务和责任。每个虔诚的基督教信徒都努力把慈善作为日常生活的一部分，把捐助他人作为人生的快乐。国外人群中向慈善机构捐赠的比例，有宗教信仰的人群比例最高。在西方，教会通过志愿者群体，以义工形式为慈善事业服务。总之，在西方的慈善事业中，大多有宗教背景，人们对慈善捐赠的热忱，大多有宗教伦理的激励。

在中西不同文化背景下形成的慈善伦理，差异是明显的。传统中国的慈善事业以代表宗法血缘关系的儒家伦理为核心，其特点之一主要是面向"熟人社会"。这样，现代意义上的社会慈善组织的发达就缺乏现实土壤。人们可以通过血缘关系、族缘关系、乡缘关系、地缘关系结成施助者和受助者的关系，作为中介的、独立的社会慈善机构的作用被弱化了。施助者和受助者往往是熟悉的，甚至慈善活动是面对面的，固然适应了中国文化传统的需求，但同时也会带来一些棘手的问题，例如感恩问题。

在西方，慈善是建立在"上帝之爱"基础上的，感恩首先要感恩上帝，而且施助者和受助者没有直接的联系，难以谋面，是通过慈善机构完成捐助工作的，慈善中的感恩难以成为社会问题。但是，中国则不然。中国的慈善活动往往是在"熟人"中进行的，尽管当代中国社会发展后，捐赠等慈善活动突破了血缘关系、族缘关系、乡缘关系、地缘关系，在更广泛的社会范围内进行，但由于社会的诚信状况不尽如人意，施助者往往担忧善款是否能完整无误地到达受助者手中，因此更青睐施助者和受助者"点对点"的联系。这样的联系难免出现尴尬：施助者希望自己的捐助能得到回报，渴望感恩，而受助者尽管得到了帮助，但往往感觉到人格的压抑，缺乏感恩的主动性和积极性。慈善需要不需要感恩，成为这几年来慈善伦理研究的热点。有的学者认为，勿以感恩来理解慈善，这是有见地的观点。慈善的本质是伦理的，是自愿奉献的，因而是不求回报的，但这种理想主义的观点在现实生活中并未被大多数人所接受。在当代中国，传统文化主张的"施恩图报"观点对社会成员还有很深的影响，"施恩不图报"甚至成为某人不仗义的表现，为人所唾弃，而"滴水之恩，涌泉相报"才是人们所赞赏的。而从人性的角度看，受助者是弱势群体，他们需要人格的尊严，感恩的要求也许会给他们带来更多的心理压力。有些贫困者，不愿意接受好心人的捐助，与这种心理压力不无关系。如何通过慈善伦理来调节施助者和受助者的关系，是当代中国慈善事业要解决的热点问题。

改革开放后的中国，是走向世界的中国。在中国与海外文化交流过程中，以各种文化为背景的慈善伦理也相互激荡。2010 年 9 月，美国大富翁盖茨和巴菲特来到中国，并在北京举行慈善晚会，邀请中国 50 位企业家出席。在这具有历史意义上慈善晚会的前前后后，西方的慈善伦理观念和中国传统的慈善伦理观念不断发生碰撞。在宴会前，甚至有人预测由于中国的慈善伦理与西方不同，"有一半富翁将拒绝出席"。结果并未如此。通过中西方文化的交流，面对面地讨论慈善伦理，推进人类的慈善事业，毫无疑问这是有益的。中国必须大胆借鉴和吸收人类文明发展过程中有价值的慈善理念，同时在弘扬民族仁爱精神的同时，将传统的慈善伦理提升为现代社会的慈善伦理。当然，将全部财富留给子孙后代的理念转化为把财富回馈给社会的理念，还有很长的路要走。

中国的慈善伦理要继承民族文化中的优秀传统，同时要注入时代元素，要有国际视野。在国际活动中，慈善代表着人类的文明，也代表着一个民族、一个国家的形象。尽管各个国家的政治制度、经济制度和文化传统不一样，但在地震、海啸等自然灾害面前，世界各国有许多共同利益，可以相互合作和相互支持。慈善伦理不能仅仅停留在狭隘的民族范围内，还要有国际视野。2004年 12 月，印度尼西亚苏门答腊近海发生 8.7 级巨大地震，并引发大规模海啸，东南亚、南亚和非洲多个国家遭受地震海啸的严重袭击。这场罕见天灾中的死亡人数超过 10 万人，亟待援助的灾民总数超过 500 万人。中国人民慷慨捐赠，彰显了中华民族的博大爱心。随着中国经济的发展和国际地位的提高，中国的慈善事业也要更多地走出国门，把仁爱之心撒向世界，以符合发展起来的中国作为世界大国的形象。

（三）伦理之光照耀中国慈善未来之路

在建设中国特色社会主义事业中，为了弘扬人道精神，实现公平正义，构建和谐社会，中国必须加强慈善事业建设。中国特色的慈善事业植根于中华民族的传统文化，同时又要在这一基础上实现现代转化，体现 21 世纪时代的精神。要实现这一目标，必须探讨具体实现的路径。这一路径包括慈善法规建设和慈善伦理文化建设两方面，两者是相互支持、相互补充的。改革开放后，中国内地的慈善事业逐步走向了复兴。一方面，一些有关慈善的法规开始建立起来，但还很不完善，《中华人民共和国慈善事业法》还未正式出台，这与形势的发展不相适应。但另一方面，慈善的伦理文化建设还很薄弱，人们对慈善伦理的理解、慈善文化的社会氛围、与和谐社会建设的要求还有不少距离。大力弘扬慈善伦理精神，让伦理之光照耀中国慈善未来之路，是理论工作者和实际工作者的重大任务。本章从伦理角度探索 21 世纪中国慈善事业的建设。

1. 以财富观、人生观为突破口，多一点爱心，建立良好的慈善伦理意识和社会风气

慈善以财富为载体，在表达对他人的爱心的同时，也体现了施助者的财富观和人生观。改革开放以后，中国经济发展改变了中国人民的财富状况。一部分人先富起来了，并经过多年的积累，这部分人的财富达到了不菲的数量。如何认识这些财富？如何消费这些财富？是这些财富拥有者的一道无法回避的人生课题。邓小平多年前在提出"让一部分地区先富起来，让一部分人先富起来"观点的同时，也指出："提倡有的人富裕起来以后，自愿拿出钱来办教育、修路。"① 一部分先富起来的人"自愿"出钱从事慈善事业，不是摊派的结果，而是财富观、人生观驱动的结果。大凡那些热心慈善的企业家财富数量不尽相同，但财富观和人生观有几多相近之处，即认为财富是"取之于社会"，也应该"用之于社会"，用自己的财富帮助他人，既表达了爱心，但同时也实现了

---

① 《邓小平文选》第三卷，人民出版社 1993 年版，第 111 页。

自己的人生价值。

中华民族历来是勤劳刻苦的民族，改革开放的一系列方针政策又极大地提高了他们致富的劳动积极性。为了获得更多的财富，他们辛勤奔波，用自己的汗水去浇灌人生的成功。在他们的人生背后，支撑他们的朴素理念往往是"要造福于子孙"。当他们功成名就、财产殷实时，更多地想到的是把财产传给子孙。从中国文化的背景来考虑，这些想法是很自然的，无可厚非的。但问题是人们在中国财富代际传承的过程中，发现了一个规律，中国的富人往往"富不过三代"。为什么会出现这种情况？巨额的财富留给后代，会给他们带来优裕的生活条件，但也容易使他们滋长不思进取、甚至好逸恶劳的生活作风。因此，给后人留下适当的遗产，使他们在开始人生道路的时候有较好的物质基础，是人之常情，但过多的遗产未必对后人的成长有利，甚至会对他们的人生幸福产生负面影响。国际大富翁比尔·盖茨的财产达数百亿，曾多次名列《福布斯》排行第一名，但他只给子女留下少量的财产，而把绝大部分财产捐给了社会。在当代中国社会主义市场经济条件下，"多赚点钱"已经成为老百姓的普遍心态，但作为一个文明健康的社会，还必须弘扬人道精神，提倡"多献点爱心"，并使之蔚然成风。从理想与现实相统一的角度来说，作为财富拥有者的中国人来说，要造福于自己的子孙后代，更要造福于社会，让爱心通过慈善事业传递到社会的每个角落。

2. 以诚实守信为重点，多一点真心，夯实慈善伦理的道德基础

诚实守信是社会健康运转的最基本的道德要求，也是个体道德人格之本。渗透伦理精神的慈善事业，诚实守信更是其内在要求。不讲诚信，何来"慈"和"善"？当代中国道德建设中，最突出的问题是诚实守信问题，慈善事业也不例外。在当代中国，重大自然灾害发生后，成千上万的企业和个人纷纷捐款捐物，慈善的热流在中国大地上涌动。多数的企业和个人用实际行动兑现了捐赠的承诺，但也有相当一部分企业和明星却爽约了。对这种现象，不能简单地都冠之以"诈捐"，但违背诚信要求却是不争的事实。"一诺值千金"，捐助方既然做了承诺，就必须对这承诺承担责任。国内有一著名影星，承诺了七位数

的捐款，实际却不到位，捐款的诚意受到了众多网民的质疑，这是很自然的结果。不仅捐助者要讲诚信，受助者也要讲诚信。受助者应该真实客观地反映自身的困难状况，同时当自己个人的困难状况改善了以后，也应该如实相告。有位四川私营业主，四年如一日，资助一位青年攻读国内著名大学的研究生。不料，这位青年读了一年就退学了，并且隐瞒实情，把受助款挪作他用，结果被推上了法庭被告席。这些失信行为的实质是见利忘义，它亵渎了慈善的伦理精神，造成了不良的社会影响。而要解决这一问题，必须从义利观的误区中走出来，确立以义为上的道德信念。

值得注意的是，随着中国慈善事业的发展，公民捐献的善款越来越多。近几年来，这笔善款全国每年已经超过一百亿元。如何用好这笔巨额的善款，成为慈善事业中的重大课题。由于中国具有社会公信力的、能够承担起慈善重任的社会慈善机构还不多，而通过行政渠道，把这些善款与行政拨款混合在一起发放又是不妥的，因为这两笔款项的性质明显不同。因此，善款的分配和落实，必须建立和健全法规，建立更多的有公信力的民间慈善机构，同时培养一大批具有诚信人格的从事慈善事业的工作者。而这一切需要慈善伦理的支持，需要加强诚实守信的道德建设。诚实守信的道德建设要唤醒道德主体的内在良知，用神圣的道德义务感和责任感来引领慈善工作者。现在，要解决中国社会中不诚信的问题，关键不在于诚信道理的灌输，而在于如何用有效的途径实现诚信的知行统一。为此，需要将道德的内部制裁和外部制裁结合起来，加强监督。善款在各个环节流动时，要公开、透明，以利于舆论和群众的监督。现代高科技为这种监督创造了技术条件，但需要投入财力和精力，借助网络实现有效监督的目的。

3. 以尊重人格为前提，多一点换位思考，建立互相尊重的文明行善方式

慈善中的感恩问题引起了社会的热议，推动了人们对慈善伦理的认识。要协调好施助者和受助者的伦理关系，必须从感恩的伦理评价中走出来，讨论人格尊重的问题。在当代中国，由于贫富差距的拉大等诸多因素，不同群体的心理状态是非常复杂的。施助者是强势的一方，在慈善中的一言一行，都会对对

方的心理产生微妙的影响。要尊重受助者的人格，让他们体面地接受捐助。中国古代的"不吃嗟来之食"之说，就形象地表现了要求施助者尊重受助者人格的诉求。在行善方式上，低调行善比高调行善更接近于慈善的伦理本质。施助者应该认识到，捐助不仅帮助了他人，但同时也有益于施助者本人，使施助者的心灵得到了升华。同时，受助者作为弱势的一方，也要尊重施助者的愿望，满足施助者合理的心理需求。慈善活动中，不管是施助者还是受助者，都是建立在自觉自愿基础上的。因此，索捐违背了尊重施助者愿望的要求，也是不可取的。

市场经济带来了利益的分化，各种不同的利益群体思想观念上具有明显的差异性，但渴望他人的尊重是共同的。古人云："己所不欲，勿施于人"，人与人之间，要相互沟通交流，换位思考，特别是强调施助者对受助者的换位思考。在地震、洪水等自然灾害中，许多人遭受的苦难超出了人们的想象。用自己的一些财力和精力，哪怕是微薄之力，减轻他们的苦难，是其他社会成员应尽的义务和责任。许多贫困地区的孩子由于经济拮据，失学在家，有了慈善助学款，他们就能背起书包上学，他们的人生轨迹就会发生变化。施助者站在受助者的位置思考心胸就会更加开阔，道德境界就会跃上一个新台阶。

全社会需要加强慈善意识的宣传教育。慈善不仅仅是一种施舍，更是一种仁爱，一种尊重。人与人之间，尽管经济条件、社会地位等状况不尽相同，但在人格上是平等的。居高临下的施舍有悖平等原则，尊重他人的慈善才是慈善的本真。这种慈善意识应该写入学校教科书，成为学生思想道德教育的重要内容。当代中国社会弘扬"以人为本"的精神，慈善意识的内容是这种精神的直接体现。让孩子们从小就接受慈善意识教育，培养仁爱之心，建立尊重他人的道德观念，不仅可改善当前学校思想道德教育，使之更生动形象，更具有可接受性，而且预示着未来中国的慈善事业后继有人，中国社会将更加文明健康。

第七章
消费与广告伦理

消费与广告有着天然联系。在市场经济条件下，广告是经济活动的重要内容。它沟通了企业与消费者的联系，塑造了企业的形象，对于企业开拓市场，扩大产品销路有着极为重要的意义。广告是一种经济现象，但同时又具有伦理意义。广告和伦理是一种双向互动关系。一方面，广告对产品的宣传和消费模式的倡导，影响着人们的人生观、伦理观和价值观，影响着社会的伦理风尚；另一方面，一定社会的伦理观念又制约和影响着广告的内容和形式，广告必须借助伦理的力量才能获得更好的效果。要完整地、全面地研究消费伦理，不能忽视对广告伦理的研究。

一、广告与伦理的关系

所谓广告，从汉语的字面意义理解，就是"广而告之"，而从其内容来说："广告是有计划地通过媒体向所选定的消费对象宣传有关商品或劳务的优点和特色，唤起消费者注意，说服消费者购买使用的宣传方式。"广告的对象是消费者，广告的目的是"唤起消费者注意，说服消费者购买使用"，广告是围绕着消费者、消费行为旋转的。特别是市场经济高度发展的阶段更是如此。

从国外情况来看，如何确定广告主题，如何对广告定位，大致经历了三个阶段：第一阶段，20世纪50年代左右，当时的广告理论认为，广告应把注意力集中于产品的特点及消费者利益上，即广告中要注意商品之间的差异，并选出消费者最容易接受的特点作为广告的主题。第二阶段，60年代以后，由于经济的发展，商品之间的差异变得越来越小，而某些差异对消费者来说并没有很大意义。一个企业的生存和发展，只靠自己商品的特点已远远不够了，而企业的声誉和形象显得越来越重要，广告要塑造企业的形象。第三阶段，市场营销观念充分发展的今天，一个企业不仅要考虑"消费者需要什么我就生产什么"，而且必须走到消费者的前面，创造消费观念，为消费者设计生活。国际著名广告学专家艾·里斯和杰·特劳特所著的《广告攻心战略——品牌定位》①，在国际广告学有着广泛的影响。在该著中，他们明确提出，广告"一定要把进入潜在顾客的心智，作为首要之图"。这就是说，广告的成功首先在于塑造、转变消费者的思想观念。

不言而喻，广告在实现其促销目的时，必然会宣传、倡导一种消费观念。而这种消费观念总是折射出一定的伦理观念。人们在接受广告的消费观念的时候，同时也接受、认同了它的伦理观念。我们千万不能忽视广告对消费者伦理观念的作用，第一，这是因为随着科学技术的发展，广告采用了先进的彩色电视、录像、卫星通信、计算机等电子电信技术，使新的广告形式层出不穷，使广告的传播速度大为加快，传播范围大大扩展，广告对人们生活的影响越来越大。第二，广告是市场营销的一个重要组成部分。当商品首次进入市场时，必须运用广告来迅速提高商品的知名度，增强消费者对商品的认识。在激烈的市场竞争中，只有不断地运用广告手段，才能在消费者的心目中树立深刻的商品形象和企业形象。广告给企业带来了丰厚的利润，广告有着坚强的经济后援。这种经济后援所产生的巨大经济投入，是任何伦理教育难以比拟的。第三，在

---

① 艾·里斯等：《广告攻心战略——品牌定位》，中国友谊出版公司1991年版，第22页。

市场经济发展中，广告从业人员日益壮大，他们精心研究消费者的心理，精心策划广告活动，使广告具有最大的可接受性。

总之，广告依赖于先进的媒体、强大的经济实力、精良的广告从业人员，使蕴涵着一定伦理观念的广告作品通过消费者在社会生活中产生了不可小视的作用。这种作用既可能对社会伦理建设产生正效应，也可能产生负效应。

（一）广告对社会伦理的影响

广告活动对伦理建设的正效应，主要包括三方面内容：

第一，支持大众文化活动，丰富美化人民生活。传播媒体由于有了广告，便带来大量的广告收入，不仅为国家办各种新闻传播媒体节省开支，而且可以投入更多的资金来制作丰富多彩的文娱体育节目。如此既能够吸引更多的人来接触广告，增强广告的效果，又可以大大丰富大众的文化生活。改革开放以前，许多国营新闻媒体都是亏本经营，每年由国家支付大量补贴，如今大部分都已扭亏为盈。中国近几年火暴异常的足球市场，也是在众多企业的大力赞助下逐步建立起来的。现在，每年通过冠名权、球衣广告及其他电视、场地广告收入，中国许多甲A球队的收入都在千万元以上，为中国足球联赛水平的提高提供了保证。其他已经或正在走向市场的体育项目，也要依靠企业广告的强大注血功能做后盾。随着社会文化生活的丰富多样化，人们参与的热情逐步高涨，企业也因此提高了自身的知名度，为开拓更加广阔的市场做下铺垫，这是一个双赢的结果。

第二，赞助社会公益事业，倡导健康的社会伦理观念。在市场经济条件下，许多社会公益事业的开展，不能像从前一样坐等政府拨款，必须要走出去，依靠市场的力量来发展壮大自己，巨大的广告市场就是重要的资金来源之一。许多城市搞的各种各样的服装节、旅游节、影视节等，常常是某某搭台，经济唱戏，各式广告铺天盖地，在宣传了城市的同时，也为企业提供了表演的舞台。这几年以企业参与为主的公益广告频频出现在电视、报纸上，这类公益广告是以倡导对社会有益的思想、行为、观念为宗旨，它表明企业不仅追求经济效益，还将以促进社会的文明与进步为己任。现在的公益广告制作不同于过去的简单说教加口号的方式，常以优美感人的画面，轻轻地拨动观众内心的情怀，配以耐人寻味的话语，使人印象深刻。企业通过这些广告，既有助于企业正面形象的建立，也为弘扬社会正气尽了一份力量。

第三，正确引导消费活动，建立良好的消费观念。现代科学技术的飞速发展，带来大量新产品的不断涌现，各类商品种类繁多，功能也日趋复杂，面对这种情况，消费者常有无所适从的感觉。广告正是通过商品信息的传播，向消费者介绍商品的性能、用途、特点、价格以及如何使用、保养商品和相关的售后服务措施等，这些都是消费者在购买商品前迫切希望知道的。广告既可以提高消费者对该商品的认知程度，也能够使消费者选择出真正适合自己需要的商品。同样，对于提供劳务服务，如旅游、美容、保险等也需要广告提供相关信息，以便消费者进行了解和选择。广告还可以把市场中同类商品或服务的有关信息加以对比地传递给消费者，使消费者可以从中筛选出质优价廉的称心商品或服务。既能够达到合理消费、适度从俭的目的，又可使市场处在良性竞争的环境中。

可以看出广告不仅是推销商品、劳务，宣传企业的工具，同时它在营造良好的社会环境氛围，帮助树立健康的社会伦理风尚，促进社会主义精神文明建设方面，都发挥了不可小视的作用。

广告活动对伦理建设也有负效应，广告的主要目的在于能够劝服消费者进行消费行为。广告要使受众认同广告所倡导的价值观念和它所推介的商品或服务，并能付诸行动。在这一过程中，广告策划者要确立他的宣传主题、寓意及艺术表现手段，其中必然要涉及社会伦理意识问题，以什么样的消费伦理观念来引导消费者问题。广告的负效应主要包括三方面：

第一，有些广告格调低下，庸俗丑陋。为了吸引人们的眼球，"姿本主义"（即美女经济）盛行，各类带性暗示、性幻想的广告在现实生活中经常可见。赫然印在巨型灯箱上的"玩美女人"的内衣广告、"今晚有房事"的房地产广告，还有诸如"我要泡妞"（泡妞为商品品牌）的商品广告，正是这类广告的代表作。还有一些广告虽然没有露骨的情色成分，但也反映了歧视妇女的媚俗倾向。如

180

以女性为酒等产品做广告，实际上广告中女性主角与推销的产品毫无关系；让女性在广告中当做性暗示的角色，在广告中过分渲染女性弱者地位，强调女性依附于男人的地位等，亵渎女性尊严。

第二，有些广告宣扬享乐主义和极端个人主义思想。享乐主义把个人享乐说成是个人唯一的、至高无上的追求目标，认为人生就是彻底的享乐，提出了"不能为了别人而牺牲自己的享乐"的主张。为了诱导消费，有些广告极力渲染享乐主义观念，如某则洋酒广告，画面中先打出一个问号，再变为一个金钱符号，然后慢慢变成女人的曲线，最后与酒杯合二为一。其广告词是："放怀追寻，精彩人生。"似乎人生的精彩只在于美酒、美女与金钱之中，这些就是人生的终极目标。另外一则矿泉水的广告称"喝上上水，做上上人"，里面隐含着极端个人主义的内核，在人人平等的今天只会招来人们的排斥。此类广告所要传达给人们的价值观、人生观都是与我们社会主义价值观、人生观背道而驰的，只会对社会产生侵蚀作用。

第三，误导青少年，影响他们心智的健康成长。青少年由于心理和生理上都还不成熟，很容易受到外界各种新奇事物的诱惑。同时由于他们对事物还缺乏必要的判断能力，难以对广告中的一些误导行为加以辨别。许多广告商就瞄准这一点下手，利用青春偶像或采取种种新奇古怪的游戏、玩具来招揽青少年。在各类消费群体中，青少年群体最易受到各类广告的诱导而进行消费行为，而且他们的消费行为多是非理性化的，常常会陷于追逐名牌、紧跟潮流的误区当中。由此还会导致相互攀比、挥霍浪费的不良习气。可见广告对青少年伦理培养的影响是多么的巨大。

广告活动对社会伦理所造成的正负两方面的影响，是当今现实社会中一个无法回避的事实，我们应客观、全面地加以审视。同时也应引起全社会的高度重视，采取各种行之有效的措施，调动各方面的积极因素，充分发挥广告的正效应，抑制其负效应，使这一社会影响广泛的大众传媒方式能够更好地为社会主义物质文明建设和精神文明建设服务。

（二）社会伦理观念对广告的作用

消费者从接触广告到最终购买商品或使用服务一般要经过三个阶段：第一阶段，了解认识阶段，这是广告对消费者发生影响的前提条件；第二阶段，感受喜欢阶段，这是较为复杂的阶段，它要使消费者将短暂的视听上的注意转变为一种发自内心的关注，即一种欲望和需求；第三阶段，行动阶段，在经过第二阶段后，广告引导消费者进行购买或使用行为。在这三个阶段中，第二阶段最为重要。

人们的消费行为取决于其消费动机，而消费动机又产生于一个人对商品或服务的需求。因此，了解消费者的消费动机和需求倾向是广告策划与制作能够取得成功的前提条件。人的需求多种多样，西方著名心理学家马斯洛的"需求层次论"将复杂多样的人的需求归纳为五种：（1）生理需要；（2）安全的需要；（3）社交的需要，包括两个方面，一个是情感的需要；一个是归属感；（4）尊重的需要；（5）自我实现的需要。这五种需要是依次逐级上升的，当低一级的需要得到一定的满足后，追求高一级的需要就成了驱动行为的动力。其中尊重的需要和自我实现的需要是从内部使人得到满足的，并且这两种需要是永远不会感到完全满足的。人们在满足基本生存需要后，很自然地要追求精神需求的满足。在市场经济不发达条件下，市场上商品的总需求超过了总供给，顾客争相购买，没有太多的选择机会，这一时期的广告主要以告知受众有关商品的基本信息与购买方式就能使商品畅销。但当市场呈现供大于求时，广告的制作也进入多元化阶段。广告不仅只是传递商品信息，更要挖掘蕴涵在商品背后更深层次的社会价值，并依此树立一个富有个性的企业形象。广告已成为一种社会文化，它开始融入一定的社会心理、价值观念、伦理观念、时代意识等诸多元素，以满足人们更深层次的需求。

中国传统文化中伦理文化占据着制高的地位，许多优秀的伦理传统仍然是现代中国人的价值目标和行为准则，一些伦理观念仍然是普通老百姓评价善与恶的标准。把这些社会伦理观念注入广告中，已成为现代广告创意中经常可以见到的一种手法。曾颇受好评的威力洗衣机广告，以一个远离家乡的游子思念家乡思念母亲为引子展开，画面中的慈母已是鬓发苍白，仍吃力地手洗晾晒衣物，异乡的游子如何报答母亲呢？"妈妈，我给您捎去一样好东西"——画外音"威力洗衣机，献给母亲的爱"。整则广告洋溢着浓浓的亲情，极富感染力，它既表现出中华民族敬老爱老的传统美德，也从一个侧面表现出一种新旧生活的对比，可算是一则上佳之作。

中国自古就有尊老爱幼的传统，孟子曾说："老吾老以及人之老，幼吾幼以及人之幼"，这是十分崇高的人伦精神，并深深地植根于中国人的观念中，成为社会伦理的一个组成部分，也成为众多广告借用的主题之一。"一粒龟鳖丸，一片儿女心"（海南养生堂广告），"从心出发，关心父母"（金日心源素广告）等都是以表现孝敬父母为主题。另一则成龙为小霸王学习机所做的广告"想当年，我是用拳头打天下。如今，这电脑时代，我儿子要用小霸王来打天下。同样天下父母心，望子成龙小霸王"，则体现出中国父母望子成龙，悉心呵护培养下一代的传统文化积淀。此外表现男女之爱、夫妻之情的广告更是比比皆是，如百年润发洗发水的广告"青丝秀发，缘系百年"，把男女主人公从相识、相恋、离别到最终结合生动地演绎出来。国际影星周润发一往情深地为"发妻"洗头浇水，画面温馨感人，把一对爱侣百年相好的承诺放在这一平平常常的生活场景中，将这种从青丝到白发，相爱永远的海誓山盟都融入产品和广告之中。

古人云："感人心者，莫先乎情"，广告的创作因为有情而感人，因为有情而贴近人，使广告受众在强烈的感情共鸣中对广告所诉求的产品产生一种渴望，从而达到预期的目的。

人们的伦理情感对于广告信息的取舍也有着举足轻重的作用。伦理情感是构成伦理品质的重要因素和环节，指人们对现实生活中的伦理关系和伦理行为的好恶等情绪态度。它一经形成，就会成为一种稳定的强大力量，积极影响人们的社会行为活动。广告策划者首先要确立的就是其宣传主题，而这一主题绝不能与人们的善良意愿相违背。香港某报曾以希特勒为主角做了一则幽默化的广告，结果马上引起巨大反响，但并不是人们对产品产生兴趣，而是对广告内容的一片指责怒骂之声。在人们心中第二次世界大战纳粹的恐怖记忆仍是一种抹不去的痛，对那段空前的浩劫并不能一笑释怀，人们无论从理智还是情感上都不可能认同这个广告所要传达的一切，结果报纸翌日马上登出公开道歉以平众怒。可见，广告的制作不能随心所欲，恣意任为，只有真正迎合人们去恶从善的伦理取向，才能得到广告受众的认可。

现代社会中，广告已不再只是商品信息的简单加工工具，而是融合各种价值观念、伦理观念的社会文化系统。这样，伦理问题对广告的成功与否也有着不可忽视的影响。人们接受和喜欢某一广告，实际上也表达了他对该则广告背后伦理价值观念的认同。

二、广告的社会伦理责任

以强大的经济实力为后盾的现代广告，借助大众传媒所进行的传播是广泛而深远的，它对社会伦理风尚和大众伦理素质的影响不可低估。我们不仅要研究广告的经济效益问题，而且要研究广告活动中的社会伦理责任问题，使广告在实现其更高经济效益的同时，获得良好的社会效益。

广告是一种经济现象，同时又具有伦理意义。广告通过大众传媒，将商品和服务信息传达到自己的受众。广告沟通企业与消费者的联系，塑造企业品牌，开拓产品市场，扩展产品销路，实现其促销目的。广告在活动过程中，必然会宣传、倡导一种消费观念、消费模式，而这种消费观念和模式又必然会折射出人们一定的伦理取向、人生观及价值观。正如国际著名文化学家丹尼尔·贝尔所说："广告就在我们的文明的门面上打上'烙印'。它是货物的标记，新生活方式展示新价值观的预告。""广告所起的作用不只是单纯地刺激需要，它更为微妙的任务在于改变人们的习俗。……教会人们适应新地位的生活方式。"但生活方式的改变"或迟或早它将在更为根本的方面产生影响：如家庭权威的结构……道德观的型式，以及成就在社会上的种种含义。"① 这样，广告在实现其经济目的的同时，也承担着重要的社会伦理责任。

强调广告的社会伦理责任是和谐社会思想伦理建设的需要。广告运作的过程有别于一般的宣传教育活动，广告作为一种经济活动，它所获得的经济支持大大超过一般的宣传教育活动。市场经济越发展，广告的经济资源越丰富。人数众多、业务精良的广告专业队伍，多种多样的大众传媒，使广告在社会生活中有着巨大的影响力。经过精心包装的广告中蕴涵的人生观、伦理观、价值观更容易为大众，特别是青少年所认同和接受。和谐社会加强思想伦理建设需要强调广告的社会伦理责任，不同的广告会对社会的思想伦理建设产生不同的效果。一个"好"的广告对于社会思想伦理建设的支持和推动有着难以估量的作用，而一个"坏"的广告则败坏了社会伦理风尚，腐蚀了受众的人生观和价值观。

强调广告的社会伦理责任是树立良好企业形象的需要。在市场营销中，由于经济的发展，商品之间的差异变得越来越小，而某些差异对消费者来说并没有很大意义。一个企业的生存和发展，只靠自己商品的特点已远远不够了，而企业的声誉和形象显得越来越重要。广告能够较好地履行社会的伦理责任，就能更好地塑造企业的形象。

广告活动中的伦理责任该如何分担？应该说，赞助、购买、创作和销售广告的人都要肩负起履行广告伦理准则的重任。政府监管部门及广告受众也要承担一定的伦理责任。

在广告活动中，广告主、广告代理商和媒体是主要成员。在中国，广告代理商和媒体常常是合为一体的。广告主是广告的发起人和指导者，在大多数情况下，他们就是产品制造商，他们有决定制作什么样的广告和如何制作的权利。这一决定通过企业和公司的市场部、宣传部和公关部门及其他相关部门后，最终由董事长作出。广告主要对其广告的产品负责，广告主还要对广告的

---

① ［美］丹尼尔·贝尔：《资本主义文化矛盾》，三联书店 1989 年版，第 116 页。

内容及其正确性负责，对公司选择传媒的行为及其他相关行为负责。

广告代理商是从事许多商品促销活动的策划者、组织者。他们通常为广告宣传出谋划策，其方法常常被他们的委托人和顾客，即产品制造商所采纳。虽然他们并不是产品的生产和制造者，他们无须对产品负责，但他们有责任向消费者正确说明产品的质量和买点。广告商是知道产品的质量和性能以及广告是否具有误导性的，因为他们与其顾客有着紧密的工作关系。在竞争日趋激烈的自由经济社会中，采取诱惑消费者的广告方式日渐被企业和广告公司提高到促销方式的首位，特别是在同类商品卖家感到他们的压力越来越大，寻找有特色的卖点越来越困难时。夸大事实、误导消费者的事屡有发生。广告代理商在伦理上应为其非理性的伦理行为负责。如果代理商对产品的质量产生怀疑，他们应该展开调查。广告从业人员不应该参与欺骗与误导公众的行为，一个良好的广告机构不应依赖这种不伦理的方式生存下去。

现代媒介与广告存在一种相互依从的关系。广告媒体将广告的创意和内容加以具体实施，是广告活动取得成效的关键一环。广告必须借助媒介才能产生影响，媒介产业也须依赖广告才能更好地生存。媒体在进行宣传时必须要坚守自己的伦理底线，应该对他们即将播出或印刷的广告提出质疑或进行审查。他们有责任拒绝播放和印刷他们认为具有虚假性和误导性的广告，拒绝那些品位低下的广告。大众传媒也要加强自律，自觉远离广告性新闻。那些履行社会伦理责任的大众传媒才会受到公众的信赖，才有广阔的发展前景。

政府监管机构的伦理责任。政府的相关广告监管部门在广告过程中扮演重要角色，像美国地方和国家的贸易监督局，联邦贸易委员会（FTC）或食品药品管理局（FDA），或国家广告审查董事会（NARB）。FDA 考虑消费者的利益，当在将食品装入箱中时要在包装上按从小到大的顺序标明食品的主要成分，这样使人们在购买时了解所购商品，并使交易公平。对于药品，FDA 也力争保护消费者。FTC 禁止在电视上做有关香烟和酒类广告。NARB 是由全美广告机构协会、全美广告联盟、国家广告协会和贸易监督局议会在 1971 年联合赞助成立的。NARB 自动调节广告商的行为，但 FTC 和 FDA 只能实施法律标准而不是实施伦理标准。有时立法者和管理者可以聆听有关伦理的辩论。当然，政府监管机构的功能主要体现在其对广告的产品及广告的方式的审查与监督方面。

大多数意见可能认为公众在广告活动中无须承担伦理责任，但事实并非如此。公众对广告也应承担伦理责任，即舆论监督责任。某些产品如烟酒等，只限成人购买，这些产品的广告不应该出现在儿童杂志和少年杂志上，如果公众觉得某个广告具有误导性和欺骗性，他们可以向广告商提出抗议甚至可以向政府相关部门反映。公众的压力可以更好地使广告负起责任来。如果广告商知道公众对他们的不伦理广告提出了抗议投诉，还对那些进行此类广告宣传的产品不予购买，他们会在强烈刺激下保持广告的伦理性。但是，要做到这一点是很难的。公众很容易跟着广告走，我消费我快乐。追星、偶像崇拜、性文化的传播、诱导暴力行为、扭曲价值系统、腐蚀儿童心灵方面，广告固然负有责任，但公众的"免疫力"下降无疑也是一个重要诱因。

在社会主义市场经济的发展中，广告沟通了生产和消费之间的关系，活跃了市场，同时许多广告支持了社会的文化体育事业，满足了人民物质和文化生活的需要。但不可否认的是，当代中国的广告事业中还存在着不少问题，特别是在履行社会伦理责任方面的问题值得研究和反思。

例如，诚信缺失，存在着大量误导性、乃至欺骗性广告。广告作为一种信息传播活动，所传达的信息必须是真实而又客观的。这些信息包括商品的性能、产地、用途、质量、价格、生产者、有效期限、服务的内容、形式、允许等。普通消费者在商业活动中属于弱势群体，这是由于普通消费者对商品的各项信息缺乏全面了解，也没有科学的方法对商品品质进行甄别，因而只有通过商家的介绍及广告的宣传来进行选择购买，所以传达真实而又客观的信息是广告活动中履行社会伦理责任的基本要求。

传播学上有个"拟态环境"理论，即通常所说的信息环境，它是传播媒介对现实环境事件或信息选择、加工后向人们提示的环境。一些广告利用"拟态环境"，夸张社会生活中的某个侧面，误导消费者。尽管广告上的图片、语言和数字并非都是虚假的，但在广告消费中误导消费者的倾向是确凿无疑的。例如有些医疗广告把某些个别的、少数的治愈病例加以夸大，而对有可能产生的副作用或其他不利于广告宣传的因素避而不谈，似乎他们的医疗广告产品或服务是"一流的"，而真实的情况与他们广告中所说的相去甚远。

有许多广告无中生有地编造一些事实，完全是虚假广告。例如，成都市工商局锦江分局春熙路工商所接群众举报，查处涉嫌虚假宣传的"天使丽人"美容胶囊。该美容胶囊的广告刊登了明星们使用"天使丽人"美容胶囊后的"吃"后感，这些"吃"后感写得颇为精美，但却是虚假的。除林忆莲一人承认自己是"天使丽人"美容胶囊的形象代言人外，其余明星坚决否认自己使用过"天使丽人"美容胶囊。而且对该广告刊登的"吃"后感，非常生气。她们异口同声地说：该广告弄虚作假，无中生有，误导消费者，严重损害了自己的名誉，对此表示严厉谴责和抗议。

又如，为了追求广告的轰动效应或广告策划失当，会影响社会稳定。从广告的社会伦理责任来说，广告要吸引消费者，不仅内容要真实，要有一定的品位，而且要考虑广告的内容和实施对社会稳定可能产生的影响。现代广告投放的重点是商业发达、人口密集的大城市，现代广告所传递的信息及其实施可能会对社会稳定产生重大影响。有些广告为了达到轰动效果，不惜编造危言耸听的离奇广告，例如"四不像要进入某某地区"，使市民产生恐慌，影响社会稳定。有些企业在闹市地段通过节日大型游乐活动派发钱物来做广告，市民争要广告钱物，秩序混乱，常常出现伤亡情况，社会影响极坏。

要加强当代中国广告社会伦理责任建设，必须"贯彻制度建设、行政手段和伦理自律"三位一体的原则。

首先，要完善广告的法规制度建设，为广告的社会伦理责任奠定基础。当代中国的广告事业是在改革开放时代、特别是社会主义市场经济建立过程中获得飞速发展契机的，在经济体制转轨过程中，许多有关广告的法规还不完善，甚至有空白点，这给广告的社会伦理责任的界定造成了困难。例如，影视体育明星在不知情或不完全知情的情况下，在媒体上为某产品做了虚假广告，明星要承担法律责任吗?《中华人民共和国广告法》第三十八条规定，发布虚假广告，广告主依法承担民事责任，广告经营者、广告发布者依法承担连带责任，参与虚假广告的社会团体或其他社会组织参与虚假广告的，也要依法承担连带责任。而对于明星作为个人参与虚假广告的情况如何处置，《中华人民共和国广告法》语焉不详。

其次，要加强广告的行政监督管理，为广告的社会伦理责任的履行创造良好的社会条件。政府有关职能部门对于广告是否履行社会伦理责任，负有指导、监督、管理职能。在必要的时候，这些职能部门要运用行政手段来实现这些职能。当前，医疗广告中的问题比较多，存在着大量夸大疗效的虚假广告。据媒体披露，2004 年广西卫生监督机构共监测各大媒体发布的医疗广告 1.29 万多条（次），涉及各类医疗机构 102 家，违法虚假医疗广告竟占总监测数的 98％以上。其他省市情况也相类似。但是违法医疗广告却很少受到严厉的惩处，导致发布违法医疗广告的成本远远低于非法获利。政府有关职能部门加强监管，加大经济惩处的力度，才能对这些违法广告产生震慑作用，净化广告市场。

最后，要提高广告主、广告代理商和媒体的伦理自律水平，自觉履行广告的社会伦理责任。法规制度、行政监管是硬约束，是他律，要搞好广告的伦理建设，必须将伦理的软约束和法规的硬约束结合起来，将他律和自律结合起来。现在广告的运作过程中，受利益的驱动，伦理的声音和力量很弱。有许多广告打法律的"擦边球"，单靠法律手段和行政手段来解决这些问题是困难的。例如，一些格调不高的吸引眼球的美女广告，虽然有一定的审美价值，但到处泛滥，会对未成年人的成长产生消极影响，败坏社会伦理风尚。媒体上刊登的大量的虚假医疗广告受到了社会的强烈谴责，但媒体也应该反省，能否在义利关系上给社会一个满意的答复？建议社会有关方面成立广告伦理委员会，对广告活动中社会伦理责任的问题进行调查分析，并在合适的时间向公众公布结果，以促进广告主、广告代理商和媒体提高伦理自律的水平。

三、广告活动的伦理评价

蓬勃发展的广告已成为现代社会文明的标志之一，但对于广告对社会生活所起的作用一直争论不休。有人认为广告是天使，它为人类迈向幸福生活指明了方向。美国总统富兰克林·罗斯福曾给予广告高度评价："如果我能重新生活任我选择职业，我想我会进入广告界。若不是有广告来传播高水平的知识，过去半个世纪、各阶层人民现代文明水平的普遍提高是不可能的。"也有人认为"广告是罪恶的勾当"，它打开人们心中"潘多拉的盒子"，使人产生过多难以满足的欲望。世界著名历史学家阿诺德·汤因比甚至断言："人类文明的前途，要看人们同麦迪逊大道（美国纽约大广告公司云集的一条街）所代表的一切作斗争的结果。"

那么究竟应当如何看待广告呢？广告究竟是善还是恶呢？我们不妨从伦理学的角度进行一些探讨，即广告活动的伦理评价问题。所谓伦理评价是要根据一定社会或阶级的伦理规范体系，对社会中的个体或群体的伦理活动作出善或恶、正或邪、伦理或不伦理的价值判断，以达到褒善贬恶、扬善抑恶的目的。在伦理评价活动中，善与恶是最经常使用的两个范畴。善恶标准的判断，是要看一定的伦理主体（个人或团体）的行为、活动，是否符合一定社会或阶级的伦理原则、伦理规范的要求。善恶标准并不是一成不变的，它有一定的历史相对性，要随着人类社会的发展而产生相应的改变。因此，在对一定的行为活动进行善或恶的伦理评价时，必须要与现时期社会进步的要求相一致。我国现在正处在社会主义初级阶段，衡量与判断我们各方面工作的是非得失，必须要以"三个有利于"为根本标准，这同时也是我们现时期伦理评价的根本标准。"三个有利于"是将善恶评价标准和人民群众的实际利益结合起来，要求以国家和人民的最根本利益作为衡量善恶是非的标准。在新中国成立初期，一直把广告看成是资本主义产物，是欺骗、诱惑公众的推销伎俩，是一种社会浪费即"恶"

并加以批判。这一时期我国经济属于计划经济模式，各个产品实行逐层分配、统一调拨的购销政策，缺少市场竞争的调节，所以也无需广告来促进产销。党的十一届三中全会后，我国开始进入一个以经济建设为中心的新的历史时期，广告在社会经济生活中的重要作用也逐渐显露，它作为一种服务型经济，是市场经济体系中不可缺少的一个环节；它还可以刺激市场的消费需求，扩大企业影响力，并能有助于市场公平竞争环境的形成。因而，广告活动从总体上看可以对社会主义市场经济起到有效的拉动作用，符合人民群众的根本利益需要，合乎新时期善的标准。

以上我们是从总体上对广告活动的善恶评价，在对具体的广告活动进行伦理评价时，我们还要依据一些具体的伦理原则标准来作出善与恶的衡量。

（一）消费者利益至上标准

广大消费者是广告活动直接指向的受众，他们真正的利益要求就是衡量具体广告活动善与恶的基本标准。由于消费者受各种条件的限制，对于市场上产品的了解大多只能来自于各类广告信息，因此尊重和维护广大消费者的利益也是对广告从业者的基本要求。

广告在传递产品信息时并不能将该产品的全部资料一一列出，只能把其中有代表性的部分表现出来，这就有可能导致某些广告业主在对产品信息的选择中只展示其"瑜"而掩其"瑕"，使消费者产生理解误区。在这些广告中，其单个信息是真实的，但与之相关联的其他信息被广告业主有意回避，使人得出的产品概念与实际情况有出入。如药品类广告中，对产品的疗效功能着重表现，但对其副作用有意回避或尽量加以淡化，未从消费者利益的角度出发来进行广告宣传。再比如市场上颇为流行的保健食品类广告，虽然该种产品确实含有某些对疾病的治疗有一定帮助的成分，但它们仍主要是作为一种食品提供给人基本养分，保健作用只是辅助性的。但在这些广告中不同程度地存在着过分强调疗效的问题，使一些消费者对其真正的功用产生误解，把它当做药物使用，这有可能导致贻误病情，使他们的利益受损。以上广告行为并未违法，但从伦理评价的角度看，是不道德的行为，明显违反"善"的标准。广告主在对产品信息的介绍中，应全面而且客观，也应对广告传递的信息加以分析、辨别，加强自我保护意识。

还有一类证言式广告，常以明星或名人为证言人的角色推介产品，用名人效应去影响消费者的购买决策。但对于这些明星或名人是否真正作为一名普通消费者，在日常生活中使用这些产品却令人质疑，当荧幕上明星们嫣然一笑地说："我只用 xx 牌"，或信誓旦旦地称："相信我，没错的"，人们又如何能够验证他们的话呢？美国联邦贸易委员会就规定利用名人做证言式广告，必须如实反映自己的意见和经验，如该人被描述为产品的使用者，那么广告主要有合理的理由使人相信在广告播出期间，该人一直都是此产品的使用者。从消费者利益出发，这样的规定是值得我们借鉴的。

广告原始素材的准备，也要以消费者利益至上为原则进行，必须用科学的、严谨的态度做好筛选和准备工作，包括功效、证明、事实、根据等广告所要传达的各项信息。不能将未经试验、检测的数据或仅是由极小范围内抽取的样本、依据当成事实公布。在广告制作过程中，也应力求真实，不能为追求广告的画面效果而使用其他物品进行替代等。这样才是真正将消费者利益放在首位，使广告活动符合伦理上善的要求。

广告大师 D. 奥格威（David Ogilvy）为"林索清洁剂"所做的广告中，表现了产品对各种污迹的作用，在选择血渍的广告照片时，为求真实，他竟真的用了自己的鲜血。他曾对新雇员说："消费者不是低能儿，她们是你的妻女，你不会对妻子说谎，也不要对我太太说谎。"真正从消费者利益出发的广告哲学使奥格威创造出辉煌，他为之流血的广告，成了有史以来阅读率最高和印象最为深刻的清洁剂广告。

（二）社会公共伦理标准

社会公共伦理是指在一定社会生活中，为了维持社会正常的生活秩序，全体社会成员应当遵守的一些最基本、最起码的公共生活准则。它是社会存在的反映，是随着人类社会生活的文明和进步逐步积累和发展起来的，反映了维护人类社会成员的利益。主要是依靠传统习惯、社会舆论来保证实现的。

社会公共伦理所涵盖的内容有很多，它具有全民性、广泛性、普遍性等特征。广告实践过程中，从策划、制作到实行需要多方合作，加之诉求内容的不同，使广告表现千差万别，对应所涉及的社会公共伦理问题也是多种多样。尊重公民基本人格尊严是社会公共伦理的基本要求之一，目前的一些广告推广活动却存在侵犯人们人格权的行为，如未经当事人许可，擅自使用其肖像、名称，或将他人隐私作为广告内容公开展示出来，一部分人为此诉诸法律解决，但更多的人因种种原因无法追究侵权者的法律责任，只能给予伦理上的谴责。还有一些派送信息的传单广告，不管人们是否愿意接受，将各式广告传单放置在居民的门上、车筐内或塞进信箱中，让人既无奈又气恼。这些广告行为不仅程度不同地触犯了法律的规定，更主要的是违背了基本的社会公共伦理原则，使广告业的伦理形象在公众心目中大为损贬，也令消费者对于广告的信心受到影响。

另一类与社会公共伦理不符的是性别歧视问题。现代妇女早已摆脱以往夫权至上的依附者形象，她们享受与男人平等的权利，并已在各个社会领域担起重任。但在涉及家庭厨房用品类广告时，几乎清一色地选用女性来扮演各类使用者的角色。洗衣粉、洗洁精广告中妇女们辛苦地洗涤着大堆脏物，或又在为抽油烟机的擦洗伤神。洗衣机、吸尘器等电器广告中，总是要借她们的现身说法来介绍产品性能，好像女性是这些产品的唯一使用者。把女性定位于传统家庭主妇的地位，终日只能围绕锅台灶边的狭小空间的形象，明显带有性别歧视的成分。

其他一些歧视妇女的广告行为包括：不必要地以女性为酒等类产品做广告，实质与所推销的产品无关；让女性当做性暗示的角色亵渎女性尊严；过分渲染女性弱者地位，强调女性依附于男人的地位等。种种这些都与现代尊重妇女人格、保障妇女权利的公共伦理相背离，是应在未来广告发展中予以警视的。

热心公益是伦理生活的基本组成，广告活动也应积极参与其中。太阳神公司曾斥资百万支持第 3 届全国残疾人运动会，并推出相应广告《我们的爱天长地久》，充分体现了社会大家庭中人与人之间真挚的爱，此举广受赞誉，取得社会与经济上的双重效益。与之相比，前段时间曾经被炒得沸沸扬扬的某明星所做的一则口服液广告，由于冒用希望工程的名义宣传其产品，在社会上引起公众的强烈不满。希望工程是全国人民、海外华人共同关注的一项崇高事业，是社会各界有识之士善心良知的体现。商家盗用这一良好的公益形象来粉饰自己，不仅是对希望工程的亵渎，也是对公众伦理之心的玷污。此种有违社会公德的行为，马上受到社会舆论的猛烈抨击，厂家以前依靠巨额广告费用创下的良好企业形象因此而大受贬损，实在是咎由自取。这也可以从中看到社会舆论在对社会行为进行伦理评价中所起的巨大作用。社会舆论之所以具有权威性，就在于它代表着广大群众的一种意志、情感和价值取向，并能给予被评价者以荣誉或耻辱。正所谓众口铄金、众怒难犯，广告活动作为全社会范围的信息传播方式，正处于公众评价的焦点，任何与社会伦理原则相悖的广告行为，都逃不过社会舆论的评判，也必然会招致令人唾弃的下场。

（三）全人类标准

全人类标准包括两个方面，第一方面是人类自身健康发展的标准，保护人民身心健康是社会伦理的基本原则。如果没有人的生命，便无所谓善或恶，伦理或不伦理。香烟对于人类危害早已有了可靠的科学依据，世界卫生组织最近的一份研究报告显示，在未来的 25 年中，预计有 5 亿人会死于吸烟；另外据估计我国烟民数量超过两亿人，因吸烟而导致死亡的人数会相当惊人。有鉴于此，《中华人民共和国广告法》第十八条明确规定，禁止利用大众传播工具及在公共场所发布、设置烟草广告。此类禁令在世界上大多数国家都有制定。在强大的社会压力下，烟草广告沉寂了一段时间，但令人担忧的是目前它的魔影又开始悄然在社会中出现。某些烟草广告改头换面，用起附属企业名义在电视中大做广告，在定格画面中的图案却完全是一张放大的香烟壳；另外某些城市高速公路入口处，国外烟草厂家的广告赫然耸立，甚至城市中心的公共汽车站牌上也被烟草广告所侵占。此类行径无异于劝人自杀，是公然挑战法律规定与人类基本伦理原则，有关部门应予以高度重视，严厉制止。在涉及人民生活的产品广告中，如食品、药品、化妆品、医疗器械、家用电器等，必须符合国家规定的卫生许可事项，或注明保护人们生命健康的警示标志。这些都是广告从业人员作为社会组成部分的基本伦理所在。

第二方面是生态环境保护的标准。人类经济、科技的迅速发展，带来人们生活水平的大幅度提高，但同时带来的环境问题也极为严重。20 世纪中期世界经济进入一个跃进发展的阶段，人类对自然界采取掠夺式的开发利用，认为自然界资源是用之不竭的。可是仅过了 20 年左右，一系列问题相继显露，大气环境的污染，淡水水源的枯竭，土地沙漠化加剧，野生物种的迅速灭绝，温室效应，酸雨现象等，都开始对人类的生存与发展构成严重的威胁。于是生态伦理学被提出并迅速得以发展，它是人类伦理认识的一次重要升华，将人类过去要求战胜自然，转变为与自然的和谐共处，成为合乎自然伦理规律的一分子。这些也是对未来广告发展的基本伦理要求，在广告中，不能宣传有碍环境和自然资源保护的商品，如对于直接或间接表现国家严令禁止捕猎、捕捞的野生物为原料的制品广告。还有如广告材料的环境保护问题，很多商家都喜欢将企业的各种宣传广告印制在塑料包装袋上随产品送给顾客，但是这种白色污染物对城市环境保护极为不利，而且回收起来也相当麻烦。国家曾规定要以布制或纸制包装袋替代塑料袋，但由于相对成本较高，一直未能得到企业响应，这从生态伦理学角度是不可取的。全球范围内提出的可持续发展战略，就是要不以眼前个体、局部利益为目标，而应有寻求人类长远发展留福于子孙的伦理责任感。

令人欣慰的是，目前广告业中的一些有识之士已关注这一问题，提出"绿色广告"的营销战略，他们在制定和实施市场营销策略时，力求满足消费者需求的同时，更以环境保护为主题来宣传企业，将对人类生存空间的维护视为企业未来发展生存的条件与机会，在广告制作中，用自然美景或动、植物为素材，表现人与自然和谐相处的价值取向，也日趋成为一种时尚。

一定的伦理规范能否真正成为社会生活的准则，主要在于它最终是否转化为社会成员发自内心的信念，所以广告伦理是否在社会生活中得以实行，要依靠广大从业人员伦理修养的不断完善与提高，这既需要外在伦理教育的灌输培养，更需要内在的自我塑造、自我改善才能够做到。作为广告受众的普通消费者也同样有一个提高伦理修养的问题，广告业有一种"投其所好"哲学，即要研究大众的喜好来进行广告的策划活动。因此消费者也应加强自身伦理品质、伦理情感及伦理习惯的培养，形成高尚美好的生活品味，这自然会对广告产业的伦理取向起到积极作用。

第八章
消费的自由与消费的
社会责任

在市场经济条件下，商业的繁荣给予消费者更大的选择空间，因而消费者在消费活动中有了更多的自由度。现代消费伦理理念认为，消费的自由与消费的社会责任应该紧密结合在一起。消费者在选择某种商品时，不仅要考虑商品的价格、款式、质量和服务等情况，也要考虑承担的社会责任。在海外，已形成了"消费社会责任运动"。在中国，饮食消费所产生的社会卫生安全隐患为提高消费者的社会责任敲响了警钟。本章从消费的自由与社会责任的角度探讨消费者所应具有的现代消费伦理理念。

一、消费的自由与社会责任

消费是人类社会生活中的基本现象，是社会生产和再生产的重要环节，它反映着一定社会生产力发展的状况和经济体制的特点。20 世纪 50 年代以后，中国形成了高度集中的计划经济体制。在这种经济体制下，国家掌控着大部分资源，普通百姓的消费自由受到了很大限制。个人或家庭的基本食物和生活消费凭国家统一发放的票据供应，国家为城镇居民提供了几乎从摇篮到坟墓的福利补偿，如就业保障、公费医疗、公费住房、义务教育和退休养老制度。同时，计划经济是短缺经济，社会生产力水平不高，难以生产出丰富的商品供消费者选择。这样，在计划经济条件下，讨论消费自由是一种奢望。改革开放和社会主义市场经济的建立，推动了中国生产力的跨越式发展，商业繁荣带来了消费品市场的日益丰富，消费自由有了现实基础，消费者也有了更多的选择空间。在当代中国，消费的自由是改革开放的必然结果。

从理论上分析，消费自由是"消费者主权理论"的逻辑起点。"消费者主权理论"是市场经济最重要的原则之一，它认为，消费者购买某种商品，是把消费者的意愿和偏好通过市场传递给了生产者。生产者根据消费者的意见和要求进行生产，满足消费者的需要。这就是说生产什么、生产多少，最终取决于消费者的意愿和偏好。平时所说的"消费者是上帝"正是"消费者主权理论"的通俗表达。在生产者和消费者的关系中，消费者可以自由选择，但生产者必须遵从消费者的意愿，才能最终达到利润最大化的目的。"消费者主权"问题可以追溯至经济学大师亚当·斯密的《国富论》中，后来的奥地利学派和剑桥学派也都对此问题有所阐发。诺贝尔经济学奖得主哈耶克提出了"消费者主权理论"，在现代社会中有广泛的影响。尽管有的著名经济学家不同意"消费者主权理论"，但20世纪80年代以来苹果计算机公司、麦道公司、康柏公司等大公司的兴衰在实践中多次验证了消费者主权理论的正确性。理论和实践已揭示了这样的客观事实，即搞市场经济必须承认"消费者主权理论"以及它的前提——消费自由。

个人的消费是自由的，它是建立在平等、自愿、自主基础上的。它可以根据消费者的经济状况、个人性格、生活习惯作出选择。消费自由是消费者合法权益的核心，受国家法律的保护。《中华人民共和国消费者权益保护法》第二章中明确规定："消费者享有自主选择商品或者服务的权利。"在消费活动中，消费者不仅是自由地做他要做的事，而且是自由地决定做他所要做的事，这就是说他必须能够合理地决定自己的愿望，他是具有"意志自由"的责任者。

消费是在社会中进行的，个人消费自由又意味着要承担一定的社会责任。因为自由与责任、权利与义务是统一的，作为一个公民，他有一定的自由和权利，同时也有相应的责任和义务，在消费活动中也是如此。责任和义务可以分为两个层面：法律责任和义务，道德责任和义务。从法律层面来说，消费者不能将法律禁止的商品和服务作为消费的对象，例如珍稀动物、毒品等；不能在某些禁止的场所进行某种消费，例如新加坡从1970年就开始实行在规定范围内禁止吸烟的措施，到20世纪90年代，无烟区的范围扩大，除了酒吧和夜总会外，任何装有空调的建筑物内都禁止吸烟。在中国许多大城市，法律对燃放烟花爆竹的时间和地点都有明确规定。违反了法律规定是要受到处罚的。这里，消费者承担的法律责任和义务主要是禁止性的，而消费者承担的道德责任和义务则与之不同，其特点主要表现在：

第一，道德责任和义务主要是从观念上"引导"消费活动的。消费者在消费活动中，有"能不能"的问题，也有"愿不愿意"的问题和"应不应该"的问题。"能不能"问题涉及消费者的经济承受力，"愿不愿意"问题和"应不应该"问题涉及消费者的道德观念。消费什么，消费多少，采取什么形式消费，是个人权益范围内的事情，大多数情况下难以用法律条文加以明确规定，主要通过道德观念来加以引导。人的消费行为是由需求来发动的，由观念加以引导的。人的消费需求通过道德观念的评判和引导，才能转化为现实的消费行为。例如，一个奉行节俭消费观念的消费者尽管也有不少消费需求，但消费道德观念抑制了他的消费行为，他可能少消费，甚至不消费。有些消费品的生产是违背社会公正和良心的，许多消费者就会从责任感和义务感上拒绝接受这种消费品。相反，选择某些节能、无公害的消费品，有利于生态环境保护，许多消费者就会从责任感和义务感上接受这种消费品。

第二，在消费范围的调节上，道德责任和义务比法律更广。法律主要通过禁止性的条文，规定消费者的义务和责任，但是在禁止的范围之外，消费选择的空间是非常广阔的。它可能有两大层面，一是允许的，二是提倡的。在"允许"层面上的消费活动，是符合低层次道德要求的，对社会利多弊少，而在"提倡"层面上的消费活动，是符合较高层次道德要求的。例如在市场经济条件下，奢侈品消费在一定程度和范围内是允许的，但不是提倡和鼓励的。在调节消费过程中，道德责任和义务的践履，不仅通过个体的良知，还通过社会的道德风尚，使这种调节更具有广泛性，能够渗透社会消费生活的各个方面。例如，在欧洲的许多发达国家中，生态环境保护的基础是公民的道德责任感和义务感，并形成了社会风尚。这些国家的公民在日常生活消费中，消费品对于生态环境的影响成为消费选择的重要影响因子。例如，那些小排量、低能耗的轿车在欧洲更多地受到青睐就是一个证明。

第三，道德责任和义务是建立在自觉自愿基础上的，与消费过程的特点相吻合，更为深入。消费过程中，双方以平等、自愿、自主的方式形成契约，换言之，没有消费者的自主自愿，消费就是一句空话。而这种消费中的自主自愿与消费者对道德责任和义务的认识有着密切关系。消费者在消费过程中或多或少地受到了道德观念的影响，他们认为是符合道德责任和义务的，就会自觉自愿地去做，反之，他们会拒绝这种消费行为。法律以强制为特点，而道德以自愿为基础。法律以外在的方式调节人们的行为，而道德以内在的方式调节人们的行为，消费过程中的法律调节是有力的，但道德调节的特点与消费过程中的特点相吻合，比法律调节更为深入。

道德责任和义务，简称道德责任。根据本书的主旨，这里着重分析消费过程中的道德责任，主要是社会责任。消费者在进行消费选择时，不仅要问经济上的合理性，而且要追问伦理上的合理性，即是否履行了消费者的社会责任。节约用水、节约用电、节约用纸、节约用油……不仅对经济发展有重要意义，同时也是消费者社会责任感的具体表现。

消费者对保护生态环境承担着重要的社会责任，球星姚明为人们作出了良好的榜样。生物的多样性有益于人类，保护生物的多样性是生态环境保护的重要内容。联合国粮农组织估计每年将近有 1 亿只鲨鱼被捕杀，一些鲨鱼的数量在过去 50 年内已经减少了 80%。① 体重可达 150 吨的蓝鲸 100 年前在大西洋的数量为 20 万头，而今数量不到 1 千头，难以延续该物种的生存。② 中国篮坛巨人姚明在 2006 年 8 月 2 日出席了由野生救援协会（WILD AID）组织的"护鲨行动、从我做起"的新闻发布会。会上姚明在《全球野生动物保护宣言》上签名，并号召大家从不吃鱼翅、不购买野生动物制品开始，增强保护野生动物的意识。鱼翅是名贵的食品，价格不菲，但根据姚明的经济实力，消费区区鱼翅，不在话下。姚明不吃鱼翅的"护鲨行动"绝不是从经济角度考虑问题，而是源自于他高度的社会责任感。姚明在这方面为全社会带了个好头，为生态环境的保护作出了贡献。在当代中国，吃鱼翅是少数人的消费品，但吃青蛙等野生动物却是很普通的事。人们需要学习姚明的精神，自觉增强社会责任感，在餐桌上拒绝食用青蛙等野生动物，以利于生态环境保护。

消费者对社会公共卫生安全承担着重要的社会责任。中国是一个饮食消费大国，烹饪技术享誉全球。特别是中国人的饮食采取"合餐制"，喜欢吃某些野生动物，是公共卫生安全的重大隐忧。1988 年，上海 30 余万市民患甲肝，死亡近 50 人，其原因是食用了不洁毛蚶。甲肝流行，一度影响了上海城市的运转。③2002 年冬天至 2003 年春天，我国内地 24 个省区市先后发生 SARS 疫情，共波及 266 个县和市（区）。患者 5000 余人，死亡 300 余人。④ 这场突如其来的疫病灾害，严重威胁了人民健康和生命安全，也影响了我国经济发展、社会稳定和对外交往，造成了巨大损失。SARS 肆虐，与食用野生动物果子狸有关。2006 年，北京市民因食用福寿螺，138 人被确诊患病。⑤ 小小毛蚶和福

---

① 参见林威昉：《姚明李宁刘欢等携手"护鲨" 姚称一向拒食鱼翅》，http://www.chinanews.com.cn/other/news/2006/08-02/767989.shtml。

② 百度百科词条《蓝鲸》。

③ 参见《1988 年上海毛蚶风暴：人类史上罕见的甲肝暴发流行》，http://it.sohu.com/20060116/n241448677.shtml。

④ 参见《我国内地 SARS 数字画上句号》，http://www.cnhubei.com/200308/ca318830.htm。

⑤ 参见《法制晚报》2006 年 11 月 17 日。

寿螺，美味的果子狸，引发了公共卫生的大问题。改革开放以来的重大公共卫生事件为我们敲响了警钟：为了解决饮食消费中公共卫生安全的重大隐患，必须改变中国饮食消费习俗，增强消费者公共卫生安全的社会责任感。

消费者对社会公正和人道承担着重要的社会责任。在传统消费伦理观念中，社会公正和人道似乎是与消费者的社会责任风马牛不相及的，也就是说，在人们心目中，消费者没有责任去过问消费品是如何生产出来的，这个生产过程和生产条件是公正的还是不公正的、人道的还是不人道的，假如是不公正的、不人道的，消费者难道不应该拒绝这种消费品吗？随着时代和文明的进步，社会公正和人道问题也成为消费者社会责任的重要内容。"血汗工厂"为了攫取更多的利润，用非人道化的条件生产出来的消费品开始受到有高度社会责任感的消费者的抵制和谴责，那些非洲出产的"血腥钻石"不再是高贵的象征，而是耻辱的标志。过去这些消费者难以理解和接受的观念和行为开始在"以人为本"的春风中开始在中国社会中萌芽滋长了，它们的生命力在不久的将来会充分显示出来。

消费者社会责任的内容是丰富的，以上概括了其中的主要部分。根据本书内容的安排，本章后两节着重论述与当代中国现实密切相关的两大问题：消费者对社会公共卫生安全的社会责任问题和消费者对公正和人道的社会责任问题。

二、消费者的社会责任与公共卫生安全

公共卫生安全问题是当代中国社会发展中必须加以充分重视的大问题。甲肝、SARS 等重大公共卫生事件清楚地表明：公共卫生安全是国家安全的重要组成部分，严重的突发公共卫生事件破坏了公共卫生安全，将直接或间接地影响到国家政治、经济、社会的稳定和发展。认真分析这些重大公共卫生事件，不难发现它们有一个共同点：这些重大公共卫生事件的发生都有着深刻的社会历史背景，与中国传统的饮食消费习惯有着密切关系。现代社会是一个人员高度流动的社会，城乡之间的流动，城市与城市之间的流动，东西部之间的流动，南北方之间的流动，其规模之大、数量之多和频率之快是过去任何一个时代都难以比拟的。特别是 2008 年北京举办奥运会，2010 年上海举办世博会，人员的流动创造了新的纪录。如何有效地预防公共卫生突发事件，消除隐患，需要总结经验。甲肝是食用不洁毛蚶引起的、SARS 的肆虐与食用果子狸有关，要切断疾病的传染链，必须转变中国人的饮食采取"合餐制"和滥食野生动物的消费陋习。而要达到这一目标，需要制定严格的法律和规章制度，但同时必须加强消费伦理建设，唤醒消费者在餐桌上的社会责任感。

"合餐制"是中华民族传统的就餐方式，已有上千多年的历史。据有关专家研究，在宋朝以前，中华民族的传统进食方式是"共食分餐制"，考古出土的画像上就有"席地而坐，分案而食"的用餐场面。人们席地而坐，每人一份就是当时的就餐方式。西晋以后，人们席地而坐的习惯开始改变。到了宋代，"合餐制"开始取代"分餐制"。在明清时期，"合餐制"已成为中国社会的基本就餐方式，并延续至今。"合餐制"中，众多食客围坐一团，一待开餐，数箸齐下，最大的弊端就是极易导致疾病传染，尤其是那些通过唾液、呼吸道、消化道传染的疾病。特别是在像 SARS 这样的病毒肆虐时，疾病的感染率非常高，真可谓一人得病，全桌受累，甚至遭殃。

变革中国的消费伦理观念，改变"合餐制"这一传统的就餐方式，必须分析中国传统文化的特点。几千年前，中华民族的先民栖息于东亚大陆辽阔而肥沃的原野间，世代相沿，定居农业，形成了本民族的生活方式。这种以农事耕作为主要内容的生活方式以及由此带来的对土地的深深眷恋，使中华民族在其历史演进过程中，有其不同于西方的特点。西方文化起源于古希腊，古希腊人漂洋过海，进行贸易经济活动，使他们逐渐摆脱氏族社会的血缘纽带，建立了以契约为基础的人际关系和社会结构。而古代中国血缘纽带的解体，不如古希腊那样充分、彻底。血缘家族关系的存留、血缘纽带解体的不充分是宗法制度在中国千年不衰的历史渊源。中国的文化，包括中国古代消费的伦理观念，都深深打上了宗法血缘的烙印。

中国古代的消费首先是满足生存的需要，但同时也是基于血缘关系的伦理地位和关系的表达。人的地位有贵贱之分，人与人之间有亲疏之别，这些与宗法血缘关系紧密结合在一起的差异性必然要反映到消费生活中来。"非礼勿视，非礼勿听，非礼勿言，非礼勿动。"（《论语·颜渊》）。消费都要按照一定的伦理要求进行。超越了规定的伦理地位的消费就是恶。有些宫廷里表演的舞蹈，只有天子才能消费，如果其他人消费了，那就是大逆不道。

中国古代非常强调饮食在生活中的地位，认为"民以食为天"，同时社会生活和社会结构以农业家庭小生产为基础，因此家庭餐桌上的消费是整个社会的缩影。人与人之间的关系以血缘为纽带，通过餐桌上的消费，传递、加深伦理感情。中国的春节是一年中最重要的节日，而除夕的"年夜饭"是家庭一年中最重要的晚餐。大家庭中的各个成员围坐在餐桌旁，共食美酒佳肴，浓浓的伦理感情使家庭成员获得了极大的物质和精神满足。家庭主妇的满足在于能够为子女和老人烹调佳肴，老人之满足在于为因子孙满堂而享受天伦之乐，小孩之满足在于口腹之欲。在餐桌上，中国人有"劝酒"的习俗，通过"劝酒"进行"感情投资"。"感情深，一口闷；感情浅，舔一舔"，正是这一现象的概括。可见，"合餐制"成为中国传统的饮食消费方式，绝不是偶然的，它有着中国经济文化发展的深刻背景，能更好地满足中国人的心理需求和伦理需求。需要补充的是，价值观原因也不可忽视。中国古代传统的价值取向是家族为本位，整体至上，有忽视个体权利的倾向。"合餐制"强调菜肴口味的统一，整个餐桌的人食用一种味道，而对个体口味的差异性则不给予充分重视，这与中国传统的价值观是相吻合的。

为了防止 SARS 的卷土重来，将传统的进餐方式——"合餐制"改为"分餐制"已提到了重要议事日程上。据报道，中国饭店协会已制定了《餐饮业分餐制设施条件与服务规范》，作为全国 300 多万家餐饮经营企业分餐制的操作指南。分餐主要有三种形式：第一种是就餐人自己分；第二种是服务员为顾客分；第三种是使用公筷、公勺。如果切实实现了"分餐制"，就可以将就餐中疾病感染率从42%下降至17%。在2003年夏天，有媒体报道，中国70%的餐饮企业已实行分餐制，但是否能坚持下去，前景不容乐观。有关部门设计了一份调查问卷，分别在北京、广东、内蒙古、山西等SARS疫情一度严重的省市进行调查。结果显示，人情面子挡着分餐制：有近82.8%的受访者表示，如果与亲朋好友一起就餐，不会主动要求分餐或使用公筷；但当有陌生人在座时，74.3%的受访者表示会提出分餐或使用公筷；有60%的受访者认为分餐会破坏就餐气氛。[①]"分餐制"在家庭中的推广会遇到更大的困难，有位女士的看法颇具代表性。她说，只要能和久别重逢的儿女、亲人共进一次餐就是人生的一大幸事，一家人其乐融融地围在一起，吃着我亲手做的饭菜，甜蜜从心中泛起，难以言表。可分餐制就体现不出这样的氛围。

中国人的饮食内容极为广泛，近代文人林语堂在《吾国吾民》中甚至说："凡属地球上可吃的东西，我们都吃。"[②]野生动物被端上餐桌，在中国是司空见惯的现象。据中国野生动物保护协会对全国16个省会城市和5个地级城市的1381个餐厅、286个副食商场和218个集贸市场的调查显示，49.8%的餐厅、15.4%的副食商场和41%的集贸市场经营野生动物。被调查中46.2%的人吃过野生动物。[③]滥食野生动物的消费行为潜伏着传染动物自身携带病毒的巨大危险，特别是在发生重大公共卫生事件期间，所产生的危害就可能更大。

几千年以来，中国尽管是农业国，但维持人的生存的基本食物却常常得不到保证。经常性、周期性的灾荒、饥馑不断拓宽了食物选择的范围。因为饥不择食，许多原来非食用的野生植物和动物被端上了餐桌，成为人们度荒的食物。而饥荒之后，度荒食谱作为生存知识保留下来，在中国历代救荒的史书中，都有度荒食物的真实记录。吃过去不曾吃过的食物的欲求和体验，在历史

---

① 参见任涛：《分餐制：挑战千年饮食文化》，《人民日报》海外版2003年7月4日。

② 参见林语堂：《吾国吾民》，岳麓书社2000年版，第289页。

③ 参见《环球时报》2003年5月14日。

的长期发展中对消费伦理观念产生了重要影响，并沉淀到民族的心理中。

在吃野生动物的心理驱动中，"药补不如食补"、"吃啥补啥"的传统饮食养生观念的作用不可小视。在这一养生观念的支配下，一些野生动物的肉和器官被认为能够增强人的体质，延年益寿，或者能够滋阴壮阳，改善生活质量。其中有些没有科学根据，有些并无显著作用，但人们还是希望尽可能地满足这方面的要求。

中国有位著名文学家认为，"第一个吃螃蟹的人是英雄"，尽管他的本意是鼓励人们开拓进取，但从另一个侧面折射出中国人在消费问题上的荣辱观。吃未曾吃过的野生动物，特别是珍稀野生动物，既满足了人们对未知世界的好奇心，也满足了人们的虚荣心，在相当一部分中国人的心目中是大可以在别人面前引以为荣的事情。中国的消费伦理观念中，"面子"消费占有重要地位。在社会交往中，主人为了表达自己的好客，往往将珍稀野生动物端上餐桌。一方面，客人满足了口腹之欲和好奇心；另一方面，主人感到是有"面子"的事，满足了虚荣心。

在如何对待野生动物上餐桌问题上，有两种不同的意见。一种意见坚决反对野生动物上餐桌，因为人类已经有了大量的家养动物可以吃，为什么不吃？野生动物更有可能携带病毒，造成疾病的传播，而且有些野生动物的宰杀过程过于残忍，应该不吃。另一种意见对"不吃野生动物"提出了反对意见，这种意见认为不能把 SARS 等疫病在物种间的传染简单地归结于野生动物，家养动物携带的病害远远超过野生动物，所造成的危害也很大，例如因为疯牛病，是否应该禁吃牛肉？高密度的养殖和添加剂，使家养动物的味道越来越差，一些人喜欢吃野生动物是有理由的。当然，在禁止野生动物上餐桌的操作上，也会碰到困难。例如，如何界定野生动物，有些人工繁殖的野生动物或者经过驯化的野生动物能否上餐桌？在某些地区，吃野生动物已成为习俗，形成了野生动物饲养、销售和消费的产业链。对野生动物"一刀切"，一律不准上餐桌，势必对这些地区的经济产生极大的负面影响。由于有消费需求的存在，商家利益的驱动，要真正做到禁止野生动物上餐桌是困难的。

　　解决上述当代中国的消费问题，以杜绝公共卫生安全的重大隐患，是一项系统工程。必须诉诸法律的、行政的和道德的手段，其中道德手段起着基础性作用，是法律和行政手段所不能代替的。消费是由人们的需求而产生的，这种需求由物质生活条件所决定，但受着人们的偏好、价值观念的极大制约和影响。要改变"合餐制"的消费方式和滥食野生动物的陋习，首先要移风易俗，变革当代中国的消费伦理观念，自觉增强消费的社会责任感，创建文明、健康的消费文化氛围。

　　（一）建立将文明、健康、卫生放在首位的新的饮食消费伦理观念

　　中国古代经济制度和社会结构的特点，造就了中国独特的饮食消费文化，使其烹调艺术享誉世界。然而，这种消费文化中的消费伦理观念以重感情、重排场、重口味为基本倾向，"合餐制"和滥食野生动物正是这种基本倾向的表现。要变革"合餐制"的消费形式和滥食野生动物的陋习，必须建立将文明、健康、卫生放在首位的新的饮食消费伦理观念。这种新的饮食消费伦理观念绝不是全盘拒绝传统的消费伦理观念，在饮食消费过程中，追求美味，并获得伦理和心理的满足，这是人之常情。但文明、健康、卫生和感情、排场、口味相互之间并不是永远和谐统一的，常常发生矛盾和冲突，在这种情况下，如何解决矛盾和冲突？这必然涉及消费伦理价值观念的分歧，即两者孰轻孰重、孰先孰后的问题。传统的消费伦理观念重感情、重排场、重口味，往往忽视文明、健康、卫生，从而为 SARS 等传染性疾病的流行提供了温床。SARS 后的反思推动了消费伦理观念的变革，人的生命健康应放在第一位，已为越来越多的人所理解和接受。为此，"合餐制"和滥食野生动物消费现象的改变，是中国社会发展的必然趋势。打破传统的饮食习惯，减少疾病传染的隐患，是对健康生命的尊重，有益于社会也有益于个人。当人们真正接受了这种消费伦理观念后，建立在理智基础上的亲情和友谊也不会淡化。

　　（二）在饮食消费伦理观念中注入保护自然生态平衡的绿色消费原则

　　饮食消费是在一定社会生活中进行的，不仅是个人需求的满足，同时在这一过程中消费者也承担着一定的社会责任。吃什么，不仅涉及个人的习惯、愿

望、文化背景、经济能力，同时也涉及人和自然的关系问题，涉及生态环境保护的社会责任问题。中国是一个人口大国，食物消费的数量惊人，吃什么与自然生态保护有着密切关系。当食物端上餐桌的时候，我们不仅要问，它是否色香味俱全，是否有益于健康，同时也要问是否有利于自然生态平衡？在许多中国人的心目中，消费是个人的私事，只要我有消费能力，吃野生动物是无可非议的。很明显，这些人缺失的是绿色消费的责任感。只有建立起生态环境保护的责任意识，才能为解决滥食野生动物现象提供思想基础。

在饮食消费活动中，贯彻保护自然生态平衡的绿色消费原则并不是对野生动物"一刀切"，而是要区别情况。有些野生动物濒临灭绝，坚决不能端上餐桌。食用濒临灭绝的野生动物不仅违背了道德要求，也违背了法律要求。有些野生动物虽然可以食用，但过多食用，必然影响自然生态的平衡，必须严格控制。有些野生动物已经可以人工繁殖和饲养，应允许食用这些人工繁殖饲养的野生动物。为了保护自然生态平衡和饮食安全，食用的野生动物必须经过专家的论证和卫生检疫。中国广东省是食用野生动物的大省，来自野生动物生态学和驯养繁殖等方面的 18 位专家针对一批养殖技术成熟、具备产业化繁育能力、不依赖野外资源为种源的陆生野生动物物种，进行严格的科学论证，通过了广东省可以从事经营利用性驯养繁殖的 40 种陆生野生动物物种。对野生动物食用问题区别对待是建立在科学基础上的，这种区别对待既重视野生动物保护，又支持野生动物养殖业的发展，能够更好地为社会各界所接受，并得到真正的贯彻和执行。

（三）加强企业经济伦理建设，更好地支持新的消费伦理观念

新的消费伦理观念要成为当代中国主流的消费伦理观念，必须强调以经济和伦理相统一为出发点。有人做过分析，将"合餐制"改为西式分餐制，酒店的菜肴价格必须上调 30% 才能维持现有利润；如果按现在的方法分餐，菜肴价格也得上涨 5%—10%。如果在保证原有利润的情况下，为了消化增加的运营成本，势必很大程度上会提高人均消费额，这将直接影响到客人的数量，从而影响经济效益。如何解决这一矛盾？有些酒店采用公筷制也不失为一种简易的

解决方法，也可在菜肴的制作上动一番脑筋，将更多的菜肴做成可分食的形式，而不是整鸡整鸭整鱼的形式。另外，上述对野生动物的区别对待也是以经济和伦理相统一为出发点的，将会产生良好的社会效果。总之，以经济和伦理相统一为出发点，变革当代中国的消费伦理观念，保证了商家的经济效益和消费者的实惠，才会得到更多的支持，而使其成为主流的消费伦理观念。

三、社会公正与消费者的社会责任

消费者对社会公正负有社会责任，在当代中国经济伦理研究中是一个崭新的课题。如何理解这一社会责任，必须首先阐述企业的社会责任，即企业仅仅是赚钱的机器吗？如何全面理解企业的责任？

国际经济伦理学界在企业的责任问题上已基本达成共识，企业不仅要承担经济责任，也应承担环境责任和社会责任，这三方面的责任是相互联系的，缺一不可。换言之，企业除了创造财富，对股东与其他利益相关者负责外，还必须对全社会承担责任，一般包括遵守商业道德、保护劳工权利、保护环境、发展慈善事业、捐资公益事业等。讲人道、实现社会公正是基本内容之一。为了更好地落实企业的社会责任，国际有关组织专门出台了 SA8000 标准，以保护人类基本权益为宗旨，对企业（组织）内生产环境条件提出了最低要求。强调企业对社会公正的责任，对于当代中国落实"以人为本"的科学发展观，建设和谐社会有着重要的现实意义。

改革开放以来，中国经济迅速增长，以至被认为是一个奇迹。这个奇迹的产生有众多条件，其中之一是中国劳动力价格低廉。由于劳动力价格低，大量劳动力密集型产品在国际市场上有较强的竞争力。但是中国经济在发展过程中，也出现了容易为国外企业所攻击的"软肋"，即对劳动者权益的有效认定不够。企业为了降低成本，获得更多的利润，对产品生产的过程与条件不愿投入更多的物力和财力，特别是中小企业中，对劳动者和工作环境缺乏重视，竭力打压职工的权益空间，甚至违背企业经营的人道底线。强调企业对社会公正的责任，从理念上接受 SA8000 标准所体现的人道标准，才能造成社会的舆论氛围，促进职工维护自己的基本人权，推动企业改变侵犯职工人权的做法，更好地实现社会的公正。同时，这样做也有利于社会的和谐与稳定。企业违背社会责任的理念与行为，已经造成严重的社会问题。例如在建筑、服装、电子等行业，存在着明显压低和大量拖欠民工工资的现象，使劳资关系的矛盾激化，成为社会不稳定的重要根源。中国内地煤矿经常发生重大伤亡事故，成为社会的重大新闻。企业社会责任建设，日益成为整个社会的强烈呼声。

为了促使企业更好地履行社会责任，消费者对社会公正的责任问题开始浮出水面。1989 年，国际上成立了"消费者责任协会"（The Institute for Consumer Responsibility，简称 ICR），并建立了"消费者社会责任运动"网站（http://www.onemovement.net）。该协会的宗旨在于将消费者团结起来，在企业势力不断增长的情况下，通过削弱企业的影响和企业对社会的控制以及建立对企业的抉择，形成消费者的强势。因为当今社会是企业的社会，当今文化是企业的文化，企业的势力和影响已经超越了经济和政治结构，进入到文化和价值的核心，进入到我们生活的"心脏"。无论是涉及人权、环境、劳工、公民自由、经济正义、动物福利问题，还是其他社会病态问题，企业的势力是这些问题的核心。企业的利益直接和间接地引起和加剧了这一系列问题，它们阻碍了问题解决方案的实施，使公众不能正确地认识这些问题的本质，将资源和注意力远离真实的需求。消费者只有联合起来，履行自己的社会责任，采取抵制等手段，才能对企业的不良行为产生威慑力，从而有助于社会公正的实现。

十多年前，美国 200 多所学校的学生举行了反血汗工厂的消费者社会责任运动。他们从要求校方拒绝采购血汗工厂生产的商品开始，进而向耐克等著名公司施压，要求他们提高加工工厂工人的经济权益。起初，耐克公司并未理会，但当学生发动"不买运动"，耐克公司才感受到巨大压力，同意与大学生谈判，答应增加工人的福利，并公布所有供应商的名单，接受公众的调查和监督。这场消费者社会责任运动产生了巨大影响，它促使耐克公司和一大批欧美企业成立了企业社会责任部，负责监督和解决劳工权益问题。

在中国，24 岁的香港女孩丘梓蕙走在了消费者社会责任运动的前列。她在香港中文大学读书期间，被 1993 年深圳一家港资玩具厂的火灾所震惊。在这场火灾中，80 多名女工死亡，100 多名受伤。这家工厂代理的是意大利某著名品牌的儿童玩具，香港老板为此赔了 100 多万元就破产了，而意大利企业不愿承担责任，受伤女孩命运悲惨。具有强烈社会责任感的丘梓蕙和她的同学在那年暑假组织了一场"干净衫"行动，期望用实际行动来改善工人的待遇。他们将几家大学定制的 1 万多件 T 恤的订单直接下到工厂，每件 T 恤还多付 2 元钱用于提高工人待遇。

欧美的经历表明，企业成立社会责任部门并履行社会责任并非自愿，而是迫于消费者力量的崛起和压力，不得不作出的反应。2005 年大学毕业后，丘梓蕙决定把唤醒中国消费者力量当做一项事业来做。她与一班志同道合者共同创立了"大学师生监察无良企业行动"（简称 SACOM）。他们高举"有良心的消费"大旗，组织香港大学师生志愿者到跨国公司在内地的代工厂进行独立调查，并把调查结果向公众公布，以唤醒消费者对企业不良行为的关注，从而形成一股压力，迫使企业改善现状。他们的这些行动在海内外产生了广泛影响。①

消费者社会责任运动之所以会对企业履行社会责任产生巨大的威慑力，其最深刻的经济根源在于世界进入了"消费社会"。在这个社会中，消费需求对于经济发展的拉动作用越来越明显，消费者基于一定的价值观对于商品的评价和选择，直接关系到商品的销售业绩和企业的经济效益。这使消费者的地位有了很大的提高。尽管消费者作为个体，它的声音是微弱的，但消费者社会责任运动形成了巨大的伦理力量，使企业不敢小觑。发达国家的实践已经证明，消费者社会责任运动可以对社会公正问题产生重大影响，而消费者对社会责任意

---

① 参见《新民周刊》2007 年第 5 期。

识的理解和认同是其基石。

为了培养消费者的社会责任意识，必须追溯到对消费行为的实质进行分析。在许多消费者看来，消费纯粹是一种经济行为，一手交钱，一手交货，整个过程是公正的。至于这些商品或服务是否来自血汗工厂或者它们的生产过程严重破坏环境、残害动物，是政府部门或其他有关组织的事。也就是说，商品和服务是否"清白"，与消费者无多大关系。消费者没有必要和可能知道商品和服务的来龙去脉，因此要求消费者为此承担社会责任是难以接受的。

当然，我们不能轻易给那些购买血汗工厂产品的消费者戴上一顶"不负责任"的帽子。消费者要考虑社会责任，但不是要追究消费者的责任。戴上这样的帽子不利于消费者责任意识的建立，反而会引起消费者的反感。应该从"提倡"的角度入手，唤醒消费者的社会责任意识。消费者生活在一定的社会环境中，消费活动是一种经济行为，同时也是一种社会行为，它反映着一定的伦理和文化的要求，甚至政治的要求。例如，为了表达某种爱国主义的情感，拒绝购买某国的商品。血汗工厂侵犯劳工的权益，对社会的和谐与稳定构成了威胁。血汗工厂的大量存在与发展，不利于整个社会其中包括消费者在内的长期的、根本的利益。尽管消费者因为购买了血汗工厂的商品或服务而获得了某些经济上的利益，但这是暂时的、局部的和有限的。当然，我们不能仅仅从工具理性角度分析问题，更应该从价值理性上把握消费者的社会责任问题。人不仅是经济人，而且是道德人，需要有人道的精神。我们应该同情那些在社会最底层为生存而煎熬的弱势群体，为他们争取正当的权益作些贡献。同时，对于一个具有社会良知的消费者来说，消费"不文明"的商品，难以获得幸福的感受，甚至会产生耻辱和痛苦的感觉。2006年年底，好莱坞电影《血钻》上映了。该片以20世纪90年代末西非国家塞拉利昂为背景，揭露了该国的不法之徒为争采钻石将国家引向毁灭性内战，国际钻石商却从中牟取暴利的血腥内幕。"钻石是女孩最好的朋友"的时代结束了，一些好莱坞影星发起了抵制"暧昧"钻石的运动。也许钻石光彩熠熠，但一直走在时尚前列的她们不愿佩戴这些可能有"血腥味"的钻石，这体现了明星的道德良知，是值得赞许的。在以奢侈为荣的"消费社会"里，明星的这种示范作用将会对社会风尚产生重要影响。

做"负责任"的消费者是建立在消费知情权的前提下的，消费者要了解足够的有关商品生产过程的信息，才能更好地判断商品是否"清白"。有时被戴上"不负责任"消费者帽子的人，也许并不知情。要通过大众传媒的力量，使商品的来龙去脉更多地为消费者所了解。但是，假如消费者确实是知情的，消费者没有拒绝血汗工厂的商品，是否要承担道德责任？从发达国家的实践看，更多地不是追究消费者的这种道德责任，而是使消费者在充分知情的情况下，根据个人的道德信念进行选择。这意味着这里的道德责任是"倡导性"的，让消费者在人道和公正的信念下作出自己的选择。鼓励"负责任"的消费者，而不是惩罚"不负责任"的消费者。

美国人以喜欢喝咖啡闻名于世，其每年的消费数量非常惊人，约占世界总产量的四分之一。而这些咖啡大多是从拉美穷国进口的，经营咖啡的商人利润丰厚，而生产咖啡的拉美农民每磅咖啡豆仅获得 40 美分的收入。过低的价格使这些农民年收入在 600 美元上下，生活非常艰难。"咖啡公平交易运动"正是在这个背景下产生的，由美国一些劳工 NGO 和"有责任心的消费者"共同推动。由于他们的努力，美国从 20 世纪 90 年代末起建立了"公平交易证书"制度。在这个制度下，加入这个体系的咖啡进口商必须以 1.26 美元一磅的价格，绕过中间商，直接从咖啡农合作社手中购买咖啡。与此同时，一个叫 TransFair USA 的独立公证机构，给该进口公司颁发公平交易证书。1.26 美元一磅的价格，是以前收入的 3 倍左右，由此受益的咖啡农收入明显提高，摆脱了极端贫困。①

同样的咖啡，不同的价格，区别仅在于是否有一张公平交易证书。消费者会做怎样的选择？根据经济学家的观点，人都是自利的，因此，消费者总是考虑价格对自己有利的商品。但是，在现实生活中并不尽然。国外许多有"消费

---

① 参见《影响世界的咖啡公平交易运动》，http://blog.china.alibaba.com/blog/klk540/article/b0-i1493723.html。

责任感"的消费者宁愿多花钱购买价格稍高的"清白"咖啡，而不愿购买价格便宜但"肮脏"的商品。可见，在消费选择中，伦理观念起着重要作用，世界上"负责任"的消费者不乏其人。

也许处在社会主义初级阶段的中国，要让大多数消费者接受这样的消费伦理观念有很长的路要走。在当代中国的经济生活中，消费者的信条是：同样的商品，价格越便宜越好。因此，商家为了占有更多的市场份额，他们之间的竞争往往是激烈的价格战，由此形成了价格倒逼机制。这种机制一方面推动了企业加强管理，降低成本；另一方面过度的"倒逼"有可能为企业不择手段地压低劳工的工资、侵犯劳工的权益提供"合法的理由"。消费者应确立"公平交易"的伦理观念，为保护劳工的权益、实现社会公正创造条件。在劳动密集型产业中，消费者给收入低微的生产者以适当的道义帮助，虽然不是最"理性"的"经济行为"，但可能是最"道义"的"社会行为"。虽然没有获得最大的利益好处，却也获得了道德良心的满足。当然，对于商家来说，随着消费者社会责任感影响的扩大，公平交易提高了它们的商业信誉，一部分经济损失所换取的道义形象最终可能带来更多的经济效益。

在当代中国，"有责任"的消费者履行社会责任，也会遇到一些意想不到的尴尬。例如，香港女青年丘梓蕙与SACOM的其他成员在深入调查基础上发表了有关报告，督促大企业找回良心，但结果出人意料，海外大企业停单后，内地代工企业陷入了困境，1000多名工人的饭碗成了问题。不难看到，消费者的社会责任问题是一个复杂的涉及社会政治经济多方面的问题。有社会责任感的消费者的行动对于保护劳工权益，实现社会公正有重要作用。但当代中国的消费者还处于弱势地位，声音还很微弱。有人估计，中国消费者力量壮大到当今欧美消费者的水平，至少要10年以上。没有配套的政策和法规的支持，消费者社会责任行动难以走得很远，难以将副作用减到最小。中国消费者的社会责任行动还刚刚起步，是有着旺盛生命力的新生事物，要着眼于未来。

当今中国是开放的中国，大量商品出口海外。海外消费者社会责任运动促使内地企业要重视劳工的权益，具有正面意义，然而在这同时，也难免使人产生一丝忧虑。中国的经济、政治、文化发展水平与欧美不同，在劳工权益保护方面的标准还有相当差距，欧美一些别有用心的人是否会利用消费者社会责任运动来抵制中国商品，搞"贸易壁垒"？这需要我们加以警惕，但是，中国社会正在公正、文明的大道上迈进，消费者社会责任运动带给我们更多的是"利"，而不是"弊"。

第九章
消费伦理与青年道德教育

加强消费伦理建设，造就良好的社会消费风尚，必须重视青年教育。青年特别是身处改革开放前沿的都市青年，往往领消费潮流之先，他们的消费观念突出反映了当今消费观念的嬗变。要分析和研究当代中国青年消费观念和行为的特点，探索大众文化对青年提出的新课题，将消费道德教育与人生观、价值观教育有机结合起来，大力推进青年道德教育的改革。

一、当代青年消费观的特点及其道德教育

改革开放以来，中国经济飞速发展，人民生活显著改善，物质生活水平的极大提高必然改变人们的消费观念和消费方式。20 世纪 80 年代以后出生的当代青年，在其成长过程中有着与他们的前辈不同的生活环境，在其消费观上也形成了与其前辈不同的特点。要科学地研究当代青年消费道德教育问题，并有效地对青年进行消费道德教育，必须首先把握当代青年消费行为的现状，特别是消费观的特点。

（一）当代青年消费观的特点及其分析

其一，在消费形式和内容上，崇尚新潮和时尚，追求衣食住行的享受，并从中获得精神上的满足感。这和青年消费的求新心理有关。求新心理是以追求时尚和新颖为主要目的的心理，其核心是"时髦"、"奇特"、"潮流"。在求新心理的支配下，追求时尚，追赶潮流。例如讲究服装的时尚，不断更新手机的品牌，钟情于野外烧烤、卡丁赛车、网球、高尔夫球等新潮的娱乐项目。许多青年成为新商品和新的消费方式的尝试者和推广者，他们容易受宣传和消费潮流的引导，表现出明显的情感性和冲动性，造成不必要的消费支出。与这一特点相联系的是，为了追求时尚，他们更容易接受超前消费。调查表明，现在年轻人的消费观念越来越超前，有57%的人表示"敢用明天的钱"，48%的人不为自己成为"负翁"担忧。①

其二，在消费价值取向上崇尚个性，把消费作为个人性格、追求、审美倾向的表达。今天的年轻人不会再为自己没有和别人一样的绿军装而烦恼，只会为和别人穿了同样的衣服而不安，因为他们是张扬个性的一代，渴望在消费中体现与众不同的自我。青年的消费类型可划分为四大类："实惠型"、"实用型"、"个性／品位型"和"冲动攀比型"。前三类青年大约各占1/3左右，其中"个性／品位型"青年相对更多一些；而"冲动攀比型"青年相对较少。其中"个性／品位型"青年不仅追求高品质的生活，而且具有很强的个性。② 他们往往我行我素，很少在意别人的看法。实际上，对个性的重视透视出他们对自己身份的重视，他们不愿自己和别人一样，希望通过消费给自己贴上与众不同的标签。今天的年轻人是张扬个性的一代，渴望在消费中体现与众不同的自我，在15种常见的消费心态和观念调查中发现，青年认同度最高的3种均与个性和品位有关，他们是个性化消费的主力军。这和青年的求特心理相关。求特心理是以追求物质和个性为主要目的的心理。随着青年独立意识和自我意识的不断

---

① 参见《环球时报》2003年4月28日。

② 参见《中国青年报》2002年6月17日。

增强，他们逐渐倾向于对个性意识的追求，并力求在消费行为中突出个性，展现自我，力求"奇"、"特"，甚至有的青年为了展露自己的欣赏品位与个性，全然不顾自己的经济实力，步入消费误区。

其三，当代青年的文化消费（有些人称之为软性消费）比值攀升，在消费与可支付的经济能力关系上即在"开源节流"关系上，崇尚"开源"，他们主张"能挣会花"。青年人的消费，归纳起来不外乎两大方面：一为硬性消费，即用于吃、穿、用等实物的消费；二为软性消费，即用于文化教育、休闲度假、旅游观光、体育健身等精神文化消费。生存性消费的主要标志，是硬性消费比重居高不下，恩格尔系数达50%以上。从20世纪90年代开始，我国的消费水平逐渐由"生存型"向"享受型"发展，其主要标志是硬性消费比值下降，软性消费比值上升，恩格尔系数下降。

在软性消费方面，青年群体有着比其他年龄群体更为旺盛的需求，这在20世纪90年代已经开始显现，进入新世纪，青年的这种需求变得更加强烈，并在文化教育、休闲度假、旅游观光、体育健身等领域显现出新的发展势头。文化教育领域的消费异军突起，用于购置书籍报刊的教育费用逐年增多，观看艺术类展览成为一种时尚，休闲度假是当今青年消费最引人注目的趋势，青年人越来越不满足于看电视、进影剧院这样一些静止的休闲方式，而是喜欢新颖、出奇、刺激和有品位的活动：进歌舞厅、打保龄球、蹦级、攀岩、速降、滑翔、漂流、潜水、探险这类活动越来越普及，今后还会吸引更多的青年人参与。旅游观光这种软性消费，在我国青年中发展势头超过任何其他休闲度假活动。青年是旅游者队伍中的主体，占旅游人数的65%以上。软性消费的另一新兴领域是体育健身消费，青年人在追求现代文明生活方式过程中，他们愿意通过各种体育健身消费来强健体能、扩展智能，很乐意为此而付出。青年人的体育锻炼不再满足于跑步、做操等，而是花钱进室内体育场所，从事按小时收费的球类活动、游泳、桑拿、冲浪等活动成为消闲的新潮。这种"花钱买健康"的消费，今后必将有增无减，健康消费目前已经从体育向保健器械、保健衣物等领域扩展。这和青年的攀比心理也有一定的关系，青年人有着一股不甘落后于他人的心态，总觉得自己比别人更胜一筹才感到满足。这种"好胜好强"心态处置不当就容易形成盲目攀比。在"现代人要能挣会花"观点的调查中，青年人与老年人相比选择同意的百分比比老年人高出6个百分点，选择不同意的则比老年人低10个百分点以上，反映出青年人消费观念的嬗变。①

纵观当代青年消费观的特点，他们消费心态和消费观念的嬗变，其中存在着一定程度上的客观必然性。

其一，生活水平的提高为青年的物质消费创造了前提。随着改革开放和人们生活水平的提高，人民将享受更加宽裕的生活。青年消费不仅仅是为了生存，追求自身发展、生活享受的消费也将成为主流。当中国加入WTO后，人们可以在更大范围内选择满意的消费品。消费品选择的空间扩大以后，这必然刺激青年的消费需求。伴随着高档消费品更多地进入中国市场，表明身份、地位等阶层性符号的消费行为将为收入逐步走高的当代青年所接受。

其二，家长对子女消费的支持。近年国民经济状况的改善，家长对孩子的关爱和保护度日益增大，他们虽然是经济上不独立的群体，在计划生育政策下，独生子女占的比例逐渐上升，青年在家里的地位也随之上升，不少家长认为"再苦不能苦孩子"、"要富先富孩子"，家长对孩子的投入和关注往往超过对自身的关爱，"舐犊之情"使他们在孩子身上大把花钱也在所不惜。调查表明，随着青年对知识的渴望，青年人的学历期望值普遍攀高，希望拥有大专以上学历的比重高达92%，因此子女教育消费成为人们各项支出增长最快的项目，约占家庭收入的1/5和消费支出的1/3，许多家庭甚至把用于孩子的教育消费当做家庭的主要消费项目。②

其三，追求成功、追求时尚的心理驱动。随着收入的普遍增高，青年对身份性消费的热情明显上升。在他们心目中，名车、豪宅、出国旅游方面的消费是高质量生活的象征，因此青年将对在这些方面的消费充满着憧憬和热情。不

---

① 参见黄志坚：《五年预测：中国青年消费八大趋势》，《中国青年研究》2001年第4期。
② 参见邓兴军：《青年消费趋向享受发展型》，《北京青年报》2001年4月19日。

少青年认为，在市场经济条件下，改善生活质量，首先是个体事务，个体尊重市场竞争原则，通过个人奋斗，获得了经济条件的提升，而高层次的消费是成功的标志。这样，青年消费档次在进一步提高，传统的以饮食为先的消费让位于住行等消费，买车和买房已成为青年消费支出的大项，用于文化教育、休闲度假、旅游观光和体育健身等软性消费也随着生活质量的上升而攀升。青年对商品的要求，已经不仅限于功能上的满足，一种商品能否超越产品功能而给青年带来某种感官、情绪或情感满足会变得越来越重要。名牌消费是一种时尚，也是一种社会身份的认同。在全国 20 个城市 5 万余名青年消费者的调查中发现，认同品牌的人数逐年上升。追求成功，追求时尚，推动着青年消费水平的升级。

（二）当代青年消费误区现象及其分析

20 世纪 80 年代以来，我国经济持续发展，人们物质生活和文化生活不断得到改善，人们的消费水平不断提高。我国青年的消费状况，从总体情况看，是适应改革开放时代潮流的，他们的消费行为反映了社会生活的发展，具有一定的合理性。然而，在消费水平不断提高的过程中，一部分青年不顾我国现有的经济发展水平和个人的实际收入水平，一味追求生活享受和自身发展，出现了一些畸形消费，步入了消费的误区，这是必须加以分析和研究的。

其一，赤字消费。青年人在生活达到温饱以后，传统的以食为先的消费已逐步让位于住行消费，青年的消费心态追逐前卫和新潮，消费方式崇尚个性品位，他们的消费已经进入"享受、发展型"。一部分青年不顾自己个人的实际收入水平而一味追求消费的高档次，在一些城市和农村，出现了一批入不敷出，靠向单位和亲友借债来满足个人消费需求的青年超支户，滑入了"赤字消费"的误区：他们中有的一味追求消费品的档次高，产品新，价钱贵，牌子响；有的青年认为穿用越贵的东西越能体现个人的价值，越能标榜自己的身份地位。消费欲望的膨胀速度越来越超前于经济发展速度和收入增长速度。当自己的经济实力支撑不了急速膨胀的消费时，就走向了赤字消费。

其二，炫耀消费。有一些青年的消费，已不止是为了自我需要的满足，还想以与众不同的消费档次炫耀于人：他们穿着入时，名牌裹身，进出酒店歌厅，居室装饰豪华，喝洋酒，抽洋烟，无不怀有显示自己富有的心理，借此以博取他人尤其是同龄人的倾慕，满足自己的虚荣心。青年的炫耀性消费有两种情况：一种是本人收入较高，或者家庭殷实富有，他们一掷千金，比阔斗富，以显示自己的身份和气派；另有一种是经济并不宽裕，有炫耀之心而缺乏炫耀之力，炫耀消费给他们带来了沉重的经济负担，少数人甚至走上了违法犯罪的道路。

其三，愚昧消费。愚昧是科学的对立面，消费中不讲求科学，后果必将是繁衍愚昧。愚昧消费行为虽在城市也有，而大量的是在农村。一些农村青年口袋里钱多起来以后，不是用于农业投资和教育投入，却投向了封建迷信活动，每年用于烧香拜佛、建庙供神、请巫婆大神、请风水先生等迷信活动的费用数量惊人。

其四，崇洋消费。同海外洋货进入中国市场一同兴起的，是在城市青年中出现了一个"崇尚洋货的消费群"。在这个消费群里，买洋货、用洋货，成了一种时尚：彩电等家用电器要用进口原装，皮货要意大利原件，服装讲究"皮尔卡丹"、"鳄鱼"，运动鞋讲究"耐克"、"阿迪达斯"，喝酒要"人头马"，抽烟要"万宝路"，手表要"欧米茄"、"劳力士"等。"人头马"在中国青年中的流行程度，使驰骋世界的法国酒商们都大出意外，出自法国科涅克的人头马白兰地，在欧洲的销量占23.3%，在美国的销量占11%，而在亚洲的销量达到64%，其中大部分在中国（含香港）。他们惊奇地说："人均消费水平在世界上还排不上号的中国，已成为法国科涅克高档白兰地的头号市场。"在一个开放的社会，世界各国商品的交流，购用一些质高价实的进口商品本无非议，然而认为只要带洋字就好，值得认真思考。

其五，婚事奢办。结婚办喜事，本是人生一项必不可少的正常消费，热闹些也是生活常理。然而部分青年中出现了婚事奢办的势头。近几年来，奢办之风更为迅猛。在城市，青年结婚费用至少在10万元以上，在农村，也至少要几万元。有些青年男女为了筹措结婚费用，使其"体面"些，不惜债台高筑，甚至用不正当手段获得金钱，以至未入洞房，先进"班房"。

其六，"刮老型"消费。高消费的倾向，造成一部分青年人不顾自己的经济实力，盲目追求生活的高标准，要高消费，自己的收入难以支撑，于是向父母伸手，这就是现在一些已经有经济收入的青年中出现的"啃老消费"。一些青年自己已经有了经济收入，但仍以各种方式继续要求父母"抚育"，用搭伙、托带小孩等方式捞父母的"油"。这样的畸形消费，其实既苦了长辈，也使青年推迟了社会化进程，陷入精神上要求独立与物质上继续依赖父母两极并存的困惑。

对于这些青年的偏误消费要加以道德引导和教育。一部分青年走入消费的误区，究其原因，有青年人自身的思想偏差，也有社会大环境的影响。具体分析，大致有如下几个方面：

其一，消费主义思潮蔓延。20 世纪 80 年代以来我国经济的持续发展，带来了消费水平的不断提高，人们不再像过去那样害怕消费，抑制消费，但是在消费水平步步上升的过程中，一股消费主义思潮在社会也在青年中蔓延起来。这种思潮的主要特征，是只看重消费而忽视生产对消费的决定作用；有很强的购物欲但脱离社会经济发展和个人实际收入的现实水平，并且是无休止地相互攀比，甚至追求奢靡。这种消费主义思潮，在西方发达国家早已盛行，由此带来许多社会问题，造成西方社会走向堕落。西方一些经济学家、社会学家正在对此进行反思。英国的斯图亚特·兰斯利在《富裕带来的麻烦：消费资本主义和前进的道路》一书中说，一种"能买就买"的文化正在整个发达世界兴起，这种现象导致犯罪率上升、社会关系更加紧张和对政府信任程度的削弱。他说，消费者通过购物来谋求地位和身份，以帮助他们达到与众不同的目的。这种情况成了互相攀比的文化，使消费成为一种恶性循环。为此他指出，除非西方能够重新考虑对消费主义的态度，否则西方将面临越来越严重的不平等、居高不下的失业率和遭到破坏的环境面积越来越大。[①] 这种思想偏误和行为偏差，

_____

① 参见英国《独立报》1995 年 5 月 19 日。

给经济社会的人们带来了变化，以支配物质多少来衡量人的价值，为了所谓的生活的幸福，以个人满足为主，从来不考虑什么环境保护、资源浪费等。消费主义是一种生活方式，消费主义的大规模消费需求是被创造出来的，它使人们总处在"欲购情结"从而无止境地追求高档和名牌，使不少青年人卷入这种生活方式。

其二，享乐主义思想膨胀。同消费主义相随而行的，是享乐主义思想在青年中不断膨胀。"与其追求明天的极乐世界，不如今天过得快活"，被一些青年视为人生真谛。消费离开了创造，消费流入只求感官的快感，挥霍浪费、纸醉金迷就在所难免。收入与支出的失衡，物质消费与精神消费的失衡就会由此而生。享乐主义是极端个人主义和拜金主义在消费领域的主要表现形式。享乐主义把感官的享乐视为人生的最大价值，势必腐蚀和削弱人的斗志，从而使人丧失了对理想、事业等高层次的精神追求。

其三，社会不良风气的传染。美国经济学家杜森贝利认为：消费者消费支出不仅受自身收入的影响，而且也受周围人消费行为的影响。社会上的不正之风，反映在消费上最为突出的是一些官员用公款搞奢侈消费，不但滋生腐败，败坏党风政风，而且在社会上形成一种示范效应并影响青年的消费观。

（三）消费道德教育的操作

重构消费道德教育包括更新消费的价值取向，运用道德手段引导青年学生选择合乎时代要求的自主的消费行为。重构消费道德教育具有重大的现实意义。

自20世纪初以来，"消费主义"思潮在西方发达国家逐渐兴起。这种消费价值观崇尚物质消费，追求享乐主义，产生了一系列的道德问题。如一些青年人对物的关心超过了对人的关心；过分强调对现实生活的享受而失去理想、抱负和应有的拼搏精神；甚至一些青年由于对物的过分追求而走向犯罪之路。在这种情况下，西方发达国家开始把消费教育当做学校德育的一项重要内容。例如，美国在教育中鼓励青少年从小通过劳动来挣钱，花钱应知钱何来；瑞典为中小学儿童编写了从一般金钱知识到购物指导的内容，引导学生合理消费；日本为了使儿童保持勤俭美德，从 3 岁就实施消费教育。消费道德教育在消费社会是必不可少的教育内容，它对青年健康人格的形成和社会的良性发展都具有重大意义。

当前中国正处于社会转型时期，各种消费价值观激烈碰撞。传统的消费价值观面临严峻挑战，而一些青年在消费价值观念的变革中走入了享乐主义的误区。如何进行消费道德教育，成为当代中国德育改革的重要内容。

消费道德教育的操作基点是观念的更新与行为的引导两大方面。建构有中国特色社会主义的消费道德教育体系，重在使青年树立合理的消费观念，形成正确的消费行为。在消费道德教育操作中，应当做到：

其一，将消费道德教育与人生观、价值观教育结合起来，在人生观教育中融进消费道德观的内容，使消费道德观成为人生观教育的新的生长点。消费是经济行为，也是伦理行为，消费选择和消费活动与一定的人生观紧密联系。消费选择和消费活动，反映了消费者的经济状况，反映了消费者的性格特点和生理需求，也反映了消费者的人生观和价值观。

我们青年提出什么样的消费需要，又怎样获得消费资料，并按何种方式实现消费，这一系列的消费过程，贯穿着消费者的人生观和价值观。有些青年在消费上渴求无节制的物质享乐和消遣，并视其为生活真谛，这正是享乐主义人生观的反映。在人们的消费过程中，作为主体的人，总是不知不觉在受着一定的人生观的指导，换言之，人生观和价值观调节着人们的消费内容、消费方式和消费行为，人们的消费活动反映着人们的人生观和价值观。要有健康的消费，就必须树立正确的人生观和价值观。

在传统的道德教育过程中，人生观教育很少与消费教育结合在一起。时代发生了重大变化，消费问题已经从生活的边缘走向了中心。人生观教育脱离了消费道德教育，就难以反映现代青年的心理和思想特点，而消费道德教育不与人生观教育结合起来，就难以找到人的思想的"总开关"。例如，消费与享乐有着天然的缘分，要克服消费主义，必须批判享乐主义人生观，才能找到思想的"总开关"，而要摒弃享乐主义人生观，在操作层面上就必须建立正确的消费道德观。在现实生活中，一大批青年人不沉湎于物质享受中，不以奢侈消费为荣，而是以事业为重，锐意进取，才获得了人生的成功。

其二，引导青年学生学会选择，形成自主消费的正确消费行为。与生产和销售活动具有较强的社会性的情形截然不同，消费活动呈现出一种较高的私人隐秘性。它最不易受到外来的监视与强制性的约束，享受着相对较高的自由度。因此，要使学生形成合理消费的行为，最有效的做法就是让学生自觉树立一把是非衡量标尺，确保在较少外部强制条件下，能知荣明耻，对种种不良消费作出自愿的限制与放弃。而且，在社会主义市场经济条件下，个人消费取向更为多样化，不能简单地用一道命令来规定个人的消费行为。不能仅仅依靠传统的"灌输"方法来进行消费道德教育，要引导学生形成一定的具有较强自主性的消费行为，必须从培养学生自主合理的道德判断、道德选择能力出发。

帮助树立正确的消费观，绝不是主张去直接干涉青年的消费行为，而是应该充分运用经济和教育手段，对青年的消费行为加以引导。必须指出，批评喝几千元一瓶的洋酒、穿上万元一套的西服之类的特殊消费行为，并不是在一般地反对高消费，而仅仅是反对那种盲目攀比，不顾实际收入状况，一味追求高消费的行为。其实，从消费者自主选择权角度来说，只要不违法，任何消费行为都不应当受到干涉，关键是应该加以正确引导。

其三，正确引导青年消费观念的变革与消费需求的升级。消费观念是人们对待其可支配收入的指导思想和态度以及对商品价值追求的取向。消费观念的形成和变革与一定的生产力发展水平相适应，与一定社会的传统文化和主流的社会意识形态有着密不可分的关系。现代市场营销学的研究表明，影响人们购买和消费的因素是多方面的，有文化因素、社会因素、个人因素、心理因素等，其中文化是对人们的消费行为影响最为广泛、最为深远的因素，而消费观念则是影响人们消费行为的文化因素的核心。消费观念的变革是社会经济发展的必然要求，同时又对社会经济发展产生重要的推动作用。

在当代中国消费观念的变革进程中，青年人往往站在时代潮流的前头。他们的消费欲望最强，最容易接受新的消费伦理观念和消费方式，并不断渴望获得新的消费体验。他们消费观念的变革，对于扩大内需，推动中国经济的发展，有着积极意义。但需要重视的是，要正确处理超前消费与经济承受力之间的关系，正确对待消费需求的升级。消费观念的变革不是颠覆传统的消费伦理观念，而是继承其中的合理部分，并注入时代的新元素。要适度消费，文明消费。

其四，帮助青年从小树立正确的金钱观、理财观。在现代市场经济条件下，许多发达国家普遍重视对中小学生进行金钱观教育，把金钱观教育作为学校教育的重要一环。在我国中小学课程中，青少年的金钱观教育还很薄弱。面对迅速发展的市场经济，已越来越明显地呈现出滞后性，致使为数不少的中小学生对金钱缺乏应有的认知。在校期间，特别是走上社会以后，为金钱所困，为金钱所累，甚至为金钱所害。这种状况对于培养建设社会主义市场经济的合格人才是十分不利的。

要让青少年学生知道家长挣钱的辛苦，让他们知道金钱的获得需要付出辛苦的劳动。可以带孩子到自己的工作地方去参观，看看家长是怎样辛苦的。也可以给孩子讲自己挣钱的艰辛。要教育青少年对自己的花钱要有节制，不要挥霍浪费。要引导青少年正确地花钱，学校和家长要引导学生把零花钱省下来交学费，买参考书，用于求学，增长知识。鼓励孩子省下零用钱支援灾区，捐献"希望工程"等。

由于受传统"重义轻利"思想的影响，长期以来中国青少年的理财教育处于滞后状态，甚至可以说是一片空白。而美国等许多发达国家从3岁左右就开始对孩子进行理财教育。中国青少年理财教育应包括三个基本方面：一是理财价值观的教育，涉及对金钱、人生意义的正确理解和价值认同；二是理财基本知识的传授，包括经济金融常识和个人家庭理财技能和方式；三是理财基本技能的培养，包括理财情景教育、实际操作训练和理财氛围的营造等。从小有意识地培养孩子的理财能力，指导孩子熟悉、掌握基本的金融知识与工具，从短期效果看是养成孩子不乱花钱的消费习惯，从长远来看，将有利于孩子及早形成独立的生活能力，并为正确的人生观和价值观打下基础。

二、大众文化消费与青年思想道德教育

当代社会的大众文化实质上是消费文化，它是采取时尚化方式运作、以现代传媒特别是电子传媒为介质大批量生产的当代文化消费形态，其中网络文化、影视文化、广告文化、流行歌曲等是其核心内容。

大众文化的兴起是当代中国影响青年思想道德建设的重大社会环境因素。大众文化对青年思想道德建设之所以会产生重大影响，一方面是因为大众文化的背后有着强有力的经济支持。经济动力使企业不断投入巨额资金，大众文化获得了源源不断的财力支持，一大批优秀的人才从事大众文化的策划和制作工作，使大众文化的内容和形式更吸引受众。另一方面，青年渴望了解外部世界，追求幸福人生，大众文化在一定程度上与他们的人生梦想相吻合，满足了他们求新、求变、求时尚的心理需求。因此，大众文化成为青年生活的一部分，也是影响青年思想道德建设的重大环境因素。

（一）大众文化消费对青年思想道德教育提出的新课题

要加强青年的思想道德教育，必须调查和研究大众文化消费对青年思想道德教育提出的新课题。

1. 如何引导青年正确对待"青春偶像"，培育良好的人生心态，正确地进行人生定位

以"超级女声"为代表的"选秀"活动在中国大陆如火如荼地进行着。那些一夜成名的"偶像"，那些如痴如狂的"粉丝"，构成了近几年来大众文化消费中一道亮丽的风景线。

青春偶像崇拜是青年在成长过程中必然要出现的现象，简单地批判它是不科学的，要否定它也是不可能的，关键是要引导它。"超级女声"是一场商业炒作，在商业上是成功的，在大众传媒与受众互动方面，在满足青年个性表达欲望和其他许多观众消费娱乐心理需求方面，也有许多可取之处。然而，青春

227

偶像在被大众传媒超高速、超地域地传播的同时，也被大众传媒极度地夸大和神化。从这个意义上说，"选秀"活动往往是大众传媒进行的青春偶像的造神运动。从大众传媒对"超级女声"的报道中，我们发现大众传媒对商业化的"超级女声"造神和推波助澜作用大于其节目本身的艺术含金量。而当下大众传媒为配合商业文化而出现的青春偶像的造神行为，对成长中的青年人生观、价值观可能产生极大的误导，这表现在：

第一，强化了浮躁和投机心理，使青年误认为一夜成名是人生的普遍规律，误导青年幻想"出名要趁早"，削弱了"梅花香自苦寒来"的人生信念；第二，把人生成功等同于"当明星"，似乎人生的成功只有一种模式、一条道路；第三，使青年误认为只要善于"作秀"，就能获得成功，而思想道德素质被忽视了。

中国需要明星，但也需要千千万万在普通工作岗位上的劳动者。从个人情况来看，每个人都有不同的特长，也不是都适宜当明星的。大众文化传媒影响了青年的心态，使他们在人生定位上发生困惑。要研究如何引导青年在满足自己心理需求的同时，清醒地分析自己的特长和社会的需求，正确地进行人生定位。社会也应该通过主流意识形态的宣传，树立各种类型的（包括科学家、普通劳动者）人才榜样，使青年走上正确的人生之路。

2. 如何加强网络文化建设，以利于让青年在网络消费中接受更多的正面教育，提高他们的思想道德素质

随着信息技术的高速发展，网络消费在青年消费中所占的比例逐年上升，网络对青年的思想道德素质影响越来越大。在我国每年近亿上网人数和每天3亿条短信发送者中，青年是其中的主力。网络由于其快捷和便利的特征，为青年获取知识和信息创造了条件。但是，网络带有很强的虚拟性、隐蔽性和复杂性特征，网上信息良莠不齐，如果管理不好，一些有害信息就会对青年产生不良影响，有的青年甚至因此走上违法犯罪的道路。如何深入分析和研究网络环境下青年思想道德教育，牢牢掌握网络教育的主动权，已经成为青年思想道德建设工作亟待解决的新问题。

网络上的思想道德教育我们已做了不少工作，主要是"祛邪"工作，这是需要的，今后还需要加强，但"扶正"的工作还很薄弱。当前，青年"网瘾"问题有愈演愈烈的趋势，这一问题的解决还缺乏一个行之有效的对策。要分析和研究网络环境下青年思想道德教育的特点，充分发挥网络在青年思想道德教育中的"扶正"功能，让网络中出现更多的为青年所欢迎的形式和内容。要注意把网络内容的思想性与青年求新、求异、求知、求变的多样性辩证地统一起来。注意培养提高他们的文化品位和艺术欣赏能力，因此，特别要注意网络教育内容的更新，体现网络信息即时性的优势。要让网站内容丰富、多彩、创新，以激发浏览者的兴趣，调动访问者入网的积极性。

要真正使互联网成为传播社会主义先进文化的新途径、公共文化服务的新平台、人们健康精神文化生活的新空间，就要在网络上大力弘扬中华民族优秀的传统美德。要大力宣传自强不息、厚德载物、修身养性、追求真理、崇尚气节、忧国忧民、热爱祖国、知行合一的精神，使青年在不断吸纳创新的文化氛围中接受道德情操的陶冶和熏陶。要针对网上网下出现的问题，有针对性地开展有关文化传统伦理道德的热点和焦点问题的讨论，让思想道德教育网上网下同步进行，以大大增强教育的有效性。

3. 如何教育青年正确对待广告文化、影视文化、流行歌曲中宣传的人生价值观和消费伦理观，使他们在提高生活水平的同时形成健康的道德人格

社会要发展经济，企业要通过广告宣传，鼓励人们不断追求新潮，消费更多的商品，接受高品位的服务，获得人生的享受，这不能不对青年的人生观和价值观产生负面影响。因此，在发展经济和减少广告消费对青年产生负面影响之间，在城市 GDP 增长和青年思想道德素质提高之间，如何获得双赢，需要我们花大力气研究。特别是在改革开放前沿的大都市，广告文化在社会生活中比国内其他城市有着更广泛的影响，青年思想道德建设面临的问题更具前沿性，例如奢侈品消费的道德评价问题。奢侈消费在中国的市场迅速扩大，在2005 年北京全球《财富》论坛上，众多世界著名奢侈品品牌高层表示看重中国奢侈消费品市场的潜力，并将加大在中国的品牌开发力度和营销力度。奢侈

品广告的"狂轰滥炸",势必影响青年的人生价值观和消费伦理观。

电影电视和流行歌曲在青年的消费中名列前茅,特别是 MP3、MP4、笔记本电脑的普及,使这些消费在青年中以更快的速度增加。青年崇拜的青春偶像大多是影视演员或流行歌手,这表明电影电视和流行歌曲在青年中有巨大的影响力。电影电视和流行歌曲良莠混杂,其中直接或间接表达的人生价值观和消费伦理观是复杂多样的,需要青年以理性的头脑,认真地加以取舍。

在方法和手段方面,传统的思想道德教育与广告文化、影视文化、流行歌曲的有着明显的差距,这必然使前者在青年中的认同度不如后者的高。传统的思想道德教育必须加大改革的力度,吸收广告文化、影视文化、流行歌曲中有益的元素,加强从内容到方法和手段的创新。只有这样,才能在新形势下更好地提高青年思想道德教育的实效性。

(二)大众文化与青年思想道德教育对策

1. 突破传统的将大众文化与思想道德教育对立起来的观念,解决正面的教育不吸引人的思维定势,从大众文化的形式和内容中吸取有益的元素,使主旋律的教育生动活泼起来

对大众文化的伦理评价,国内外的学者有不同的观点。美国著名文化学家丹尼尔·贝尔在《资本主义文化矛盾》中认为大众文化的实质是大众享乐主义,使道德堕落,他的批判具有深刻性。但也有一些西方社会学家认为精英文化代表者对大众文化的批判,"是对大众阶级乐趣中的直率与真诚缺乏同情"。在国内,一些学者曾经认为大众文化"是一种文化伪币,是一种精神鸦片",与青年的思想道德建设是相对立的,大众文化危害了青年的道德健康。在普通老百姓中,也有相当一部分人持相同的观点。当一些流行歌曲被选入爱国主义歌曲后在社会上引发争议就是一个典型的例证。

我们对大众文化的评价必须立足于客观现实,因为我们可以批判大众文化,但难以拒绝大众文化,大众文化已成为人们生活的一部分,特别是青年生活的一部分。我们必须辩证地分析大众文化对青年思想道德建设的作用,清醒地看到大众文化是鱼龙混杂的。既有起负面作用的糟粕,例如网络上的凶杀和

色情，但也有正面作用的良品，如像《我的中国心》这样的流行歌曲，当然也有些是中性的，例如娱乐性的网络游戏。在青年的思想道德建设中，要改变将其与大众文化对立的观点，充分运用大众文化中许多对思想道德建设有益的形式、内容和方法，扩展阵地，更新方法。人们往往认为主旋律的教育不吸引人，在很多情况下是因为我们太拘泥于某种传统的形式，又受制于传统的思想政治教育是板起脸来教育人的思维模式，在改进方法方面缺乏进取心。正面的教育和为青年所接受的、生动活泼的形式应该统一起来，也是可以统一起来的。国外的电视连续剧《青春的火焰》、《灌篮高手》、《大长今》等励志作品在青年中获得了良好的反映是典型的例子。

大众文化在社会生活中的广泛影响，推动了传播学等理论的发展。在青年思想道德建设中，必须研究国外传播学理论，并吸取其中符合中国国情、能为我所用的内容。遗憾的是，青年思想道德建设与传播学理论的结合方面的工作我们做的还很少。要在当前形势下，开拓青年思想道德建设的新局面，必须重视和加强这方面工作。

2. 强调大众传媒对青年所肩负的道德责任，建立"大众传媒记者资格年检制度"和"青春偶像"审查制度，德法并举有效监督大众传媒的运行

在信息全球化的今天，随着政治文明的推进与市场经济的发展，中国的大众传媒呈现出日趋开放和繁荣的态势，但也出现了一些值得注意的问题：在部分媒体上，明星取代了模范，美女挤走了学者，绯闻顶替了事实，娱乐覆盖了文化，低俗代替了端庄；少数"时尚"报道热衷于对豪宅、盛宴、名车和其他奢侈品的炒作，津津乐道于"小资"情调和"贵族"品位，在为享乐主义、拜金主义摇旗呐喊的同时，也为消费主义推波助澜。

媒体市场是培育出来的。当低俗成为风气和卖点时，一些媒体只能不断地提供更加低俗的内容去满足这个市场。在被污染的社会文化环境里，青年受到的伤害无疑最深。因此，我们要强调大众传媒对青年所肩负的道德责任——是误导青年陷入纸醉金迷的花花世界还是引导青年走向健康向上的人生？是弘扬本民族的优秀文化传统还是崇洋媚外地一味宣传西方文化的生活理念？大众传

媒左右着一代青年的生活品位、文化倾向和娱乐方式，必须依靠社会舆论和法律、法规来有效地监督大众传媒的运行。不仅要求大众传媒的从业人员恪守早在 1991 年就颁布的《中国新闻工作者职业道德准则》以及 2003 年 10 月《中国网络媒体的社会责任——北京宣言》等行业准则，而且要求有关部门出台相应的法律、法规来保证这一"准则"的有效实施。凡无视传媒的道德责任的行为和事件，不仅应当受到强烈谴责，而且应当受到法律的惩处。只有这样，我们才能使青年在相对规范的大众传媒影响下度过人生最重要的自我认同阶段并走向成年。必须建立"大众传媒记者资格年检制度"和"青春偶像"审查制度，有效遏制商业文化的造神运动，把青春偶像的确立纳入和谐、文明、健康向上的轨道上来；我们可以借鉴商业文化中人人参与的"海选"方式，在各行各业的青年中进行"能手、高手"的挖掘，努力打造青年人自己的"偶像"品牌。

3. 加强文化产业、文化市场和青年思想道德建设的联动，从文化产业的产值中抽取一定的资金用于青年思想道德建设，并将对青年思想道德的影响作为文化产业企业的专项考核标准

大力发展文化产业，是社会主义市场经济发展的需要，也是满足人民群众文化生活的需要，是社会主义和谐社会建设的重要内容。为实现文化产业的跨越式发展，上海将大力吸引多元资本尤其是非公资本进入文化产业。如何处理发展文化产业中经济效益和社会效益的关系，直接关系到青年思想道德建设问题，在当前形势下显得尤为突出。一些经营文化产业的企业为了追求经济效益，打"擦边球"，甚至用色情、暴力来吸引眼球。作为政府部门来说，要采取措施，在宏观上将发展文化产业与加强青年思想道德建设通盘考虑。这包括：

第一，经济支持。近几年来，中国的文化产业有了较大发展。国家统计局提供的统计数字表明，中国文化系统的文化产业增加值 1998 年为 207.62 亿元，2001 年为 210.68 亿元，这三年的增长速度为 1.47%，而 2002 年就发展到了 250 亿元，比 2001 年增长 18.66%，2003 年又增加到 307.20 亿元，增长速度高达 22.88%。应该从文化产业的产值中提取 0.1% 的资金用于加强青年思想

道德建设。

第二，制度安排。一是文化产业政策的制定要有关青年思想道德建设的专家参加，并把是否有利于青年思想道德建设作为一条从事文化产业单位的专项考核标准，有关法人代表要承担法律责任。二是对有利于青年思想道德建设的文化产品或服务，应大力扶植，给予政策上的倾斜，反之，不利于青年思想道德建设的文化产品或服务要批评，甚至一票否决，吊销其营业执照。三是依据"分流"的思想，适当降低票价甚至免费，使得更多的青年走进剧场、文化宫、少年宫、科技馆、博物馆、爱国主义教育基地、社区青年活动中心等场所，从而分散他们对网络、网吧、网络游戏等的注意力，减弱他们对网络的痴迷程度。

第三，继续实施文化市场"净化工程"，积极创造未成年人健康成长的社会文化环境。一是净化荧幕、荧屏，在电视台开设少儿频道，着力组织制作一批健康向上的优秀节目。二是整治网吧，打击淫秽色情网站专项行动，依法关闭境内淫秽色情网站，封堵境外淫秽色情网站，删除不良网页。三是扭转校园周边治安混乱状况。

4. 要加快网络立法的进程，强化网络道德教育与心理疏导，进一步完善青年网络问题的公共治理体系，使政府、学校、家庭、社会等各方面形成合力

一方面，加快立法进程，加大未成年人网络法制教育的力度，是摆在全社会面前的一件迫在眉睫的大事。另一方面，提高网络道德意识、加强网络法规意识，是加强青年思想道德教育、减弱青年网瘾问题的重要途径。要充分利用"网络社会"的丰富资源，加强对青年思想认识的引导与教育。培养青年"文化自省、选择和判断能力"，让他们在网络教育的环境中学会发现问题、提出疑难、学会自我或群体辅助诊断来确定问题的性质和关键，并提出可能的解决办法，以选择合理的推断、训练与自我检验并证实推断的正确性。真正从思想、心理上自觉抵制那些庸俗、低级信息的侵蚀和引诱，从而避免种种困惑、失落与盲从，增强抵御网络环境负面影响的能力。同时，加强科学的心理疏导，建立沟通青年心灵的渠道，健全其健康人格，营造青年心理健康的良好环

境，为青年思想道德教育提供一个良好的发展平台。此外，还要充分运用网络的交际功能，在沟通探索中形成互动，正确引导青年的探索精神，提升青年道德的认知能力、判断能力和创造能力，激发青年不断认识问题、理解问题、解决问题的探索创新精神。在这一过程中需要政府、学校、家庭、社会等方面通力合作，形成合力。

一是要重视发挥政府的掌舵作用。在青年网络问题的公共治理中，政府起着重要的掌舵作用。政府的掌舵作用首先体现在依法管理网络的水平上。因此，加快立法进程，加大未成年人网络法制教育的力度，是摆在全社会面前的一件迫在眉睫的大事。从世界范围特别是网络发展较早的国家（如美国、日本、法国等）来看，它们都以"防止未成年人信息污染，维护未成年人网上安全"为原则，制定涉及信息发布、审查、监管和知识产权保护的法律法规。同时，要加强商业网吧管理，严格控制网络色情等不健康文字、图片、音像信息传播、打击非法网站，为青年提供一个良好的社会环境。其次，政府的掌舵作用还体现在对网络市场的引导上。比如，可以大力扶持并尽快建立并完善一批真正适合青年的网站；尽快实施游戏软件分级制度和互联网内容过滤制度；建立适当的税收制度，用于扶持大型的正规网吧；对于网吧采取严格的市场准入制度和年审制度，增加违规、违法网吧的预期风险。

二是要注重发挥学校的教育和预防作用。各级各类学校是青年重要的学习生活场所，在青年网络问题的治理中起着至关重要的教育预防功能。提高校园上网场所的监控、丰富校园生活无疑会减少网络成瘾的发生。可以把网络道德教育纳入中小学的正式课程。通过课堂网络教育、校园网络文化和校外网络文明宣传等活动，让青年学会上网、上好网，自觉抵制不良信息。

三是注意发挥家庭的引导和控制作用。家庭是未成年人最重要的物质和精神寄托地，在未成年人网络治理过程中起着最重要的引导力和控制力的作用。家长要提高对网络的认识，既不能放任孩子上网"开阔视野"，直到成瘾才引起重视，也不能因担心网络危害而过分控制孩子上网，这会迫使他们走到社会上非法的网吧而事与愿违。家长要通过正确引导和合理监督，不仅直接控制青年在家上网的时间，而且要提高他们合理使用互联网的能力。父母应该多花点时间在孩子身上，在发现孩子有上瘾现象时，家长要及时将其注意力转移到健康的文体活动上来。家长还要对孩子的情绪变化细心观察，注意随时察看孩子登录过的网站。及早发现、制止和纠正孩子的不良行为。还必须采取一些强制性措施，如坚决禁止孩子在成人网站上聊天、漫游；将上网电脑安放在家庭的公共房间，绝不在未成年人房间里安装上网电脑，以便随时掌握孩子的上网情况，不给他们因好奇而偷偷上成人网站浏览的机会等。

四是变"堵"为"疏导"，创造让青年感兴趣的教育环境。"零点一过，网吧断网"的强制措施，在其他省市已有试点，据说效果不错。但青年"网瘾"难除，有家庭、社会、心理、生理等多方面原因，仅仅在减少孩子们与网络的联系上想办法，似乎仍然停留于一个"堵"字。应该看到，部分青年的"网瘾"，既与青年缺少自控能力、容易沉溺于某一新鲜事物不能自拔的身心特点有关，某种程度上还与网络能够带给他们的兴奋和满足感大有关系。虚拟的网络游戏对孩子有那么大的吸引力，也对社会、学校和家长提出了一个共同问题：在现实世界里，我们为什么不能创造出这样让孩子感兴趣的教育环境？其实，除了上网玩游戏，孩子们也很愿意投入精力和时间，参与其他一些有益的课余项目。只不过，我们的教育环境中没有给出合适的渠道安排。我们以为，要帮助孩子走出"网瘾"，这可能是比一味地堵更高明也更有效的方法。

5.开展"同龄人教育同龄人"的系列活动，出版"同龄人教育同龄人"的大型系列读物，让青年既当教育者，又当被教育者，闯出一条青年思想道德教育的新路子

传统的思想道德教育是由上向下的，作为教育者是居高临下对被教育者进行教育的。这种形式到今天虽未过时，但仅仅依靠这种形式来进行教育，是难以提高实效性的。教育者和被教育者有较大的年龄差距，甚至是两代人的情况下，在社会经历不同、人生感受不同的情况下，沟通和交流会存在一定的障碍。而同龄人之间这种障碍就小得多，沟通和交流会大为顺畅，因此，同龄人之间的教育也就会有更大的可接受性。网络技术使"点"对"点"即个人对个

人的交流变得轻而易举，并使个人与个人之间的相互影响增大。要改变单一的"纵向"思想政治教育的路子，把"纵向"和"横向"结合起来，重视研究在网络聊天、同学交往中"同龄人教育同龄人"的经验，并在此基础上开展"同龄人教育同龄人"的系列活动，出版"同龄人教育同龄人"的大型系列读物，闯出一条青年思想道德教育的新路子。

第十章
中国传统消费伦理
思想述评

有位哲人说："传统并不是一尊不动的石像，而是生命洋溢的，有如一道洪流。"[①] 中华民族的传统消费伦理思想，源远流长。它发端于商周时代，奔腾于春秋战国时代，经过几千年的历史发展，汇入中华文明的大河之中。把握中国传统消费伦理思想的历史发展轨迹，对于当前建构全球化背景下当前消费伦理原则和规范有着重要意义。

一、中国传统消费伦理思想的发端

在中国的早期典籍中，如《尚书》、《周易》、《周礼》以及《诗经》中，都对消费伦理有过重要论述。中国传统消费伦理思想发端于商周时代有两个重要标志：

第一，与"孝"的道德规范相适应的礼教消费、等级消费的初步形成。商周时代，孝的内容包括两种含义：第一是"生孝"，即对在世父母的奉养和恭

---

① 黑格尔：《哲学史讲演录》第1卷，商务印书馆1959年版，第8页。

敬，如《尚书·酒诰》中写道："妹土嗣而股肱，纯其艺黍稷，奔走事厥考厥长。肇牵车牛。远服贾，用孝养厥父母。"大意是说，从今以后你们要尽力劳作，专一于农事，要为你们的父母奔走效力。在农事完毕后，可以赶着牛车，做些买卖，以孝敬奉养你们的父母。第二是"追孝"，是对已去世的父母及祖先的敬奉，也就是延续几千年的祭祀之礼。无论是"生孝"还是"追孝"，都被认为是个人的基本美德，受到整个社会的尊敬，形成天下的大法。与之相对应的是礼教消费和等级消费业的形成，如《礼记·王制》中强调的三代之风："祭，丰年不奢，凶年不俭。"说明这种礼教消费不能有任何马虎，无论收成如何都必须按规矩办事。西周时期，奴隶主贵族进行祭祀、朝聘、军事、婚丧等，都规定了严格的、合乎其身份的礼节仪式，从中体现出君臣、父子、兄弟、夫妇等关系的上下尊卑差别，例如祭祀祖先所用的乐舞，周礼规定：天子用八佾，即乐舞的行列为八行八列，共六十四人；诸侯六佾，大夫四佾，士二佾。如果所用礼乐与本人等级名位不符，就要受到谴责和处罚。再如祭品的选择上有着严格的等级区分："天子以牺牛，诸侯以肥牛，大夫以索牛，士以羊豕。"（《礼记·曲礼》）这些都被后来的封建统治者承袭下来，使礼教消费成为服务与巩固其统治秩序的外在形式。

第二，"慎乃俭德"、"克俭于家"思想的提出。夏商周三朝是我国奴隶制社会阶段，其间暴君层出，从夏桀到商纣王，再到周幽王，无不是荒淫无道，暴敛民财，穷奢极侈，其他君王除了个别开国之君稍有不同外也相去不远。民间因此饿殍遍野，民不聊生，极大地破坏了社会的生产力，也导致政权的不稳定。这使很多有识之士认识到这一风气的危害性，提出应当抑制奢侈，崇尚节俭。商代就有"慎乃俭德，惟怀永图"（《尚书·太甲上》）的观点，这应该是最早把节俭与道德相联系的提法。再如《太公六韬》中提出："止奢侈"，"夫六贼者，一曰臣有大作宫室池榭游观倡乐者，伤王之德"，"七害者……六曰为雕文刻镂，技巧华饰，而伤农时，王者必禁之"（《太公六韬·文韬·上贤》）。《周易》专作《节卦》一章："天地节而四时成，节以制度，不伤财，不害民。"是说天地运行有节制才使四时有序，国君用制度节制，就能不浪费资财，不损害民众。同时，还提出节制也是要有一定的度，"节，亨，刚柔分而刚得中。'苦节不可贞'，其道穷也。"节制所以亨通，是由于刚柔有分别而刚得中道。"苦节不可贞"，是说过分节制是行不远的。因此，不可过分节制，而要守其中道。《大禹谟》提出"克俭于家"，是商周时代消费伦理思想的重要观点。它不仅提出了节俭的观点，而且把它与家庭联系起来，反映了中国社会结构的重要特点，对几千年的中国社会有重要影响。

二、春秋战国时期的消费伦理思想

（一）儒家的消费伦理思想

儒家消费伦理思想在肯定人的基本消费需要的正当性的基础上提出了节俭思想。孔子伦理思想的核心是"仁者爱人"，他并没有否定人们的基本需求，还身体力行地教导学生们要重视生活的质量，把消费生活视为个人道德培养的一个重要途径。如在《论语·乡党》一篇中专门介绍了孔子有关衣食消费方面的观点："君子不以绀緅饰，红紫不以为亵服。当暑袗絺綌，必表而出之。缁衣羔裘，素衣麑裘，黄衣狐裘。亵裘长，短右袂。必有寝衣，长一身有半。狐貉之厚以居。去丧，无所不佩。非帷裳，必杀之。羔裘玄冠不以吊。吉月，必朝服而朝。""食不厌精，脍不厌细。食饐而餲、鱼馁而肉败，不食；色恶，不食；臭恶，不食；失饪，不食；不时，不食；割不正，不食；不得其酱，不食。肉虽多，不使胜食气。惟酒无量，不及乱。沽酒市脯不食。不撤姜食，不多食。祭于公，不宿肉。条祭肉不出三日，出三日不食之矣。食不语，寝不言。虽蔬食菜羹，瓜祭，必齐如也。"这些消费生活中的具体规范，反映了当时社会的伦理要求，同时也符合公共卫生的标准。这些衣食消费的具体规范是建立在人们满足基本消费需要的正当性基础上的。

孟子指出："饱食暖衣、逸居而无教，则近于禽兽。"（《孟子·滕文公下》）

希望人们能够"寡欲养心";但同时他也说:"一箪食,一豆羹,得之则生,弗得则死。"(《孟子·告子上》)承认人基本消费需要满足的必需性。他只是希望人们能够"理义之悦我心,犹刍豢之悦我口"(《孟子·告子上》),即人们看待礼仪道德能够像猪肉、牛肉愉悦人的口味一样愉悦人心。荀子则充分肯定了人类消费欲望的合理性,认为"凡人有所一同",人类无论是谁都必须满足这些欲望,并且"人之情,食欲有刍豢,衣欲有文绣,行欲有舆马,又欲夫余财蓄积之富也,然而穷年累世,不知足,是人之情也"(《荀子·荣辱》)。荀子还把衣食起居的和谐循礼作为美德的基本法则:"扁善之度,以治气养生,则后彭祖;以修身自名,则配尧、禹。宜于时通,利以处穷,礼信是也,凡用血气、志意、知虑,由礼则治通,不由礼则勃乱提僈;食饮、衣服、居处、动静,由礼则和节,不由礼则触陷生疾;容貌、态度、进退、趋行,由礼则雅,不由礼则夷固僻违,庸众而野。故人无礼则不生,事无礼则不成,国家无礼则不宁。"(《荀子·修身》)

可以看出,儒家思想还是对人们的基本消费欲望持肯定的态度,但又都提出不能放任这种欲望的自由发展,在奢与俭之间,选择节俭,"与其奢也,宁俭"(《论语·八佾》)。但这种节俭是有一个限度的,应当"俭不违礼",不能够破坏封建等级和礼仪,希望在奢与俭之间达到一种和谐——"中庸",孔子就说:"中庸之为德也,其至矣乎。"(《论语·雍也》)孟子则提出"俭者不夺人"(《孟子·离娄上》),换言之,是自己正当所得,分内之财的享受,无论怎样,皆属俭的范围。荀子是先秦儒家论述奢与俭最为丰富和深刻的,他提出"欲者,情之应也。以所欲为可得而求之,情之所必不免也。以为可而道之,知所必出也。故虽为守门,欲不可去,性之具也。虽为天子,欲不可尽。……欲虽不可去,所求不得,虑者欲节求也。道者,进则近尽,退则节求,天下莫之若也"(《荀子·正名》)。人的欲望是人的情感对外界事物的反应而产生的。认为自己的愿望可以达到就去追求,这是人的情感所不能避免的。认为欲望是对的就去实行它,这是人的智慧的必然选择。所以,即使是守门人,他的欲望也不可能舍弃;即使是天子,他的欲望也没有尽头。欲望虽不能舍弃,虽无法完全追求到，有智虑的人就要节制自己的追求。按照大道行事的，在可能的情况下就尽量使欲望得到满足，在条件不具备的情况下，就节制对欲望的追求，这是天下最完美的了。他还特别针对墨家尚俭的思想说："墨子之'节用'也，则使天下贫。"并有感而发："天下尚俭而弥贫"（《荀子·富国》）的著名论断，认为如果按照墨子学说去管理天下，就会使人们由于崇尚节俭而更加贫穷。这并不是说荀子不主张节俭，恰恰相反，他认为"节其流，开其源，而时斟酌焉，潢然使天下必有余而上不忧不足"（《荀子·富国》）。"强本而节用，则天不能贫"（《荀子·天论》）。"节用"是强国之道，但节俭的目的是要"裕民"，其结果就会"裕民则民富，民富则田肥以易，田肥以易则出实百倍"（《荀子·富国》）。可以看出，荀子的节俭观更加具有辩证性，也较为符合社会生产力发展的需要。

在力倡节俭的同时，儒家诸子也强调对于祭祀、丧葬消费不能草率简约的立场。"生，事之以礼；死，葬之以礼，祭之以礼"（《论语·为政》）成为儒家礼教消费的基本立场。孔子说："祭如在，祭神如神在。"（《论语·八佾》）祭祀时要当先祖或神就在眼前般。斋戒时要"必有明衣，布。齐必变食，居必迁坐"（《论语·乡党》）。他还特别盛赞古之圣王大禹："禹，吾无间然矣。菲饮食而致孝乎鬼神，恶衣服而致美乎黻冕，卑宫室而尽力乎沟洫。"（《论语·泰伯》）认为禹饮食菲薄而对祭祀极其虔诚，衣着粗恶而使礼服极其华丽等行为是完美而无可指责的。孟子虽一直身体力行推行节俭，但对于自己母亲的丧葬也不敢有一点马虎，所用的棺木极为精美，他的弟子充虞就此产生疑问，孟子解释说："吾闻之，君子不以天下俭其亲。"（《孟子·公孙丑下》）认为君子在这一问题上是不能有一点马虎随便的，必须合乎礼仪，不再讲求节俭了。荀子更是专著《礼论》一章把祭祀丧葬之礼详细地加以描述，并直接指出"贵始，得之本也"。这里的"得"通"德"，即是说尊重始祖，是道德的本源。"礼者，谨于治生死者也。生，人之始也；死，人之终也。终始俱善，人道毕矣。故君子敬始而慎终。终始如一，是君子之道，礼义之文也。……故死之为道也，一而不可得再复也，臣之所以致重其君，子之所以致重其亲，于是尽矣。故事生不忠厚，不敬文，谓之野；送死不忠厚，不敬文，谓之瘠。"强调君子对待生死应当同样重礼，否则就是野瘠之徒了。他还同时指出个人的丧葬必须遵从等级之礼，"故天子棺椁七重，诸侯五重，大夫三重，士再重，然后皆有衣衾多少厚薄之数，皆有翣菨文章之等，以敬饰之，使生死终始若一，一足以为人愿，是先王之道，忠臣孝子之极也"。使得这些严格的封建等级不仅在人的生时保持，连死后依然始终若一，不得逾越。可以看出，这些烦琐奢侈的丧葬消费的礼仪正是严格地贯彻了封建宗法等级制度。

儒家的先哲还特别为中国的士人君子提出了安贫乐道的个人消费的道德评价标准，孔子就说："士志于道而耻恶衣恶食者，未足与议也。"（《论语·里仁》）那些真正追求学识、大道的人对于吃穿是可以很随便的，君子只应该寻求大道的真谛，而不要去考虑类似食物的问题，君子只能忧患大道而不忧患贫困，"君子谋道不谋食。耕也馁在其中矣，学也禄在其中矣。君子忧道不忧贫"（《论语·卫灵公》）。为此，孔子还为后学推介了一位传诵千古的文人典范——颜回，"贤哉，回也，一箪食，一瓢饮，在陋巷，人不堪其忧，回也不改其乐，贤哉，回也！"（《论语·雍也》）这位英年早逝的儒家第一贤士的死因据说主要是极度贫困的生活条件下营养不良所造成的。孟子则是为后世留下了"大丈夫"的标准："居天下之广居，立天下之正位，行天下之大道，得志与民由之，不得志独行其道，富贵不能淫，贫贱不能移，威武不能屈，此之谓大丈夫。"（《孟子·滕文公下》）将中国士人君子的气节精神推到极顶。这种蔑视物质条件强调精神信仰的大丈夫气概，成为后世高节之士不懈追求的目标。

（二）墨家的消费伦理思想

墨子的消费伦理思想主张集中在"节用为民"之上，并特别提出反对儒家厚葬久丧之礼。

墨子并不反对百姓基本消费需要的满足，只是强调要符合恰当的节俭标准："凡足以奉给民用，则止；诸加费不加于民利者，圣王弗为。"（《墨子·节用》）所谓"民用"、"民利"，都是指人的基本生理需要；超出这个界限的消费，他都认为是"无用"、"不加利"的。由此可知，墨子所认为的节俭的原则，就是民用和民利，即有利于老百姓的日常实际生活。所以，"去无用之费，圣王之道，天下之大利也"。这个原则也可看做是他的功利主义思想的延伸。

由此，他专门分别对人的基本消费标准做了——规定：在衣着上："其为衣裘何以为？冬以圉寒，夏以圉暑。"饮食上："足以充虚继气，强股肱，耳目聪明，则止。不极五味之调、芬香之和，不致远国珍怪异物。"（《墨子·节用》）在居住上："为宫室之法，曰室高足以辟润湿，边足以圉风寒，上足以待雪霜雨露，宫墙之高，足以别男女之礼，谨此则止。"（《墨子·辞过》）无论是衣服、饮食或是宫室，都必须以实用为要，这是天下能够大治的条件，所以："君实欲天下之治而恶其乱也"，在衣服、饮食、宫室等上"不可不节"（《墨子·辞过》）。君王若真的想使国家得以大治而非陷于混乱，则必须在这些基本生活条件上加以节制，这也是古之圣人的行为标准，是国家兴亡的关键，"圣人之所俭节也，小人之所淫佚也。俭节则昌，淫佚则亡"（《墨子·辞过》）。

节俭对于墨子而言，并不仅仅是一种信仰、一种人生观，而且是一种以身作则、亲身躬行的道德实践。《庄子》是这样描述墨家学派的：墨子十分称道古之圣王大禹，说大禹为了治理洪水，造福于民，以至于"腓无胈，胫无毛，沐甚雨，栉疾风"，"形劳天下也如此"。（《庄子·天下》）墨子以大禹为榜样，要求他的弟子们"以裘褐为衣，以跂蹻为服，日夜不休，以自苦为极"（《庄子·天下》）。用粗布做衣服，穿木制或草编的鞋子，白天夜晚劳作不休，把吃苦耐劳当做行为的最高准则，凡是不能这样做的，就不符合大禹的主张，不能称做墨者。蔡元培先生评点说："墨子及其弟子，则洵能实行其主义者也。"[①]墨家学派带有一种社团性质，社团的领袖被称为"巨子"，墨子自己就是第一个这样的巨子。墨者都团结在他的身旁，为了墨家认定的"天下之大利"的目标而努力劳作，而且"皆可使赴火蹈刃，死不旋踵"（《淮南子·泰族训》）。因此，墨家被视做中国侠义之风的渊源。

墨子对于儒家厚葬久丧的礼仪非常不满，专作《节葬》篇进行批驳："衣食者，人之生利也，然且犹尚有节；葬埋者，人之死利也，夫何独无节？"大

---

① 蔡元培：《中国伦理学史》，上海古籍出版社 2005 年版，第 45—46 页。

意是说：穿衣吃饭，是活着的人的利益，还有所谓的"节"；埋葬，是死了的人的利益，为什么就不讲"节"，从活人的节俭推导到死者的节俭，十分深刻。他又说："棺三寸，足以朽骨；衣三领，足以朽肉。掘地之深，下无菹漏，气无发泄于上，垄足以期其所，则止矣。"三层衣衫、三寸棺木足以把腐烂的尸骨包裹起来，葬处无潮湿之患，坟墓有个标记以供凭吊，生人送葬志哀，这也就足以表达对死者的敬意了。厚葬久丧对生人是"多埋赋之财"、"久禁从事"，因居丧而得"疾病死者，不可胜计"，其结果就是"国家必贫，人民必寡，刑政必乱"。墨子的结论就是："今天下之士君子，中请将欲为仁义，求为上士，上欲中圣王之道，下欲中国家百姓之利，故当若节丧之为政，而不可不察此者也。"呼吁统治者能够推行节葬政策。

墨子的"节用"思想在当时是很有代表性的，他认为节俭与否是国家能否迅速积累财富的关键，"圣人为政一国，一国可倍也；大之为政天下，天下可倍也。其倍之，非外取地也；因其国家去其无用之费，足以倍之。"（《墨子·节用》）墨子所说的节用关键是在节制贵族们的奢侈无度的生活浪费，把这部分耗费能够用于生产，就可使社会财富倍增。墨子站在普通平民百姓的角度希望当权者能"去其无用之费"，是有很强的进步意义。

（三）道家的消费伦理思想

道家的消费伦理思想是与其追求"道"的思想相一致的，何谓"道"？"人法地，地法天，天法道，道法自然。"（《老子》第二十五章）道就是与天地契合的万物运行法则。"道"生成万物，是没有欲望、没有意志，既不占有万物，也不支配万物，而是任人取舍。因此，得道之人也应当逍遥无为，无私无欲："故恒无欲也，以观其妙；恒有欲也，以观其所噭。"（《老子》第一章）"是以圣人之治，虚其心，实其腹，弱其志，强其骨，常使民无知无欲。"（《老子》第三章）老子认为在人类社会之初，人性是非常淳朴的，具有"少私寡欲"的特点："见素抱朴，少私而寡欲。"（《老子》第十九章）而后来的人们已被自私多欲的思想所控制，不复昔日之淳朴心性了。由此，老子主张"复归于朴"，而庄子也提出"求复其初"。要做到恢复圣人时期的"素朴"，就要尽力控制人的一切消费欲望、需求："五色令人目盲。五音令人耳聋。五味令人口爽。驰骋田猎令人心发狂。难得之货令人行妨，是以圣人为腹不为目。故去彼取此。"（《老子》第十二章）五色、五味、五音、畋猎、奇货等消费生活在老子看来都会损害原始"素朴"的人性。庄子则是对于平常人们的五色、五味、五声等视做"失性"："且夫失性有五：一曰五色乱目，使目不明；二曰五声乱耳，使耳不聪；三曰五臭熏鼻，因惾中颡；四曰五味浊口，使口厉爽；五曰趣舍滑心，使性飞扬。此五者，皆生之害也。"（《庄子·天地》）老子还对于人类的工艺技巧进行了批判："民多利器，国家滋昏；人多伎巧，奇物滋起。"（《老子》第五十七章）他认定这些工艺技巧是社会祸乱的根源，所以要消除一切可以激发起人们消费欲求的新产品、新技术，才可使民心安宁，民风复古。道家的这种观点是使社会倒退，其结果正如庄子自己所说："犹螳螂之怒臂以当车轶，则必不胜任矣。"（《庄子·天地》）

由"见素抱朴"的思想，老子特别强调了节俭的重要性，并总结了节俭的三大好处：第一，节俭可以使人知足常乐："甚爱必大费，多藏必厚亡。知足不辱，知止不殆，可以长久。"（《老子》第四十四章）第二，节俭可以令人早做准备，以应付可能的各种意外情况，是长久之道："夫唯啬，是以早服。早服谓之重积德；重积德则无不克……是谓深根固柢，长生久视之道。"（《老子》第五十九章）第三，可以驱避灾祸，减少错漏："祸莫大于不知足，咎莫大于欲得。"（《老子》第四十六章）所以，老子把它作为三宝之一："我有三宝，持而保之，一曰慈，二曰俭，三曰不敢为天下先。"（《老子》第五十八章）但老子节俭的目标是最终达到"小国寡民"的社会形态，"小国寡民，使民有什佰之器而不用，使民重死而不远徙。虽有舟舆，无所乘之。虽有甲兵，无所陈之。使民复结绳而用之。甘其食，安其居，乐其俗，邻国相望，鸡犬之声相闻，民至老死不相往来。"（《老子》第四十八章）他设想的社会中各种工具器皿全都不用，船只车辆全都闲置，兵器甲胄全无作用，让人民回到结绳记事的时代。

杨朱学派，属于道家，但又与老、庄有别，在先秦各家中别具一格，其代表人物是杨朱。"贵己重生"的观点是该学派消费伦理思想的基础。杨朱认为，对于个人而言，利益有各种各样，但其中最大和最为宝贵的是自己的生命，别的利益只是为其服务的，绝不能因此而有损于"生"。而要保全好"生"，就必然要有"物"，必然要满足好"欲"，"恣耳之所欲听，恣目之所欲视，恣鼻之所欲嗅，恣口之所欲言，恣体之所欲安，恣意之所欲行"（《列子·杨朱》）。如此完全放纵自己的欲望，正是杨朱的养生之道："任情极性，穷欢尽娱，虽近期促年，且得尽当生之乐也。"（《列子·杨朱》）

杨朱这一思想的目的是"损一毫利天下，不与也。悉天下奉一身，不取也。人人不损一毫，人人不利天下，天下治矣"（《列子·杨朱》）。他是要全天下的人都能全其生身，人人贵己，也就是人人不损天下之人以利己，如此天下焉能不治？从中可以看出，杨朱不过是把"无为而治"思想用一种较为激烈的方式表达而已。在消费生活中，他鼓励人们享受生活："丰屋美服，厚味姣色。有此四者，何求于外？（《列子·杨朱》）晋朝张湛总结这一思想说："故当生之所乐者，厚味、美服、好色、音声而已耳，而复不能肆性情之所安，耳目之所娱……是不达乎生生之趣也。"（《列子注》）

杨朱在主张人们享受生命的同时，从"贵生"的角度出发，也告诫人们应当有所节制："圣人深虑天下，莫贵于生。夫耳目鼻口，生之役也。耳虽欲声，目虽欲色，鼻虽欲芳香，口虽欲滋味，害于生则止，在四官者，不欲利于生者则弗为。由此观之，耳目鼻口不得擅行。必有所制，譬之若官职不得擅为。必有所制，此贵生之术也。"（《吕氏春秋·贵生》）这也说明杨朱的纵欲思想还是有一定限度的，其出发点仍然符合道家"道法自然"的基本命题。

（四）管子的消费伦理思想

先秦时期各家中，管子的消费伦理思想立论深刻，独树一帜，并与现代经济学上的一些理论相契合。

管子认为人的物质欲望、好利嫌恶是天生的，"凡人之情，得所欲则乐，逢所恶则忧，此贵贱之所同有也"（《管子·禁藏》）。《管子》首篇《牧民》篇（该篇被公认为是管子所作），就提出了民有四欲（欲逸乐、欲富贵、欲存安、欲生育）与四恶（恶忧劳、恶贫贱、恶危坠、恶灭绝），说为政者要"从其四欲"而不要"行其四恶"。在《五辅》篇谈到了"德"的六个具体内容"德有六兴"，其中包含"厚其生"、"输之以财"、"遗之以利"、"宽其政"、"匡其急"、"振其穷"六个方面，都是关于满足人们欲利的要求；并提出为政君王要设法满足子民的基本物质欲望，并可以在此基础上引导人们向善避恶，"六者既布，则民之所欲无不得矣。夫民必得其所欲，然后听上。听上，然后政可善为也"（《管子·五辅》）。把人们基本物质欲望的满足和道德的形成、德政的颁行直接联系在一起，极为深刻。

管子还提出"仓廪实而知礼节，衣食足而知荣辱"的著名论断，即在一定的物质生活条件下伦理标准才能产生作用，蔡元培先生评价说："然管子之意，以为人民之所以不道德，非徒失教之故，而物质之匮乏，实为其大原因。"[1]"仓廪实"即是国家消费资料的充足；"衣食足"即是个人基本消费欲望的满足。在此基础上带来社会道德的实现，揭示了社会道德与社会消费之间的关系。管子的这一认识已经接近物质经济状况决定社会道德水平的科学观点，正如恩格斯指出："人们自觉地或不自觉地，归根到底总是从他们阶级地位所依据的实际关系中——从他们进行生产和交换的经济关系中，获得自己的伦理观念。"[2]又说："一切以往的道德论归根到底都是当时的社会经济状况的产物。"[3]道德是一定经济基础决定的上层建筑和社会意识形态，是社会经济关系的反映。

由于《管子》一书是由众多作者跨越年代写成，因此，在消费伦理的关键问题"奢"与"俭"上，各谈其优，分别论述。当时社会思想学说的主流是"崇俭抑奢"，《管子》中的大多数文章也持这一观点："主上无积而宫室美，氓家无积而衣服修；乘车者饰观望，步行者杂文彩；本资少而末用多者，侈国之俗

---

①　蔡元培：《中国伦理学史》，上海古籍出版社 2005 年版，第 48 页。

②　《马克思恩格斯选集》第 3 卷，人民出版社 1995 年版，第 434 页。

③　《马克思恩格斯选集》第 3 卷，人民出版社 1995 年版，第 435 页。

也。国侈则用费，用费则民贫，民贫则奸智生，奸智生则邪巧作。故奸邪之所生，生于匮不足；匮不足之所生，生于侈；侈之所生，生于无度。故曰：审度量，节衣服，俭财用，禁侈泰，为国之急也。"(《管子·八观》) 这里的"主上"，指一国之君；"氓家"，指平民百姓；"乘车者"，当是富有阶层；"步行者"，多为劳动群众。简直全国上下都需去奢尚俭。之所以要如此的原因有二：第一，侈与俭直接关系着全国物质生活的贫富；第二，侈与俭直接关系着社会风气的良否。实际上把尚俭思想扩展到关系国家存亡的高度。

依此崇俭思想，管子还提出了相应的消费标准："宫室足以避燥湿，饮食足以和血气，衣服足矣适寒温，礼仪足以别贵贱，游娱足以发欢欣，棺椁足以朽骨，衣衾足以朽肉，坟墓足以道记。"(《管子·禁藏》) 这些提法有许多都和墨子的观点近似，都是以满足人类基本生存健康需要为标准，并且也都对儒家厚葬久丧不以为然。但两者还是有着不同之处：首先，管子还看到了人类精神消费需要的必要性，"游娱足以发欢欣"是和墨子非乐思想有别的；其次，管子的贵族身份也决定了他对于等级消费制度神圣性必然加以维护的立场，"贵贱"之分和墨子普天一式的思想是大相径庭的。

不过，作为一个贤明的宰相，管子还是对君王消费的奢侈提出了规劝，在《七臣七主》篇中他列举四个典型事例，对奢靡行为的危害以惊人之语发出严正的警告：第一，"台榭相望者，亡国之庑也"。这就是说，大兴土木，劳民伤财，则将导致人民生怨而群起造反。因此，今日群体相望的楼台等于是明天亡国的廊房 (亡国之庑)。第二，"驰车充国者，追寇之马也"。这就是说，驰马游车，浪费资财，将导致国力空虚而招引外敌。因此，今日充斥国内的游车等于是明天被敌寇追赶的车马 (追寇之马)。第三，"羽剑珠饰者，斩生之斧也"。这就是说，恣情纵欲，玩物丧志，将导致荒怠政事，败国亡身。因此，宝珠装配的"羽剑"等于是斩杀自身的兵刃 (斩生之斧)。第四，"文采纂组者，燔功之窑也"。这就是说，崇尚服饰，追求靡丽，将导致浪费社会劳动，毁弃既成功业。因此，文采纂组的服饰等于是焚毁功业的灶窑 (燔功之窑)。这四项比喻，既带有典型性，又富有哲理性。既把痛斥奢侈的重点引向一国之君，又把整个尚俭思想提到了新的水平，是崇俭思想中比较有代表性的。

《管子》一书中最具特色的消费伦理思想是详尽论述奢侈消费能够对经济生产、社会发展带来益处的观点，这在先秦时期以至后来整个中国古代消费伦理思想史中都是颇具代表性的。这一思想比较集中地反映在《侈靡》中，这是《管子》中篇幅最长，错简错文甚多，词意极为费解的一篇。"兴时化若何？莫善于侈靡。"这是文中的点题之处，"化"通"货"，"兴时化（货）"即是说生产品积压，阻碍了再生产的进行，在这种社会生产不振的时候就有提倡侈靡的必要性。[①] 这里说明侈靡的做法是有着特定条件限制的，只能是在国家需要时才能提倡的。因此，还特别在《事语》篇中有过提醒："泰奢之数，不可用于危隘之国。"就是说在人民极端贫困、国家濒临灭亡之时，不能采用奢靡的政策。

《管子》一书认为，侈靡带来的益处包括以下几个方面：

第一，充分满足人们的消费需要，可以调动人们的劳动积极性："饮食者也，侈乐者也，民之所愿也。足其所欲，赡其所愿，则能用之耳。今使衣皮而冠角，食野草，饮野水，孰能用之？伤心者不可以致功。"（《管子·侈靡》）这就是说，饮食、侈乐是人们的欲求和愿望，满足了他们的这些需要，才能够使用他们。如果让他们身披兽皮，头戴牛角，吃野菜，喝生水，怎么能使用他们呢？心情不舒畅的人也是做不好工作的。在这里侈靡理论把满足人们的消费需要与调动人们的积极性紧密地联系起来了。

第二，大量消费有助于开拓市场，促进生产的发展："积者立余食而侈，美车马而驰，多酒醴而靡，千岁毋出食，此谓本事。"（《管子·侈靡》）储积大量资财的富者，提供大量剩余粮食以奢侈消费，购置华丽车马以尽情驰乐，购买大量美酒以尽情享用。这样做，一千年都不至于乞讨求食，如此行为正是为

---

① "兴时化若何"的含义众多学者各执一词，较为流行的是陶鸿庆所云，"兴"盖"与"之误，与时化者，与时为变。则此句大意为怎样随事物的改变而改变。但笔者较为认同胡寄窗先生的看法，文中观点采用他的译法。

了农业生产的发展。为什么大量的消费反而是为了农业发展呢？这是联系着市场的作用而说的。就是说，如果天下的积财者，不是窖藏财富不动，而是大量消费，就可以促进各行业的产品销路通畅，从而开拓市场。其结果，既推动了各行各业的分工与增产，又最终促进农业的发展。对于消费、市场与生产这种互相依赖、互相促进的关系，《侈靡》篇还有论述："市也者，劝也。劝者，所以起。本善而末事起。不侈，本事不得立。"（《管子·侈靡》）这说明了市场消费对农业生产的推动作用。

第三，提倡消费，有利于扩大社会的劳动就业："巨瘗窖，所以使贫民也；美垄墓，所以使文荫也；巨棺椁，所以起木工也；多衣衾，所以起女工也。"（《管子·侈靡》）这是以重藏为例，具体说明富者大量消费可以带来贫民、工匠、女工等有工作可做，有衣食可得。这些观点并不等同于儒家厚生久葬的礼仪，而是仅着眼于社会就业的问题。甚至还提出"雕卵然后瀹之，雕橑然后爨之"（《管子·侈靡》），煮鸡蛋时先画上彩色然后再去煮，烧木材先雕上花纹然后再去烧，这种言论在那个时代可谓匪夷所思，不过对比现代西方经济学家的理论确有相近之处："上古埃及可称双重幸运，因为埃及有两种活动（建筑金字塔与搜索贵金属），其产物不能作人类消费之用，故不会嫌太多。一定是由于这个缘故，上古埃及才如此之富。"[1] 凯恩斯在他的经济学名著《就业利息和货币通论》中系统论证了就业量决定于总需求，总需求又决定于社会消费总量，他认为："我们可以得到结论：在当代情形下，财富之生长不仅不系乎富人之节约（像普通人所想象的那样），反之，恐反遭此种节约之阻挠。"[2] 管子所讲的"富者靡之，贫者为之"（《管子·侈靡》）也是这个道理。在几千年前就能看到消费对于社会生产的推动作用是非常难能可贵的。

郭沫若先生在他的《管子集校》中认为"《管子》一书乃战国、秦、汉文字总汇"，即是指它所包含的不是一个时期、一家或一个方面的思想，而是不

---

① [英] 凯恩斯：《就业利息和货币通论》，商务印书馆 1977 年版，第 111 页。
② [英] 凯恩斯：《就业利息和货币通论》，商务印书馆 1977 年版，第 318 页。

同时期、多家、多方面的思想。因此,《管子》一书的消费理论,出现崇俭和侈靡两种截然相反的观点并不奇怪,但其侈靡的观点在历史上更具影响,更有代表性。北宋范仲淹运用了《侈靡》篇中的思想观点,在解决旱灾问题中收到了良好的效果。但历代学者对此篇旨意未进行阐发。直至 19 世纪末,章太炎首先发掘出淹没了两千多年的这篇重要论文,指出:"《管子》之言,兴时化者,莫善于侈靡,斯可谓知天地之际会,而为《轻重》诸篇之本,亦泰西商务所自出矣。"[1]20 世纪 50 年代,郭沫若也对《侈靡》篇进行了研究,考证了该篇的创作年代,并指出作者是代表"商人阶级"说话的。郭沫若的观点与章太炎的观点基本相同。《侈靡》篇之所以受到学术界的注意,是因为其中的思想观点虽然偏颇,但其中也有真理的颗粒。英国古典经济学创始人威廉·配第提出宁愿粉饰"凯旋门"以增加就业的看法,现代西方著名经济学家凯恩斯的公共工程政策,都与《侈靡》篇中的观点有不谋而合之处。

三、汉至宋元时期的消费伦理思想

(一) 董仲舒的消费伦理思想

董仲舒是中国古代历史上承前启后式的人物,他在政治上为巩固汉代"大一统"的局面作出极大贡献,更重要的是在学术思想上提出"罢黜百家,独尊儒术"的主张,使儒家学说逐步走上神坛。

董仲舒提出"三纲五常"的道德体系是整个封建伦理纲常体系得以建立的基础,也是他等级森严的消费伦理思想的基础。

所谓"三纲"是指:"君为臣纲,父为子纲,夫为妻纲。"(《白虎通义》)"三纲"被宣布为永恒不变的"王道"极则,被确立为封建社会最高的政治原则和

---

[1]　《章太炎选集》,上海人民出版社 1981 年版,第 20 页。

伦理原则，一切社会行为都必须遵循这些原则。为了维护这种尊卑、贵贱、大小等差别，对于基本的消费行为也必须按照等级划分严格执行。董仲舒所遵循的等级是指爵位序列和俸禄档次，所以，按等级消费即"度爵而制服，量禄而用财"。必须饮食有量、衣服有制、宫室有度、畜产人徒有数，舟车武器有禁。如此，则"生有轩冕、服位、贵禄、田宅之分，死有棺椁、绞衾、圹袭之度。虽有贤才美体，无其爵不敢服其服；虽有富家多赀，无其禄，不敢用其财。天子服有文章，不得以燕飨，公以庙；将军大夫不得以燕飨，以庙；将军大夫以朝官吏，命士止于带缘。散民不敢服杂采，百工商贾不敢服狐貉，刑余戮民不敢服丝玄纁乘马，谓之服制。"(《春秋繁露·服制第二十六》)无论具备怎样的贤才能力或经济实力，都必须依照等级制度行事，这样，才可使贵贱有等、衣服有别、朝廷有位、乡党有序，而民有所让而不敢争。

所谓"五常"是指："仁、义、礼、智、信"。其中，董仲舒对"礼"十分重视，认为"礼"是维持社会秩序的基本条件，因此特别加以界定："礼者，继天地，体阴阳，而慎主客，序尊卑贵贱大小之位，而差外内远近新故之级者也。"(《春秋繁露·奉本第三十四》)强调了森严的封建等级体系，还明确规定了必须根据每个人的等级地位，享受不同的衣、食、住、行、用的消费标准，使等级地位的名与基本消费内容之实相符合。而这种享受是不能超越自己等级地位的，又叫做"安其情"。所以，定礼的目的，就是为了"体情而防乱"，以维持封建的等级体系，稳定社会秩序。这样，礼的制定必须遵循，保证了封建统治阶级政治上的统治地位和经济上、文化上的特殊权利。当然，也使下层人民在政治上处于无地位，经济上安于贫困。不过，对于封建的贵族、官僚、地主以及商贾的兼并、掠夺在一定程度上也有限制的作用。

董仲舒的奢俭观延承着儒家"黜奢崇俭"的一贯主张，但他以中国古代盛行的五行学说来论证他的思想，极富神秘色彩。他讲五行可顺不可逆，如他把百姓当作"木"，把君王当做"土"，"夫木者，农也，农者，民也"，"夫土者，君之官也，君大奢侈，过度失礼，民叛矣，其民叛，其君穷矣，故曰木胜土。"(《春秋繁露·五行相胜第五十九》)为人君者，如果太过奢侈，荒废礼仪，必会导致民众叛乱，即"木胜土"。在另一篇《五行顺逆》中他进一步说，人君出入不时，贪猎，好靡靡之乐，酗酒，极奢极欲而荒废政事，赋役繁重，夺民时，刮民财，这就叫"逆木"；人君好淫佚，妻妾过度，大起台榭，致力装饰，则为"逆土"。他还提出"天人感应"说，认为人事活动，尤其是代天行使责任的君王行为的好坏，会从天那里得到反映。如果逆天而行，"不出三年，天当雨石"（《春秋繁露·五行变救第六十三》）。因此，必须"当救之以德"（《春秋繁露·五行变救第六十三》），"德"因情而不同，在"木有变"下，要采取轻徭薄税，开仓赈乏的政策；在"土有变"下，应该施行省宫室、去雕文等节俭措施。董仲舒以古人极为迷信的五行之说与天人感应观来论证"黜奢崇俭"的必要性，极易打动人心，并影响深远。

在极力推崇"节俭"的同时，董仲舒却又把礼教消费排除在这种伦理规范之外。他再次重申了儒家崇尚的礼教消费准则的重要性："祭不可不亲也。"（《春秋繁露·郊义第六十六》）有人讲百姓饿着肚子，还祭什么天！董仲舒不同意这种看法，他比喻道："民未遍饱无用祭天者，是犹子孙未得食无用食父母也。"（《春秋繁露·郊义第六十六》）把这种礼教消费的地位提得极高。而这种观点的根源依然是要维护等级森严的封建宗法制度，为了封建统治阶级的长久统治。

（二）佛教的消费伦理思想

中国的佛教思想在发展过程中，逐步与中国的道教及儒家相互影响、相互交融，逐步形成三教合流的发展趋势。因此，佛教的消费伦理思想既受到中国儒家和道教思想的影响，反过来也对后世儒道两家的消费伦理思想产生过不可磨灭的影响。

佛教的消费伦理思想集中在禁欲主义基本消费标准和宗教消费上。

佛教教义的核心就是对"苦"的阐发，《中阿含经》把人的一生概括为"八苦"："哭圣谛谓生苦、老苦、病苦、死苦、怨憎会苦、爱别离苦、所求不得苦、五盛阴苦。"这当中涵盖了人生的自然生长变化过程"生老病死苦"，也包含了"爱别离、怨憎会、求不得"诸苦，这是人自身主观愿望无法得到满足留下的苦。最后的"五盛阴苦"又包含了色——物质，受——感情、感觉，想——理性活动、概念活动，行——意志活动，识——统一前几种，这五种包括人的精神和物质诸方面的苦。在如何消除这些苦难的问题上，佛教极力掩饰其产生的阶级根源和社会根源，而说是个人的"无明"造成，即无法得窥"五蕴皆空"这一善的本源，不能消除有常、有我的欲望，达到无常、无我的境地。因此，佛教宣扬禁欲主义思想，色、声、香、味、触五欲都只带给人烦恼、苦痛。具体地在消费上，佛教刻意宣扬克制各种消费需要，以自苦为训。如着衣，要"不著华鬘"（《童蒙止观·见缘》），若过贪求积聚，则心乱妨道。再如饮食，佛教戒酒、素食，若是上人大士，处深山绝岭之中，就以草果为生，"一池荷叶衣无尽，数树松花食有余"。① 虽意境极美，可如此推广开来，人人餐风饮露，树叶裹体，那就是社会的一种倒退。可见，佛教在人的基本消费需要中讲求回到原始状态，并还设置种种禁忌，所以连一些基本的人类生理需要也要被一一压制，正像马克思所评价的那样："是自我折磨的禁欲主义的宗教。"② 这种禁欲主义消费伦理思想的后果，就是使消费需要大大萎缩，消费产品的生产被阻碍，最终导致社会经济发展的停滞或倒退。

在宣扬人们应当禁欲节俭的同时，佛教又对于宗教消费大力鼓励。佛教的终极目标是"成佛"，而成佛之路要通过"六度"来完成。"六度"又叫"六波罗蜜"，即"布施"、"持戒"、"忍辱"、"精进"、"禅定"、"智慧"，这是从生死此岸到涅槃彼岸的方法与途径。其中，"布施"是极为重要的一个环节，如《金刚经》说："布施，得福……甚多"，因此，"王侯贵臣，弃象马如脱履，庶士豪家，舍资财若遗迹。"（《洛阳伽蓝记〈序〉》）"百姓有废业破产、烧顶灼臂而求供养者。"③ 人们相信这样慷慨捐献，可以修阴积德，为来世幸福打下基础，"洎乎近世，崇信滋深，人觊当年之福，家惧来生之祸。"④ 以至于无论贫富，

---

① 《五灯会元》卷三《大梅法松禅师》。

② 《马克思恩格斯选集》第1卷，人民出版社1995年版，第761页。

③ 《韩愈传》，《旧唐书》卷一百六十。

④ 《唐太宗集·令道士在僧前诏》。

竞相布施捐献，即使是耗尽家财也在所不惜，使得民间积聚减少，而宗教消费总量迅速膨胀，结果是"招提栉比，宝塔骈罗。争写天上之姿，竞摹山中之影，金刹与灵台比高，广殿共阿房等壮。"(《洛阳伽蓝记〈序〉》)把佛庙殿堂修建得如同阿房宫般豪华，僧侣们也因此穷奢极侈。这些宗教上的消费不会从天上掉下来，终究是由百姓们辛勤劳动带来的，"今之伽蓝，制过宫阙，穷奢极壮，画绘尽工。宝珠殚于缀饰，环材竭于轮奂。工不使鬼，止在役人，物不天来，终须地出，不损百姓，将何以求?"[1]如此支出，在生产力本来就不发达的古代社会必然是减少了正常经济发展所需，"女工罗绮，剪作淫祀之幡。巧匠金银，散雕舍利之冢。粳粱面米，横设僧尼之会。香油蜡烛，枉照胡神之堂。剥削民财，割截国贮……良可痛哉!"(《广弘明集》卷四十一)

还有一个耗费大量人力财力的宗教消费就是各种斋会。按照佛教的教义，人死了要设斋超度，设斋的时间越长，规模越大，于死者于生人则越有好处。因此富室豪门有设斋多至百日的，规模大者有所谓"千僧斋或万人斋"。设斋还可为生人祈祷，消灾弭祸，广结善根，于是有的供养大批僧侣专为自己祈福。在佛教盛行时，从最高统治者至普通吏人，以生老病死等各种名义设斋，有的人家一年四季斋会常设，成为日常生活的重要消费内容。由于斋会延续时间长，参加人数多，布施广众，加上一些人利用斋会摆阔讲排场，造成开支浩繁，至有将全部家当用于斋会者。这样劳民伤财的宗教消费成为古代社会的一个沉重包袱。

(三) 朱熹的消费伦理思想

朱熹是宋代理学思想的集大成者，也是正统儒家伦理思想发展的代表性人物。

朱熹的伦理思想核心就是"存天理，灭人欲"。那么，如何区分"天理"和"人欲"，朱熹正是用人们消费欲望的满足程度来举例阐述："问：'饮食之间，孰为天理，孰为人欲?'曰：'饮食者，天理也；要求美味，人欲也。'"(《朱

---

[1]　《狄仁杰传》，《旧唐书》卷八十九。

子语类》卷十四）人们的日常饮食消费的满足是"天理"，但如果再对饮食加以更高的要求"美味"时，便成了"人欲"。这其中有两方面的含义，一方面，朱熹的"天理"中已经明确地提出满足人们正常消费需要的合理性，和佛教的完全禁欲主义相区别，朱熹自己也专门就此表态："此寡欲，则是合不当如此者，如私欲之类。若是饥而欲食，渴而欲饮，则此欲亦岂能无？但亦是合当如此者。"（《朱子语类》卷九十四）这是朱熹对"欲字如何"的回答，饮食"合当如此"，是"欲"，但不是"人欲"，因为它是合理的，包含着"天理"；"合不当如此"，是"人欲"，便是所谓"要求美味"，是不合理的，与"天理"是对立的。另一方面，朱熹否定人们追求更高一级的消费享受，这是和社会发展规律相违背的，马克思就曾指出："我们的需要和享受是由社会产生的；因此，我们在衡量需要和享受时是以社会为尺度，而不是以满足它们的物品为尺度的。因为我们的需要和享受具有社会性质。"①

在不同的社会生产力水平下，人们的消费需要也是不同的，在生产力得到长足发展的阶段，人们自然不会再满足基本的温饱状态，而要追求更高的消费满足，这是符合社会历史发展规律的，也是符合善的标准的。

朱熹的奢俭观秉承孔子的思想，"礼贵得中，奢易则过于文，俭戚则不及而质，二者皆未合礼。然凡物之理，必先有质而后有文，则质乃礼之本也。"（《朱子语类》卷二十五）奢侈容易过于华丽，节俭就会不及而显得简朴。"过于"和"不及"都失掉"中"，即："奢俭俱失中"（《朱子语类》卷二十二）。失"中"，就是不合"礼"。反之，合"礼"就是奢不"过于"，俭不"不及"。不过，在"质"与"文"之间，还是"先质后文"，"今者一向奢而文，则去本已远，故宁俭而质。"（《朱子语类》卷二十五）依然是儒家正统的"与其奢宁俭"、"俭不违礼"的一贯主张。不过，朱熹谈论"奢"之害，并没有从经济发展的角度，而仅是从"违礼"出发进行批判，他以管仲为例："愚谓孔子讥管仲之器小，其旨深矣。或人不知而疑其俭，故斥其奢以明其非俭；或疑其知礼，故又斥其

---

① 《马克思恩格斯选集》第1卷，人民出版社1995年版，第350页。

僭，以明其不知礼。"(《朱子语类》卷二十）说管仲器量小，是因为他做了功业，"便包括不住，遂至于奢与犯礼，奢与犯礼便是那器小底影子"(《朱子语类》卷二十五）。而"奢"又往往与"违礼"相联系，譬如设屏于门，本来是"邦君"才能有资格设置的，但作为大夫的管仲也设了。这既是奢，又是违礼。对此朱熹总结为："那奢底人便有骄傲底意思，须必至于过度僭上而后已。"(《朱子语类》卷三十四）所以，朱熹反对"奢"的主要目的是维护封建尊卑贵贱的宗法等级秩序，希望贵族士人按照"礼"所规定的消费标准来享受，不奢不俭的"中"，就是维护不同等级的消费水平，使封建统治秩序很好地维持下去。

朱熹的"节俭"观是"有节有度"的："俭是省约有节"，"俭只是用处俭，为衣冠、服饰、用度之类"(《朱子语类》卷二十二），并没有一味地追求节俭，只是在适当的地方要注意节省。而且朱熹还看到随着社会的发展人们的消费水平将随之提高，消费的道德评价标准也要有所转变："至今也，则风气日开，朴陋之礼已去，不可复用，去之方为礼。"如果总是套用旧的标准反倒是"违礼"了，在这点上朱熹确实说出了社会历史的发展规律。

四、明清时期的消费伦理思想

明中叶特别是在嘉靖万历年间（1522—1620），在中国的一些沿海地区，出现了资本主义生产关系的萌芽，这也是中国封建社会进入晚期的重要标志。清朝，中国在思想领域闭关锁国的局面被逐步打破，特别是在清末时期由于内忧外患，许多人把目光投向了西方，希望能"师夷长技以制夷"，以图改变中国落后挨打的局面。这些价值观的转变，也反映在对消费的伦理评价上。

（一）李贽的消费伦理思想

李贽是明末著名的反"道学"斗士，他深刻地批判了以封建正统道德自居的理学（道学），对我国传统道德思想的发展具有反封建的启蒙意义。他的消费伦理思想更多地是从百姓日常需要来探求的。

李贽伦理思想的出发点是"人必有私"的自然人性论，这也是他反"道学"、批"礼教"的理论基础。"夫私者，人之心也。人必有私，而后其心乃见；若无私，则无心矣。如服田者私有秋之获，而后治田必力；居家者私积仓之获，而后治家必力；为学者，私进取之获，而后举业之治也必力。……此自然之理，必至之符，非可以架空而臆说也。"① 私心私欲，是人们主观意识的基本内容，人们的一切行为都是以此为动机和动力的。正是有了私心私欲人们才会有心、用心地努力去从事有关的活动。

李贽的消费伦理观正是由此出发，把人们衣食等基本的消费需要提到了空前的地位，"穿衣吃饭，即是人伦物理；除却穿衣吃饭，无伦物矣。世间种种皆衣与饭类耳，故举衣与饭而世间种种自然在其中，非衣饭之外更有所谓种种绝与百姓不相同者也。"② 李贽还对普通百姓对日常消费生活的言论给予了正面的评价。"迩言"是李贽特别创制的词语，"迩言者，近言也"，③ "近言"就是普通百姓日常所用"街谈巷议，俚言野语，至鄙至俗，极浅极近"的言论，"如好货，如好色，如勤学，如进取，如多积金宝，如多买田宅为子孙谋，博求风水为儿孙福荫，凡世间一切治生产业等事，皆其所共好而共习，共知而共言者，是真迩言也"。④ 即是说，凡百姓包括普通消费在内的出于私利生计的言论，就是"真迩言"。由此，李贽提出了"以百姓之迩言为善"的主张，因为"迩言"反映了"民情之所欲"，是人们共同利益需求的表现，所以，是"善"的。反之，"非民情之所欲，故以为不善，故以为恶耳"。⑤ 李贽强调来自"民之中"的"民情之所欲"在道德上具有善的价值，即是对人民群众现实利益需求的肯定。

---

① 《德业儒臣后论》，《藏书》卷三十二。

② 《答邓石阳》，《焚书》卷一。

③ 《明灯道古录》卷下。

④ 《答邓明府》，《焚书》卷一。

⑤ 《明灯道古录》卷下。

在奢俭问题上，李贽提出"奢俭俱非"的观点，他反对只谈节用而不管生产的观点，提出以财富生产为本，而不是紧紧纠缠在奢俭问题上。他认为："所贵乎常国家者，因天地之利而生之有道耳。且《大学》之教明言生财有大道矣。又言生之众而为之疾，不专以节用言也。若以节用言，则必衣皂绨之衣，惜露台之费，而后可以有天下而为天下也。"[1] 就是说不要只谈节用问题，更重要的是生产出足够的社会财富，在此基础上再提倡节用。李贽的看法是有针对性的，封建社会由于忽视生产技术的改善和提高，社会生产力水平低下，发展速度又极为缓慢，以至于人们深深地体验到财富生产的艰难性，对生产潜力失去信心。于是人们把注意力转向节用是很自然的。而李贽从生产潜力上论证不必专事节俭，是有利于生产力水平提高和人们生活改善的，是一种更为积极的态度。

（二）魏源的消费伦理思想

魏源是中国近代最早向西方探索救国真理的先驱者之一，他所提出的"师夷长技以制夷"的主张为当时的中国思想界开辟了一个新的方向。

在消费伦理思想上他首先提出"无欲"说，他认为只讲寡欲是不彻底的，只有做到无欲方算彻底。他说："世儒多谓孟子言寡欲，不言无欲，力排宋儒无欲之说为出于二氏（佛、道）。不知孔子言'无我'，非无欲之极乎？"（《默觚上·学篇四》）魏源把孔子的"无我"解释为"无欲之极"，并不符合孔子原意，他强解无我为无欲，只是为了论证其无欲的主张。他提出"去本无以还其固有，损之又损以至于无"（《默觚上·学篇一》）的道德修养过程。所谓"本无"，就是"物欲"，所谓"固有"，就是人人先天固有的仁善之心；所谓"损之又损以至于无"，就是不断克服物欲，最终达到无欲，使自己的仁善之心充分显露出来的过程。他认为，这就是圣人境界，就是人们道德修养的最终目标。

但要注意的是，魏源虽以"无欲"冠名，却并没有让人摒弃一切物质欲望，

---

[1]　《藏书》卷三十四。

而是希望人们能够"守本"、"知足","万事莫不有其本,守其本者常有余,失其本者常不足。宫室之设本庇风雨也;饮食之设,本慰饥渴也;……风雨已庇而求轮奂,轮奂不已而竞雕藻,于是栋宇之本意亡。饥渴已慰而求甘旨,甘旨不已而错山海,于是饱腹之本意亡。……"(《默觚下·治篇十四》)此外,魏源还举了衣裳、器物的例子。他认为,人们在房、食、衣、物各方面的消费需要,满足于"庇风雨"、"慰饥渴"、"御寒暑"、"利日用",就是守本、知足,这是正当的、是善的。超过这些标准去追求更高的享受,有非分之想,就是物欲,就是不知足。而不知足乃是祸乱的根源:"不足生觊觎,觊觎生僭越,僭越生攘夺,王者常居天下可忧之地矣。"(《默觚下·治篇十四》)所以,他坚决主张无欲、知足,让人们对物欲"日损之",并体会其中之"乐"。魏源主张无欲,是为了反对觊觎、僭越、攘夺,使人各安其分,断绝非分之想,最终目的在于维护封建统治秩序。

魏源的奢俭思想较为复杂。一方面,他继承传统思想认为"俭"是美德,"禁奢崇俭"是"美政";另一方面,他认为"俭"只是对上层统治者和劳动人民的要求,而对于地方上的一般"富民"来说,则主张实行"崇奢"。他说:"禁奢崇俭,美政也,然可以励上,不可以律下,可以训贫,不可以规富。"(《默觚下·治篇十四》)用"禁奢崇俭"来"励上",是因为最高统治者的君主如果太奢侈,则会上行下效,"主奢一则下奢一,主奢五则下奢五,主奢十则下奢十,是合十天下为一天下也。以一天下养十天下,则不足之势多矣。"(《默觚下·治篇十四》)以一天下的消费品供十天下之需,自然会造成严重不足;而且统治者为满足不断扩大的奢侈需要,必然会加重对人民的搜刮,并将影响到一些"富民"的赋税负担,魏源对清王朝的横征暴敛是有切身感受的。

魏源认为,崇俭只是针对统治者和平民百姓的,但对"富民"却不能提出这一要求。他把一般"富民"们崇俭的动机分为两种。一种是道德上"善"的动机,"如大禹之菲食恶衣"是"为四海裕衣食",墨子之节用是因为有"待寝功者数十国"。出于这种目的的"俭"是应该肯定的。另一种俭则只是"以俭守财",也就是吝啬的守财奴。他认为绝大多数"富而俭"的"富民"阶层都抱着后一目的。因此，他主张对富民要推行"崇奢"，他说："《周礼》保富，保之使任恤其乡，非保之使吝啬于一己也。车马之驰驱，衣裳之曳娄，酒食鼓瑟之愉乐，皆巨室与贫民所以通工易事，泽及三族，王者藏富于民，譬同室博奕而金帛不出户庭，适足损有余以益不足。如上并禁之，则富者益富，贫者益贫。……俭则俭矣，彼贫民安所仰给乎?"（《默觚下·治篇十四》）就是说，保富不是为了"富民"自身，而是为了要他们发挥赈恤乡里的作用。为了这一目的，就不能以消费生活必需品为界限，而要违反如他所说的消费本意去消费非生活必需品，在车马、衣裳、酒食、鼓瑟等方面扩大消费对象。他认为这样做就能够使"巨室与贫民""通工易事，泽及三族"。魏源虽然认识到商品经济中消费和生产的某种辩证关系，并在一定程度上反映了商品经济发展的要求。但同时也要注意，地主阶级消费需要的满足，来自于对农民的剥削所得，生活上奢侈的扩大，会加重对农民劳动生产的榨取。他的这一主张，同他的"知足"、"无欲"说在理论上是矛盾的，这也说明，魏源所提倡"知足"、"无欲"，主要是为下层贫民而发，是要让他们守分安贫，安于被压迫、被剥削的地位而无所反抗，维护已经摇摇欲坠的封建统治。

（三）谭嗣同的消费伦理思想

谭嗣同是清末资产阶级维新派的代表人物，是在戊戌变法失败后被杀害的"六君子"之一。他的伦理思想专门批判纲常名教，并提出"扫荡桎梏"、"冲决网罗"[1]的反封建君主专制的口号，是时人所不及，梁启超在评价谭嗣同时承认："其思想为吾人所不能达，其言论为吾人所不敢言。"[2]

谭嗣同的消费伦理思想建立在批判统治中国几千年的"三纲五伦"思想上，"数千年来，三纲五伦之惨祸烈毒，由是酷焉矣。君以名桎臣，官以名轭民，父以名压子，夫以名困妻，兄弟朋友各挟一各以相抗拒，而仁尚有少存焉者得乎?"（《仁学》卷上）这些纲常伦理只是封建统治者为了"钳制天下"的"钳

---

① 《谭嗣同文集》，中华书局1981年版，第493页。

② 《梁启超文集》，北京燕山出版社2009年版，第109页。

制之器"，是君桎臣、官轭民、父压子、夫困妻的工具。而"仁"也已失去真正的意义了。

在强烈抨击纲常伦理基础上，谭嗣同对宋明理学"存天理，灭人欲"的思想进行了批判，他指出："世俗小儒，以天理为善，以人欲为恶，不知无人欲，尚安得有天理？吾故悲夫世之妄生分别也。天理善也，人欲亦善也。"(《仁学》卷上）没有基本人欲的满足，还有什么天理的存在，所以，谭嗣同认为，"天理"、"人欲"皆善。

在奢俭问题上，谭嗣同是彻底的"尚奢"论者，他从批判老子的"崇俭"思想入手："李耳之术之乱中国也，柔静其易知矣。若夫力足以杀尽地球含生之类，胥天地鬼神以沦陷于不仁，而卒无一人能少知其非者，则曰'俭'。"(《仁学》卷上）就是说，老子乱中国之术除了"柔静"思想外，还有鲜为人知的"崇俭"的主张。他还具体分析了"崇俭"思想的三个问题：

第一，奢俭之分有着相对性，妄加区分并提"黜奢崇俭"是没有道理的。"且夫俭之与奢也，吾又不知果何所据而得其比较，差其等第，以定厥名，曰某为奢，某为俭也。"(《仁学》卷上）就是说，如何划分奢与俭没有确切的规定，"今使日用千金，俗所谓奢矣，然而有倍蓰者焉，有什伯千万者焉。……今使日用百钱，欲所谓俭矣，然而流氓乞丐有日用数钱者焉，有掘草根、屑树皮、苟食以待尽，而不名一钱者焉。"(《仁学》卷上）由此，谭嗣同得出结论："本无所谓奢俭，而妄生分别以为之名，又为之教曰黜奢崇俭。"(《仁学》卷上）

第二，"崇俭"思想阻碍了生产的发展。发展生产的目的是为了消费，既然崇俭，又何必"遣使劝农桑"，"开矿取金银"？进而说，"凡开物成务，利用前民，励材奖能，通商惠工，一切制度文为，经营区画，皆当废绝。"(《仁学》卷上）既然要追求社会进步，又何必崇俭？由于崇俭，人们"持筹握算，铢积寸累，力遏生民之大命而不使之流通"。这样就造成了如下恶果："今日节一食，天下必有受其饥者；明日缩一衣，天下必有受其寒者。家累巨万，无异穷人。坐视羸瘠盈沟壑，饿殍蔽道路，一无所动于中，而独室家子孙之为计。"(《仁学》卷上）

第三，"崇俭"只不过是一些封建贵族欺世盗名的"兼并之术"。谭嗣同指出，天下人都说"俭者美德也"，但其实是封建权贵们"凭借高位，尊齿重望，阴行豪强兼并之术，以之欺世盗名"。他们都"以俭为莫大之宝训"，为了聚积"富室"，不顾左右毗邻民不聊生，而靠放债、籴粜而"原取利"，还千方百计"入租税于一家"。所以，这种所谓节俭的"美德"，实际上是"乡愿之所以贼德"（《仁学》卷上）。

因此，谭嗣同认为，"崇俭"不利于中国社会的发展。相反，富人消费的奢侈可以促进和刺激生产的发展，"夫岂不知奢之为害烈也！然害止于一身家，而利十百矣。锦绣珠玉、栋宇车马、歌舞宴会之所集，是固农、工、商、贾从而取赢，而转移执事者所奔走而趋附也。"（《仁学》卷上）他也承认奢侈是有害的，但却认为"害止于一身家"，而能够带给其他许多人益处，农工商贾可以"从而取赢"，各方面的人可以"奔走而趋附"，得到就业的机会。如此一来，全社会的经济生产就都会兴旺起来。谭嗣同的着眼点是发展民族工商业，所以他进而指出："富而能设机器厂，穷民赖以养，物产赖以盈，钱币赖以流通，己之富亦赖以扩充而愈厚。"（《仁学》卷上）这里的所谓富人设厂，"穷民赖以养"，显然是典型的资产阶级观念。谭嗣同的"倡奢"主张是中国历代思想家中最为彻底和深刻的，这和他受西方资产阶级思想的影响分不开。毋庸置疑，谭嗣同思想中肯定消费对社会生产的促进作用，是极有价值的观点。

第十一章
西方消费伦理思想述评

　　西方消费伦理思想经历了几千年的发展历程，形成了丰富的内容。特别是文艺复兴时期以后，工业革命推动了社会经济的迅速发展，众多伦理学家、经济学家围绕节俭和奢侈的伦理评价问题展开了热烈的争鸣，留下了宝贵的精神文化遗产。21世纪的中国在社会主义市场经济建设中，必须吸收和借鉴人类文明的遗产，认真研究西方消费伦理思想。

一、西方古代消费伦理思想

（一）亚里士多德消费伦理思想

　　亚里士多德是古希腊著名的伦理学家，也是古希腊思想家中最博学的百科全书式的学者。他继承了古希腊传统的中道思想，对这一思想加以系统化，并从理论上作了论证，形成了作为伦理学基本原则的中道学说。亚里士多德的学说既是理论的，又是现实的。他把自己的中道学说应用于社会生活的各个方面，其中包括消费方面，建立了以中道为核心的消费伦理观。

　　亚里士多德指出"正确的消费才是合乎德性的"①，那么，什么样的消费才是正确的？在他看来，符合中道原则的消费才是应该肯定的，因为"过度和不及都属于恶，中道才是德性"②。所谓中道，就是"适度"、"执中"的意思。消费只有建立在"适度"的基础上才是合乎消费伦理的。但如何理解消费中的"适度"呢？亚里士多德在其《尼各马科伦理学》中专门对以中道为原则的"适度"消费伦理观进行了论述，他提出"对于一个消费者，消费量的大小是否适当，要以对什么事情，在什么场合，以什么对象而定"③。这样，他的消费伦理观可以由三个方面来组成。

　　第一，在消费的道德价值取向上，要"消费在应该的事情上"。亚里士多德对消费伦理观的论述，集中在对"大方"的伦理评价上，他把体现他的消费伦理观的人称为"大方的人"。他认为，"大方人的消费是为了高尚"，"他所注意的多是怎样更高尚，怎样更适当，而不是能够得多少，怎样更俭省。所以大方的人必然是慷慨的人消费在应该的事情上，以应该的方式。"④亚里士多德与中国古代思想家崇俭的价值取向有着明显的不同，把消费的道德价值取向重点放在"应该的事情"上，像"敬神事业"、"公益事业"的消费，甚至"黄金"的消费，只要"与承办人相符合，合乎消费者的地位和财产"，"价值就是它们的应该，不但要与成果相适应，而且要与消费者相适应。"⑤亚里士多德出身于医生世家，父亲曾做过马其顿王的侍医。他自己与宫廷关系密切，曾担任过王子亚历山大的教师。他的上述消费伦理观也明显地打上了个人身世的印记，反映了古希腊时期上层社会的利益诉求和道德价值观。

　　第二，在消费的道德价值评价上，消费的善要依"场合"和"对象"而定。

---

　　① 苗力田编:《亚里士多德选集》，中国人民大学出版社 1999 年版，第 84 页。
　　② 苗力田编:《亚里士多德选集》，中国人民大学出版社 1999 年版，第 39—40 页。
　　③ 苗力田编:《亚里士多德选集》，中国人民大学出版社 1999 年版，第 82 页。
　　④ 苗力田编:《亚里士多德选集》，中国人民大学出版社 1999 年版，第 83 页。
　　⑤ 苗力田编:《亚里士多德选集》，中国人民大学出版社 1999 年版，第 84 页。

婚礼等类似的事情，需要一次性大消费；房屋是一道风景线，需要修造与其财富相称的房屋，以及在那些经久耐用的物件上更多地花费，在亚里士多德看来，只要"价值与消费相适应"就是善的。他特别重视消费的善是因人而异的。他说："如有一人，吃十磅太多，两磅太少，教师不能因此叫他吃六磅；因为六磅，对于这个人说，也许太多，或太少；如对于弥罗（希腊著名武术家——引者注）说是太少，但对于初学武术的人说，则太多。"[1] 建立在中道原则基础上的亚里士多德消费伦理观其标准不是绝对的，而是相对的。随着场合和对象的变化，消费伦理标准也会发生变化，要在适当的时间和机会，对于适当的人和对象，以适当的态度去处理，才是最大的善。

第三，在消费的道德价值评价上，反对过度消费和浪费。早在古希腊时期，他具体分析了消费活动中的"慷慨"与"大方"。"一个慷慨的人，为了高尚而给予，并且是正确地给予。也就是对应该的对象，按应该的数量，在应该的时间及其他正确给予所遵循的。"[2] 同时，他也反对浪费，"一个慷慨的人，要量其财力来花费，并花费在应该花费的地方，过度了就是浪费。"[3] 亚里士多德还从消费对象、消费数量和消费成果等方面论述了另一种德性——"大方"，他所认为的"……大方这个名称，它的适当消费是大量，但消费量的大小是相对的……对于一个消费者，消费量的大小是否适当，要以对什么事情，在什么场合，以什么对象而定"。[4] "大方的人其消费是巨大的，同时也是适当的，它的成果同样也是巨大的和适当的。"[5]

亚里士多德所处的年代正是希腊城邦奴隶制危机时期，经过多年战争之后，各城邦的统治力量都有所削弱，政治统治相对不稳定。但同时，由于当时雅典商业、航海业非常发达，使社会经济十分繁荣，奢侈之风盛行，社会贫富

---

① 周辅成编：《西方伦理学名著选辑》上卷，商务印书馆 1964 年版，第 296 页。

② 苗力田编：《亚里士多德选集》，中国人民大学出版社 1999 年版，第 78 页。

③ 苗力田编：《亚里士多德选集》，中国人民大学出版社 1999 年版，第 79 页。

④ 苗力田编：《亚里士多德选集》，中国人民大学出版社 1999 年版，第 82 页。

⑤ 苗力田编：《亚里士多德选集》，中国人民大学出版社 1999 年版，第 83 页。

差距很大，各阶层矛盾激化。亚里士多德希望以中道的原则调和贵族的过度物质享受和穷人的极度贫困间的矛盾，既希望社会奢侈无度之风能有所限制，又希望富人能够慷慨解囊，使他们能够"为大众消费"，而非仅供自我享乐。然而这一切也只是一个善意的幻想。

（二）中世纪基督教的消费伦理思想

公元 476 年，西罗马帝国灭亡，欧洲社会进入了中世纪封建时期。这个时期历经千余年，其意识形态有着鲜明的特征，即意识形态的其他一切形式都合并到基督教神学中，使他们成为基督教神学中的科目。中世纪的消费伦理思想正是建立在基督教神学基础上的。

基督教教义认为，每个人的心中都有两种律法。一种是神圣的律法，包括仁爱、忍耐、节制等内容，另一种是情欲的律法，包括奸淫、仇恨、醉酒等。在这两种律法中，只有按照神圣的律法而行，人们才具有道德价值，才是善的。相反，如果违背了神圣的律法，而跟随情欲的律法，那么，人的行为就是罪恶。耶稣是基督教的理想人格，他是一个履行上帝旨意，而绝不考虑个人私情的典范。他奉行的是苦行主义的人生道路，最后确实把肉体连同邪情"同钉在十字架上"了，从而与罪恶绝缘，达到尽善尽美的境地。基督教要求人们都像耶稣那样，为了实现神圣的律法，抛弃一切情欲，甘心受苦赎罪，所以公开提出了"禁欲"的口号。

在中世纪，禁欲主义成为一种公开的、强制的道德诫命和生活方式，必然抑制人们对消费的欲求。教徒们最初是独居，其后是办起修道院，集体修道，最后是托钵乞食，以此修行。法国有一修道士，独自一人吊在半山腰的悬崖峭壁上，每日靠人们从山顶上往下吊食物为生，苦修了 30 年。可见，中世纪的消费伦理只承认满足人的最低生存需要的消费的合道德性，而超出这一最低生存需要的消费，都认为是与基督教的道德原则相违背的。

在基督教教义中，禁欲被表述为"节制"。基督教的著名代表人物奥古斯丁提出了基督教对个人品德的要求，他肯定了希腊的四主德，即智慧、勇敢、节制和正义，并试图把这四主德与对上帝的信仰结合起来。这里的节制，就是为了对上帝的爱而清洁自守，其中包含在消费活动中，必须在基督教的道德维度中行事。这种道德维度在一千多年的中世纪中，也有不同的情况。在奥古斯丁那儿，只承认天国的幸福，而断然否定尘世的幸福，在消费的道德维度上更为严厉，而后来的基督教思想家托马斯·阿奎那提出了两种幸福论，认为在天国幸福之外，还有尘世的幸福，即通过人的自然本性的满足而获得的幸福。当然，阿奎那的尘世幸福只是达到天国幸福的手段，只有天国幸福才是人生的最终目的。然而，与奥古斯丁的观点相比较，阿奎那的尘世幸福观点给予个体消费的伦理空间毕竟大了些。

总之，中世纪的消费伦理思想只能是神学的"婢女"，是基督教禁欲主义的表达。到了文艺复兴时期，随着资本主义的迅速发展，人文主义对中世纪意识形态的猛烈批判，欧洲消费伦理观念迎来了一个新的时期。

二、西方近现代消费伦理思想

（一）重商主义消费伦理思想

重商主义萌芽于 14—15 世纪，兴盛于 16—17 世纪，18 世纪以后衰落了。它是在欧洲市场经济起始阶段占社会主流地位的经济理论和经济实践。重商主义的出现，有着深刻的社会历史背景，反映了当时生产力发展的客观要求。11世纪之初，欧洲与当时的中国、阿拉伯国家相比仍属于落后地区，但从 13 世纪起欧洲开始逐渐加快发展的步伐，至 15 世纪末，欧洲已享有世界上较先进的技术，而从 1550—1750 年的 200 年间，欧洲迅速积累了大量财富，成为世界上最为发达繁荣的地区。在这期间，流行一时的"重商主义"的经济伦理思想为经济、社会的蓬勃发展提供了理论支撑。

重商主义经济伦理思想的主要内容之一是最大限度地获取黄金、白银。法国著名的重商主义代表人物柯尔贝尔坚定地认为："国家的强大完全要由它所拥有的白银来衡量。"① 德国著名的重商主义代表人物霍尼克认为，黄金和白银，"一旦既已存在这个国家，那就应当尽可能地在任何情况下或为了任何目的也不让它们流出去。"②"买一件东西，与其付出 1 元钱而使这 1 元钱流出国境，倒不如付出两元钱而让这两元钱留在国内。"③ 在这一思想的基础上，重商主义建立了自身的消费伦理观。

重商主义的消费伦理观反对各种形式的铺张浪费及从国外输入奢侈品。在重商主义所处的时代，欧洲的铺张浪费和奢侈消费已经发展到令人瞠目结舌的地步。大量的奢侈品和其他外国商品进入消费国市场，而消费国大量的黄金、白银却流出了国门。英国重商主义代表人物托马斯·孟就严厉地批评当时的奢侈之风是一种自毁国力的行为。他说："因要装点门面和其他种种奢侈浪费的缘故，使我们消费的进口货的价值，超过了我国财富所能胜任的程度，而且也不能用出口我们自己的商品来抵付——这就是一种滥花滥用不自量力的人的品质。"④

显而易见，重商主义消费伦理观的特点是从维护国家利益的主旨下论证其消费伦理观的合理性的。重商主义的这一特点与它们所处时代的特点是相吻合的。当时的西欧，封建主义制度正走向没落，资本主义生产方式在社会生活中逐步占据主流地位，传统的主流意识形态的基础瓦解了。接受欧洲宗教改革的国家由于摆脱了罗马天主教会的道德影响而陷于混乱，迫切需要恢复国家秩序。重商主义以维护国家利益为主旨，反对各种形式的铺张浪费及从国外输入奢侈品，具有历史必然性。

当时的西欧社会存在着两种生活方式。在金钱社会尚未建立的地方，封建统治阶级利用特权讲奢侈、比排场，而在市场经济有了一定程度发展的城邦共

---

① ［法］布罗代尔：《15 至 18 世纪的物质文明、经济和资本主义》第 2 卷，北京三联书店 1993 年版，第 603 页。

② ［美］A.E. 门罗编：《早期经济思想》，商务印书馆 1985 年版，第 195 页。

③ ［美］A.E. 门罗编：《早期经济思想》，商务印书馆 1985 年版，第 196 页。

④ ［英］托马斯·孟：《英国对外贸易的财富》，商务印书馆 1965 年版，第 6 页。

和国，却形成了崇尚俭朴的风尚。重商主义反对奢侈浪费及从国外输入奢侈品，实质上就是反对当时的封建特权，具有进步意义。

然而，重商主义的消费伦理观所内涵的生产至上性观点受到了著名经济大师亚当·斯密的批判。亚当·斯密认为，"消费是一切生产的目的，而生产者的利益，只在能促进消费者的利益时，才应当加以注意。……但在重商主义下，消费者的利益，几乎都是为着生产者的利益而被牺牲了；这种主义似乎不把消费看做一切工商业的终极目的，而把生产看做工商业的终极目的。"[1]重商主义限制进口能与本国产品竞争的一切外国商品，迫使消费者在购买此类商品时付出了更高的经济代价，显然是为着生产者的利益而牺牲国内消费者的利益。由于亚当·斯密在经济学中的权威地位，他的这一批判对后来有着很大的影响，以至某一种著作有一丁点儿"重商主义"的气味，就几乎足以判处这部著作的死刑。但是，重商主义在消费伦理观中所体现的崇尚节俭的价值取向却为亚当·斯密所继承。

重商主义认为，反对各种形式的铺张浪费及从国外输入奢侈品的消费伦理能为国家带来功利，在理论上有着重要价值。在中世纪，禁欲主义的消费伦理观是完全排斥功利的，而重商主义的消费伦理观带有的功利色彩，是西欧走出中世纪后伦理道德更新的反映。

（二）曼德维尔的消费伦理思想

曼德维尔是17—18世纪的著名伦理思想家，他的代表作《蜜蜂的寓言》曾经轰动一时。他的观点对于认识资本主义发展的利益机制和道德评价，有其独到的深刻之处。在消费伦理观上，他与重商主义截然对立，主张"奢侈有利，节俭有弊"。

曼德维尔性情幽默、才思敏捷，著述简洁优美，特别是他善用比喻来阐明自己的观点。这在《蜜蜂的寓言》中得到淋漓尽致的发挥。他把人类社会比喻

---

① [英]亚当·斯密：《国民财富的性质和原因的研究》下卷，商务印书馆1974年版，第227页。

成一个巨大的蜂巢，把人比喻成这个蜂巢中的蜜蜂。他认为，在这个社会里，"到处都充满着邪恶，但整个社会却变成了天堂"。富人的奢侈给穷人带来了工作的机会：

> 奢侈驱使着百万穷汉劳作；
>
> 可憎的傲慢又养活着另外一百万穷汉。
>
> 嫉妒和虚荣，是产业的奖励者；
>
> 其产物正是食物、家具和衣服的变化无常，
>
> 这种奇怪而荒唐可笑的恶德，
>
> 竟然成为回转商业的车轮。[A]

而当傲慢和奢侈的减少，手工业者、木工、雕石工……都失业了，身无分文。整个社会就一片萧条。也就是说，社会实行节俭，就意味着消费的缩减，生产规模的缩减，而这样又导致就业人数的减少，人民的贫困。国家的真正利益，存在于生产的扩大和贸易的增加上。只有高消费高生产的经济政策，才能使国家繁荣富强。

在曼德维尔的消费伦理思想里，贯穿着一个基本观点——"私恶即公利"。这里，他所谓的"私恶"，并不是一般意义上的恶，而只是当时被严肃主义道德标准视为恶的东西，主要是指个体追求快乐和利益的行为，例如奢侈等。他用"私恶即公利"的观点论证了资产阶级奢侈生活的必然性和合理性，他认为富人的奢侈尽管是"私恶"，但是穷人的福音，对于推动社会经济发展是有益的。显而易见，曼德维尔的观点与重商主义关于奢侈影响国力和社会经济发展的观点是截然相反的。

曼德维尔对奢侈进行了全面的辩护。第一，什么是奢侈？他认为，奢侈

---

① ［荷］伯纳德·曼德维尔：《蜜蜂的寓言》，中国社会科学出版社、三联书店 2002 年版，第 5 页。

是难以界定的，奢侈品和生活必需品是相对的、变化的。"被某个阶层的人称做多余的东西，会被更高阶层的人视为必需品。"①"在每个社会最遥远的开始，其中最富有、最显要者虽然身份高贵，却无缘享受连今天最贫穷最低贱者也能享受的那些生活舒适。因此，许多曾一度被推崇为奢侈发明的东西，现在就连穷困潦倒、沦为公共慈善救济对象者亦可获得，而那些东西绝不会被列为生活之必需，我们认为任何人都不该需要它们。"②他甚至认为，"一旦我们不再将并不直接满足生存需要的东西称为奢侈，那么，世上便根本没有奢侈。"③

第二，奢侈对经济发展的推动作用。曼德维尔说："在私人家庭里，节约是增加财产的最可靠方式。因此，有些人便以为一个国家无论是贫是富，只要绝大多数国民厉行节约，便能使全民的财富增加。……我认为这个见解是错误的。"④他认为，"奢侈乃是维持贸易之必需。"⑤"使一个民族获得幸福和我们所谓'繁荣'的伟大艺术，便在于给每个人以就业的机会。"⑥曼德维尔为奢侈辩护的思路是：奢侈创造了更多的就业机会，推动了商业的繁荣，因此有利于经济的发展。他不否认奢侈品可能对社会产生的负面作用，但认为只要"通过明智的管理，所有民族均能够随意享用其本国产品所能购买到的外国奢侈品，而

---

① 〔荷〕伯纳德·曼德维尔：《蜜蜂的寓言》，中国社会科学出版社、三联书店2002年版，第85页。

② 〔荷〕伯纳德·曼德维尔：《蜜蜂的寓言》，中国社会科学出版社、三联书店2002年版，第131页。

③ 〔荷〕伯纳德·曼德维尔：《蜜蜂的寓言》，中国社会科学出版社、三联书店2002年版，第84页。

④ 〔荷〕伯纳德·曼德维尔：《蜜蜂的寓言》，中国社会科学出版社、三联书店2002年版，第140页。

⑤ 〔荷〕伯纳德·曼德维尔：《蜜蜂的寓言》，中国社会科学出版社、三联书店2002年版，第148页。

⑥ 〔荷〕伯纳德·曼德维尔：《蜜蜂的寓言》，中国社会科学出版社、三联书店2002年版，第152页。

不会因此而变穷"。①

第三，奢侈使人们享受精美生活。曼德维尔认为，奢侈能使人们"享有人类智慧所能设想的众多繁华精美的生活"，而使其他国家的人们为之羡慕。他在《蜜蜂的寓言》中写道：

> 蜂群爱好和平，同时惧怕战争，
> 异邦蜂群尊重这蜂国的蜂群，
> 羡慕他们挥霍财富、享受生活，
> 羡慕其他诸蜂巢的太平祥和。B

曼德维尔在整体上接受那个时代的新兴商业世界，但他拒绝把商业世界和道德世界统一起来。他认为，美德与商业社会的动力之间存在着不可调和的矛盾。他站在经济理论的立场上为奢侈辩护，他的《蜜蜂的寓言》与中国管子的《侈靡》篇一样，是这方面最出色的文献之一。不能把曼德维尔主张的"奢侈有利，节俭有弊"的观点完全归之于荒谬，其中也有真理的颗粒，这主要表现在他深刻地认识到消费需求是推动经济发展的杠杆这一经济规律。尽管 18 世纪西方知识界对他的观点颇有微词，但是到了 20 世纪情况发生了变化，积极的评价成为一种普遍现象。特别是自由经济主义大师哈耶克的评价最高，认为他是 18 世纪英国最伟大的思想家之一。

（三）亚当·斯密的消费伦理思想

亚当·斯密出生于 18 世纪的苏格兰，不仅是第一流的经济学家，而且是著名的伦理学家。他一生中完成了两部对世界有重要影响的著作，一部是《国民财富的性质和原因的研究》（简称《国富论》），另一部是《道德情操论》。特

---

① ［荷］伯纳德·曼德维尔：《蜜蜂的寓言》，中国社会科学出版社、三联书店 2002 年版，第 94 页。

② ［荷］伯纳德·曼德维尔：《蜜蜂的寓言》，中国社会科学出版社、三联书店 2002 年版，第 94 页。

别是《国富论》，直到 21 世纪人们还经常引述该书中关于"看不见的手"的论述，可见影响之深远。作为集经济学家和伦理学家于一身的思想家，亚当·斯密的著作中包含有丰富的经济伦理思想，其中消费伦理占有重要地位。他旗帜鲜明地提出了"奢侈都是公众的敌人，节俭都是社会的恩人"[①] 的观点，并构成了他的消费伦理观的核心。

亚当·斯密关于消费伦理观的阐述集中在《国富论》的第二篇"论资本积累并论生产性和非生产性劳动"中，他从私人和公共支出两个层面对节俭的价值进行了论证。

亚当·斯密认为，资本是影响经济发展的最基础性因素，节俭才能使资本投入增加。要扩大再生产，发展经济和增加财富，必须增加资本投入。"资本增加的直接原因，是节俭，不是勤劳。诚然，未有节俭以前，须先有勤劳，节俭所积蓄的物，都是由勤劳得来。但是若只有勤劳，无节俭，有所得而无所贮，资本决不能加大。"而且，"个人的资本，既然只能由节省每年收入或每年利得而增加，由个人构成的社会的资本，亦只能由这个方法增加。"[②]亚当·斯密高度评价了节俭的价值："节俭可增加维持生产性劳动者的基金，从而增加生产性劳动者的人数。他们的劳动，既然可以增加工作对象的价值，所以，节俭又有增加一国土地和劳动的年产物的交换价值的趋势。节俭可推动更大的劳动量；更大的劳动量可增加年产物的价值。"[③]

亚当·斯密不仅从增加资本的经济层面论证了节俭的价值，而且还从人性层面论证了节俭的心理根据。他认为，"在我们人类生命的过程中，节俭的心理，不仅常占优势，而且大占优势。""一个人所以会节俭，当然他有改良自身

---

① ［英］亚当·斯密：《国民财富的性质和原因的研究》上卷，商务印书馆 1972 年版，第 314 页。

② ［英］亚当·斯密：《国民财富的性质和原因的研究》上卷，商务印书馆 1972 年版，第 311 页。

③ ［英］亚当·斯密：《国民财富的性质和原因的研究》上卷，商务印书馆 1972 年版，第 311—312 页。

状况的愿望。……我们一生到死，对于自身地位，几乎没有一个人会有一刻觉得完全满意，不求进步，不求改良。但是怎样改良呢，一般人都觉得，增加财产是必要的手段，这手段最通俗，最明显。增加财产的最适当的方法，就是在常年的收入或特殊的收入中，节省一部分，储蓄起来。"①简言之，节俭是满足人的心理需求的必要手段。一个人通过节俭增加财富，提高社会地位，满足改良自身状况的愿望。

同时，亚当·斯密对奢侈进行了猛烈的抨击。他说："资本增加，由于节俭；资本减少，由于奢侈与妄为。"②节俭增加了资本，而奢侈减少了资本。"由于雇用生产性劳动的基金减少了，所雇用的能增加物品价值的劳动量亦减少了，因而，全国的土地和劳动的年生产物价值减少了，全国居民的真实财富和收入亦减少了。"③亚当·斯密认为，奢侈风气发展到一定程度，"如果另一部分人的节俭，不足抵偿这一部分人的奢侈，奢侈者所为，不但会陷他自身于贫穷，而且将陷全国于匮乏。"④他把个人的奢侈提高到影响国力的高度来评析是中肯的。

对于个人消费的不同方法，亚当·斯密也根据情况做了不同的伦理评价。有的人用个人的收入购买立时享用的物品，有的则购买比较耐久的可以蓄积起来的物品。前者"即享即用，无补于来日"，后者"可以减少明日的费用，或者增进明日费用的效果"。他认为，"把收入花费在比较耐久的物品上，那不仅较有利于蓄积，而且又较易于养成俭朴的风尚。"因此，他认为要鼓励富人在房屋、家具、衣服等方面多消费，而不是"室满奴婢，厩满犬马，大吃大用地

---

①　[英]亚当·斯密：《国民财富的性质和原因的研究》上卷，商务印书馆1972年版，第315页。

②　[英]亚当·斯密：《国民财富的性质和原因的研究》上卷，商务印书馆1972年版，第311页。

③　[英]亚当·斯密：《国民财富的性质和原因的研究》上卷，商务印书馆1972年版，第312—313页。

④　[英]亚当·斯密：《国民财富的性质和原因的研究》上卷，商务印书馆1972年版，第313页。

花"。概括起来说，亚当·斯密认为："费财于耐久物品，由于助长有价商品的蓄积，所以可奖励私人的节俭习惯，是较有利于社会资本增进的；由于所维持的是生产者而不是不生产者，所以较有利于国富的增长。"①

亚当·斯密不仅主张个人应注重节俭，同时也主张政府公共开支也要奉行这一原则。在节俭和奢侈问题上，亚当·斯密认为政府的消费行为比个体对国家的影响更大。他认为，"幸而就大国的情形说，个人的奢侈妄为，不能有多大影响。另一部分人的俭朴慎重，总够补偿这一部分人的奢侈妄为而有余"②，"地大物博的国家，固然不会因私人奢侈妄为而贫穷，但政府的奢侈妄为，却有时可把它弄得穷困"③。在他看来，朝廷上的王公大臣、教会中的牧师神父，都是属于"不生产者"，他们的人数增加到不应有的数额，就不得不"侵蚀维持生产性劳动的基金，以致不论个人多么节俭多么慎重，都不能补偿这样大的浪费"④。亚当·斯密认为必须减少政府人员，以减少维持政府的费用。对于社会公共支出，要贯彻谁受益谁承担的原则，只有在不能由那些最直接受益者维持时，才应由全社会来承担。通过严格控制公共支出的范围与数量，才能最大限度地累积资本，推动经济发展。另外，政府的节俭也会对全社会起到示范作用，他写道："英格兰王公大臣不自反省，而颁布节俭法令，甚至禁止外国奢侈品输入，倡言要监督私人经济，节制铺张浪费，实是最放肆、最专横的行为。他们不知道，他们自己始终无例外地是社会上最浪费的阶级。"⑤

---

① 〔英〕亚当·斯密：《国民财富的性质和原因的研究》上卷，商务印书馆1972年版，第322页。

② 〔英〕亚当·斯密：《国民财富的性质和原因的研究》上卷，商务印书馆1972年版，第315页。

③ 〔英〕亚当·斯密：《国民财富的性质和原因的研究》上卷，商务印书馆1972年版，第316页。

④ 〔英〕亚当·斯密：《国民财富的性质和原因的研究》上卷，商务印书馆1972年版，第316页。

⑤ 〔英〕亚当·斯密：《国民财富的性质和原因的研究》上卷，商务印书馆1972年版，第319页。

尽管亚当·斯密在《国富论》中以较大的篇幅对重商主义进行了批判，但他的消费伦理思想直接继承了重商主义崇尚节俭、反对奢侈的价值取向。在论证节俭的合理性上，亚当·斯密和重商主义都从有利于增加社会资本的立场出发，两者是完全一致的。他们的主张表达了个人的善与社会的善、伦理评价与经济评价不仅是应该统一的，而且是可以统一的。亚当·斯密的消费伦理思想不仅在历史上，而且在现代也有其重要价值。

（四）萨伊的消费伦理思想

萨伊是法国著名经济学家，生活于18—19世纪。他出生于一个大商人的家庭，早年从事商业活动，后来转入研究工作，是法国大学的第一个经济学教师，逝世时任法兰西学院政治经济学教授。1803年他发表了代表作《政治经济学概论》。在这部著作里，他特别推崇亚当·斯密，并以亚当·斯密理论的解释者和通俗而又系统化的作家而自居。他曾经写道："我们注意地阅读《国民财富的性质和原因的研究》……就可以明白，政治经济学这门科学在它发表以前并不存在。"[1] 他以亚当·斯密的自由市场经济理论为基础，继承和发展了亚当·斯密的政治经济学理论。但亚当·斯密的著作是充满矛盾的，在他的著作里，既有科学的成分，也有庸俗的因素。在马克思主义看来，萨伊继承和发展了亚当·斯密著作中庸俗的成分，是资产阶级庸俗政治经济学的创始人之一。不可否认的是，萨伊在《政治经济学概论》中提出了著名的市场说，这一理论观点直到20世纪30年代前一直被经济学界广泛接受，并被奉为基本的信条。因此，对萨伊的经济学说，其中包括经济伦理学说进行认真研究还是很有必要的。

萨伊在《政治经济学概论》一书中，以财富的生产、分配和消费三大部分为框架系统阐述了他的政治经济学观点。在财富的消费中，萨伊从两方面阐述了他的消费伦理思想。

第一，对非生产性消费进行了伦理评价，提出了"最得宜的消费"的种类。

---

[1]　［法］萨伊：《政治经济学概论》，商务印书馆1963年版，第37页。

萨伊认为，消费可以分为生产性消费和非生产性消费。生产性消费"不能满足什么欲望，但却创造新的价值"，而非生产性消费"通常能满足某种欲望，但没有再生产什么价值"①。在非生产性消费中，他认为"最得宜的消费"的种类有以下几种：

其一，"有助于满足实际需要的消费"。这里，实际需要"是指关系到人类生存、健康与满意的需要"。"如果国家所消费的物品是便利生活，而不是徒求炫饰的物品，这种消费便是得宜的消费。"②例如，医院只求有助健康，而不求华丽堂皇；公路线上都充分地设有旅馆，而不讲究毫无必要的广阔……

其二，"最耐久、好质量产品的消费"。"对国家或个人来说，以最耐用和最常用物品为主要消费对象，是明智的政策。""常常变更式样是不明智的办法"，"因为它既增加消费，又把还可使用的物质弃而不用。"③

其三，"很多人的集体消费"。这种消费非常经济，"无须随消费的增加而比例增加"。例如，"大学、修道院、军队或大工厂的共同餐厅"、"公锅或公灶供给多人食品和分配廉宜羹汤"。④

其四，"和道德标准相符合的消费"。"违反道德规律的消费，往往造成公众或个人的灾难。"⑤

萨伊认为，贫富的大不均，阻碍了最适宜消费的选择。"不均程度越大，虚假需要越多，真实需要越难得到供给，迅速的消费越普遍并为害越大……此外，在存在着贫富悬殊现象的地方，不道德的消费更为普遍。"⑥

第二，在个人消费和公共消费问题上，主张节俭，反对奢侈浪费。萨伊认为，节约是美德，"它像其他美德那样，意味着克己自制，并产生最愉快的结

---

① [法] 萨伊:《政治经济学概论》，商务印书馆 1963 年版，第 441 页。
② [法] 萨伊:《政治经济学概论》，商务印书馆 1963 年版，第 447 页。
③ [法] 萨伊:《政治经济学概论》，商务印书馆 1963 年版，第 448—449 页。
④ [法] 萨伊:《政治经济学概论》，商务印书馆 1963 年版，第 450 页。
⑤ [法] 萨伊:《政治经济学概论》，商务印书馆 1963 年版，第 450—451 页。
⑥ [法] 萨伊:《政治经济学概论》，商务印书馆 1963 年版，第 451 页。

果。子女得到良好的体育与德育，老年人得到周到的照顾，中年人具有他们持身处己所最需要的冷静头脑，不受周围情况的影响因而不受图利动机的支配，这一切都产生自节约的美德。"① 他还认为，节约是量入为出的"适度"消费。他指出："节约只不过是经过熟思审虑的消费——晓得我们的收入是多少，并晓得使用收入的最好方法是什么。""遵守家庭经济规律，使家庭在合理限度内从事消费，就是在每一次要消费时先细心比较消费所牺牲的价值与消费所提供的满足。"②

萨伊坚决反对奢侈，他认为，奢侈必然影响资本的积累，因为"资本只能通过节约而累积起来，但对于生产动机完全在于享乐那些的人，怎能希望他们累积资本呢"？③ 奢侈使贫困增加，贫富更为不均。他指出，"贫穷与奢侈是分不开的伴侣"。因为富人将原本应该投资在生产性事业上的钱，投资在"贵重的小装饰品，丰盛的食物，堂皇的大楼，声色犬马"等奢侈消费上，"弄得没有活干并陷于穷困"④。萨伊还把奢侈风气的蔓延与整个社会的贫富不均联系起来，他认为："上等阶级的奢侈必定引起中等与下等阶级的奢侈，而在这三个阶级中，下等阶级必然最快弄得山穷水尽，因此普遍奢侈实际上不但不会减少贫富的不均，而且会增加贫富的不均。"⑤

萨伊认为，社会不仅有私人消费，而且还有公共消费。公共消费满足"社会作为整体的需要"，往往是政府消费。政府的消费，在国家总消费中占很大的比重。如果政府搞奢侈消费，"就给千百万人民带来穷困，甚或招致国家的灭亡或衰微"。政府的官员应该具有节约的美德，他说："节约与镇静是私人美德，但就国家说，这二者对国家幸福有那么大影响，以致我们对具有这两个美

---

① ［法］萨伊：《政治经济学概论》，商务印书馆1963年版，第455页。
② ［法］萨伊：《政治经济学概论》，商务印书馆1963年版，第453—454页。
③ ［法］萨伊：《政治经济学概论》，商务印书馆1963年版，第462页。
④ ［法］萨伊：《政治经济学概论》，商务印书馆1963年版，第460页。
⑤ ［法］萨伊：《政治经济学概论》，商务印书馆1963年版，第463页。

德的国事指导者或管理者不论怎样颂扬与尊崇都不为过。"[1] 他精辟地指出："公共浪费和私人浪费比起来更是犯罪行为，因为个人所浪费的只是那些属于他的东西，而政府所浪费的却不是它自己的东西，它事实上仅是公共财富的托管人。"[2] 他认为，公共消费"只在牺牲的价值能给国家产生相当利益的条件下，消费才是适当的消费"[3]。

萨伊的消费伦理思想继承了亚当·斯密主张节俭，反对奢侈的观点，并做了系统阐发，内容是丰富的。特别是他提出了政府是"公共财富的托管人"的观点具有重要的现实意义。在当代中国，各级领导干部要认识到自己只是"公共财富的托管人"，在公共消费中要坚持勤俭节约、反对浪费的方针，对国家、对人民负责，绝不能挥霍和浪费人民的财产。

（五）马克斯·韦伯的消费伦理思想

马克斯·韦伯（1864—1920）是当代西方有重大影响的社会科学家之一，被誉为社会学的"奠基人"之一。他一生致力于考察"世界诸宗教的经济伦理观"，通过不同文化的比较，揭示各民族伦理观念对该民族经济发展的重大作用。他的经济伦理代表作《新教伦理与资本主义精神》在 20 世纪 80 年代对中国学术界产生了不小的影响，以至形成了"韦伯热"。在这部代表作里，马克斯·韦伯充分肯定了消费伦理对社会经济发展的基础性作用。他指出："在构成近代资本主义精神乃至整个近代文化精神的诸基本要素中，以职业概念为基础的理性行为要素，正是从基督教禁欲主义中产生出来的。"[4]

新教加尔文教派所信奉的"预定论"认为，上帝预先确定了世人得到救赎或被弃绝的人选，而个人无能力改变自己的命运。但在马克斯·韦伯看来，新教徒为了摆脱内心深处强烈的紧张和焦虑，只能以世俗职业上的成就来确定上

---

① ［法］萨伊：《政治经济学概论》，商务印书馆 1963 年版，第 470—471 页。

② ［法］萨伊：《政治经济学概论》，商务印书馆 1963 年版，第 467 页。

③ ［法］萨伊：《政治经济学概论》，商务印书馆 1963 年版，第 469 页。

④ ［德］马克斯·韦伯：《新教伦理与资本主义精神》，四川人民出版社 1986 年版，第141 页。

帝对自己的恩宠。于是创造出一种神圣的天职，即世俗经济行为的成功不是为了创造可供于享受和挥霍的财富，而是为了证实上帝对自己的恩宠。新教认为，"我们必须敦促所有的基督徒都尽其所能获得他们所能获得的一切，节省下他们所能节省的一切，事实上也就是敦促他们发家致富。"① 马克斯·韦伯据此对新教的消费伦理观做了深入的阐发：

"这种世俗的新教禁欲主义与自发的财产享受强烈地对抗着；它束缚着消费，尤其是奢侈品的消费，而另一方面，它又有着把获取财产从传统伦理的禁锢中解放出来的心理效果。它不仅使获利冲动合法化，而且……把它看做上帝的直接意愿。正是在这个意义上，它打破了获利冲动的束缚。这场拒斥肉体诱惑，反对依赖身外之物的运动……并不是一场反对合理的获取财富的斗争，而是一场反对非理性的使用财产的斗争。但是这种非理性的财产使用却体现在各种外在的奢侈品上，无论这些奢侈品在封建脑瓜看来显得多么自然，都被清教徒的信条谴责为肉体崇拜。"②

他又进一步指出："当着消费的限制与这种获利活动的自由结合在一起的时候，这样一种不可避免的实际效果也就显而易见了：禁欲主义的节俭必然要导致资本的积累。"③

马克斯·韦伯的这一系列阐述包含了深邃的消费伦理思想，有着重要的学术价值。从理论层面上看，他将消费伦理置于宗教文化比较、社会经济发展的宏观背景中，对消费伦理在社会发展中的重要作用做了充分肯定。他的关于基督教禁欲主义在孕育近代资本主义精神乃至整个近代文化精神中的地位的观点，关于新教节俭的消费伦理观念导致资本的积累，成为推动资本主义经济发

---

① ［德］马克斯·韦伯：《新教伦理与资本主义精神》，四川人民出版社 1986 年版，第137 页。

② ［德］马克斯·韦伯：《新教伦理与资本主义精神》，四川人民出版社 1986 年版，第134 页。

③ ［德］马克斯·韦伯：《新教伦理与资本主义精神》，四川人民出版社 1986 年版，第135 页。

展的精神力量的论述，是对消费伦理思想研究的重大理论贡献。在重商主义、亚当·斯密等消费伦理思想中，也从经济评价中充分肯定了节俭对资本积累、推动经济发展的价值，但马克斯·韦伯超越了前人，他的视野更为宽广，分析更为透彻。他从经济和文化的互动中，深入考察了宗教和文化比较中的消费伦理，使消费伦理的研究进入了一个新的境界。从实践层面看，马克斯·韦伯的研究成果穿越时空，对后人产生了重大影响。他的富有创造性的研究成果昭示后人：在社会发展的重大历史时期，不仅要看到经济力量和政治力量的作用，而且要充分重视消费伦理等文化力量的作用。20 世纪 80 年代，马克斯·韦伯的代表作《新教伦理与资本主义精神》在中国受到青睐，绝不是偶然的。中国的思想理论界从中受到了深刻的启发，即改革开放的中国要重视文化的力量，改变不适应时代潮流的观念。从现在国际上流行的"文化软实力"的概念中，我们不难窥见马克斯·韦伯思想的元素。

主要参考文献

1. [法] 波德里亚：《消费社会》，南京大学出版社 2000 年版。

2. [英] 迈克·费瑟斯通：《消费文化与后现代主义》，译林出版社 2000 年版。

3. [美] 艾伦·杜宁：《多少算够——消费社会与地球的未来》，吉林人民出版社 1997 年版。

4. [美] 丹尼尔·贝尔：《资本主义文化矛盾》，三联书店 1989 年版。

5. [美] 凡勃伦：《有闲阶级论》，商务印书馆 1981 年版。

6. [英] 凯恩斯：《就业利息和货币通论》，商务印书馆 1977 年版。

7. [德] 马克斯·韦伯：《新教伦理与资本主义精神》，三联书店 1987 年版。

8. [美] 马尔库塞：《单向度的人》，重庆出版社 1988 年版。

9. [美] 弗洛姆：《爱的艺术》，四川人民出版社 1986 年版。

10. [美] 保罗·A. 萨缪尔森等：《经济学》第 12 版，中国发展出版社 1991 年版。

11. [美] 弗洛姆：《逃避自由》，中国工人出版社 1987 年版。

12. [美] 弗洛姆：《健全的社会》，贵州人民出版社 1994 年版。

13. [美] 马尔库塞等：《工业社会与新左派》，商务印书馆 1982 年版。

14. [美] 马尔库塞：《爱欲与文明》，上海译文出版社 1987 年版。

15. [美] 弗洛姆:《生命之爱》,中国工人出版社 1988 年版。

16. [美] 马尔库塞、[英] 卡尔·帕泊尔:《革命还是改良》,外文出版局 1979 年版。

17. [美] 弗洛姆:《在幻想锁链的彼岸》,湖南人民出版社 1986 年版。

18. [美] 弗洛姆:《寻找自己》,中国工人出版社 1988 年版。

19. [苏] A. N. 列文、A. II. 雅尔金:《消费经济学》,西南财经大学出版社 1986 年版。

20. [德] 沃夫冈·拉茨勒:《奢侈带来富足》,中信出版社 2003 年版。

21. [德] 维尔纳·桑巴特:《奢侈与资本主义》,上海人民出版社 2000 年版。

22. David.A.Crocker.Ethics of consumption Mary land:Rowman & Little field publishers, Inc.1998.

23.《十三经注疏》,上海古籍出版社 1997 年版。

24. 金良年撰:《论语译注》,上海古籍出版社 1995 年版。

25. 金良年撰:《孟子译注》,上海古籍出版社 1995 年版。

26. 杨倞注:《荀子》,上海古籍出版社 1989 年版。

27. 白话今译,吴龙辉译注:《墨子》,中国书店 1992 年版。

28. 冯达甫译注:《老子译注》,上海古籍出版社 1991 年版。

29. 杨柳桥撰:《庄子译诂》,上海古籍出版社 1991 年版。

30. 杨伯峻撰:《列子集释》,中华书局 1979 年版。

31. 赵守正撰:《管子注译》,广西人民出版社 1982 年版。

32. 苏舆撰:《春秋繁露义证》,中华书局 1992 年版。

33. 范祥雍校注:《洛阳伽蓝记校注》,上海古籍出版社 1958 年版。

34. 李安校释:《童蒙止观校释》,中华书局 1988 年版。

35. 黎靖德编,王星贤点校:《朱子语类》,中华书局 1986 年版。

36.《藏书》,中华书局 1959 年版。

37.《焚书》,中华书局 1961 年版。

38. 赵丽霞选注：《默觚——魏源集》，辽宁人民出版社 1994 年版。

39. 加润国选注：《仁学——谭嗣同集》，辽宁人民出版社 1994 年版。

40. 蔡元培：《中国伦理学史》，北京商务印书馆 1999 年版。

41. 朱贻庭：《中国传统伦理思想史》，华东师范大学出版社 1989 年版。

42. 沈善洪、王凤贤：《中国伦理学说史》，浙江人民出版社 1988 年版。

43. 朱伯崑：《先秦伦理学概论》，北京大学出版社 1984 年版。

44. 徐顺教、季甄馥：《中国近代伦理思想研究》，华东师范大学出版社 1993 年版。

45. 罗国杰：《伦理学》，人民出版社 1989 年版。

46. 周中之、高惠珠：《经济伦理学》，华东师范大学出版社 2002 年版。

47. 叶敦平、高惠珠、周中之、姚俭建：《经济伦理的嬗变与适应》，上海教育出版社 1998 年版。

48. 周中之：《消费伦理》，河南人民出版社 2002 年版。

49. 何小青：《消费伦理研究》，三联书店 2007 年版。

50. 徐新等：《现代社会的消费伦理》，人民出版社 2009 年版。

51. 尹世杰：《消费文化学武汉》，湖北人民出版社 2002 年版。

52. 厉以宁：《经济学的伦理问题》，三联书店 1995 年版。

53. 王宁：《消费社会学》，社会科学文献出版社 2001 年版。

54. 胡寄窗：《中国经济思想史》，上海人民出版社 1962 年版。

55. 赵靖：《中国古代经济思想史讲话》，人民出版社 1986 年版。

56. 欧阳卫民：《中国消费经济思想史》，中共中央党校出版社 1994 年版。

57. 乔洪武：《正谊谋利——近代西方经济伦理思想研究》，商务印书馆 2000 年版。

58. 尹世杰、蔡德荣：《消费经济学原理》（修订版），经济科学出版社 2000 年版。

59. 苏志平、徐敦厚：《消费经济学》，中国财政经济出版社 1997 年版。

60. 田晖：《消费经济学》，同济大学出版社 2002 年版。

61. 荣晓华、孙喜林：《消费者行为学》，东北财经大学出版社 2001 年版。

62. 陈志宏：《社会主义消费通论》，人民出版社 1994 年版。

63. 范剑平：《居民消费与中国经济发展》，中国计划出版社 2000 年版。

64. 万俊人：《道德之维——现代经济导论》，广东人民出版社 2000 年版。

65. 茅以轼：《中国人的道德前景》，暨南大学出版社 1997 年版。

66. 杨魁、董雅丽：《消费文化——从现代到后现代》，中国社会科学出版社 2003 年版。

67. 绿色工作室：《绿色消费》，民族出版社 1999 年版。

68. 欧阳志远：《最后的消费——文明的自毁与补救》，人民出版社 2000 年版。

69. 杨家栋、秦兴方：《可持续消费引论》，中国经济出版社 2000 年版。

70. 张坤民：《可持续发展论》，中国环境科学出版社 1997 年版。

71. 李金容：《消费主义与资本主义文明》，《当代思潮》2003 年第 1 期。

72. 雷定安、金平：《消费主义批判》，《西北师大学报》1994 年第 3 期。

73. 陈昕：《消费主义文化在中国社会的出现》，.http://www.sociology.cass.net.cn/shxw/shll/t20030826_0870.htm。

74. 陈莉：《消费主义与可持续消费的困境》，《青年研究》2001 年第 5 期。

75. 戴锐：《消费主义生活方式与青年精神》，《青年研究》1997 年第 8 期。

76. 卢风：《论消费主义价值观》，《道德与文明》2002 年第 6 期。

77. 刘福森、胡金凤：《资本主义工业文明消费观批判——可持续发展的一个重要问题》，《哲学动态》1998 年第 2 期。

78. 陈芬：《消费主义的伦理困境》，《伦理学研究》2004 年第 5 期。

79. 刘晓京：《全球化过程中的消费主义评说》，《青年研究》1998 年第 6 期。

80. 尹世杰：《消费文化和"消费主义"》，《人民日报》1996 年 8 月 24 日。

81. 刘福森、蓝海：《消费主义文化价值观的后现代解读》，《自然辩证法研究》2002 年第 9 期。

82. 王建辉：《论重建"适度性"消费伦理观》，《社会科学辑刊》2003 年第

1 期。

83. 俞海山、周亚越：《论消费主义的危害与对策》，《商业研究》2003 年第 8 期。

84. 俞海山：《中国消费主义解析》，《社会》2003 年第 2 期。

85. 阎缨：《消费主义文化与环境意识》，《昆明大学学报》（综合版）2002 年第 1 期。

86. 洪大用：《关于适度消费的若干思考》，《社会科学研究》1999 年第 6 期。

87. 左铁镛：《发展循环经济构建资源循环型社会》，http://www.people.com. cn/GB/keji/1059/3001709.html。

附　件

一、作者发表的消费伦理论文一览表

（一）CSSCI 杂志（5000 字以上）

1.《经济全球化背景下消费伦理观念的变革及其研究》，《上海师范大学学报》（哲学社会科学版）2007 年第 3 期。

2.《消费主义：金融危机产生的文化土壤》，《上海财经大学学报》（哲学社会科学版）2009 年第 5 期。

3.《消费的自由与社会责任》，《道德与文明》2007 年第 2 期。

4.《现代消费伦理视野中的节约观》，《消费经济》2006 年第 5 期。

5.《消费的伦理评价与当代中国社会的发展》，《毛泽东邓小平理论研究》1999 年第 6 期。

6.《论消费者责任行动》，《上海财经大学学报》（哲学社会科学版）2008 年第 2 期。

7.《当代中国慈善伦理的理想与现实》，《河北大学学报》2011 年第 3 期。

8.《后金融危机时代的伦理文化建设》，《上海师范大学学报》（哲学社会科学版）2010 年第 3 期。

9.《经济伦理与科学发展观》,《伦理学研究》2008 年第 2 期。

10.《伦理学视域中的当代中国慈善事业》,《江西社会科学》2008 年第 3 期。

11.《大众文化对青少年思想道德建设提出的新课题》,《当代青年研究》2007 年第 9 期。

（二）英文论文 2 篇

1. Ethical and Economic Evaluation of Consumption in Contemporary China. Business Ethics: A European Review 2001.3.

（《当代中国消费的伦理评价与经济评价》,《欧洲经济伦理评论》2001 年第 3 期）

2. Ethical Concept of Consumption in China and the West in the Context of Globalization. Developing Business Ethics in China. Palgrave Macmillan 2006, pp. 123–132.

（《论全球化背景下中西消费伦理观念》）

（三）报刊理论版文章（2000 字以上）

1.《金融危机下思考中国消费伦理》,《解放日报》2009 年 9 月 22 日。

2.《中国消费伦理观念的变革及其规范体系的建构》,《光明日报》2007 年 9 月 11 日。

3.《中国消费伦理观念的变革与导向》,《中国教育报》2007 年 8 月 28 日。

4.《消费伦理观念 事关科学发展》,《中国教育报》2007 年 12 月 25 日。

5.《消费伦理观念变革的反思》,《文汇报》2002 年 8 月 9 日。

6.《当代中国消费的伦理评价和伦理导向》,《文汇报》1998 年 7 月 13 日。

7.《从袁隆平买车看对"富"的认可与仇视》,《东方早报》2008 年 7 月 28 日。

8.《应该如何看待奢侈消费》,《解放日报》2007 年 1 月 8 日。

9.《节约：公民的伦理责任》,《文汇报》2005 年 9 月 30 日。

10.《变革传统消费伦理观念》,《解放日报》2004 年 3 月 2 日。

11.《铺张与奢靡是"公众的敌人"》,《文汇报》2002 年 10 月 10 日。

二、转载情况

（一）新华文摘（全文转载 1 篇，论点摘编 2 篇）

1.《金融危机下思考中国消费伦理》，《解放日报》2009 年 2 月 22 日，《新华文摘》2009 年第 10 期全文转载。

2.《现代消费伦理视野中的节约观》，《消费经济》2006 年第 5 期，《新华文摘论点摘编》2007 年第 2 期。

3.《中国消费伦理观念的变革及其规范体系的建构》，《光明日报》理论版 2007 年 9 月 11 日，《新华文摘论点摘编》2007 年第 24 期。

（二）高等学校文科学术文摘（2 篇）

1.《经济全球化背景下消费伦理观念的变革及其研究》，《上海师范大学学报》(哲学社会科学版)2007 年第 3 期，《高等学校文科学术文摘》2007 年第 5 期。

2.《当代中国慈善伦理的理想与现实》，《河北大学学报》2011 年第 3 期，《高等学校文科学术文摘》2011 年第 4 期。

（三）人大复印资料（2 篇）

1.《经济全球化背景下消费伦理观念的变革及其研究》，《上海师范大学学报》(哲学社会科学版)2007 年第 3 期，《人大复印资料·伦理学》2007 年第 5 期。

2.《大众文化对青少年思想道德建设提出的新课题》，《当代青年研究》2007 年第 9 期，《人大复印资料·青少年导刊》2008 年第 2 期。

注：除《大众文化对青少年思想道德建设提出的新课题》一文为第一作者外，其余均为独立完成。

后 记

古人云："十年磨一剑"，此言不虚。完成这部消费伦理专著也花了整整十年的时间，甚至更多。

20世纪90年代中期以后，中国的社会主义市场经济体制逐步形成和发展，推动了整个社会生活的巨大变化，也带来了伦理观念和伦理关系的深刻变革。在新的历史条件下，如何用健康的伦理观念引领社会的发展成为时代的课题，并为消费伦理的研究提供了绝好的契机。1997年，作为中青年教授，笔者参加了上海交通大学叶敦平教授领衔的学术专著《经济伦理的嬗变与适应》的撰写工作，具体承担"消费活动中的伦理规范"章的内容（该书由上海教育出版社出版）。当时，正逢亚洲金融危机。为了抵御这场亚洲金融危机，中国政府断然采取了扩大内需的应对方针。而扩大内需，必须转变消费伦理观念。笔者在《社会科学报》和《文汇报》上先后发表了有关消费伦理观念的理论文章，在社会上产生了良好的反响。在《社会科学报》上发表的文章仅仅几百字，即使发表在《文汇报》理论版头条位置的文章，也不过两三千字，但它们却为笔者的消费伦理研究找到了一个非常好的突破口。在这两篇文章的基础上，笔者撰写了9000字的论文《消费的伦理评价与当代中国社会的发展》，发表在上海的《毛泽东邓小平理论研究》上，该文获上海市邓小平理论研究和宣传优秀成果奖。

2000 年，论文《当代中国消费伦理的伦理评价与经济评价》入选巴西圣保罗举行的第二届国际经济伦理代表人会（ISBEE）。该代表大会每四年举行一次，是由几十个国家、几百名经济伦理学专家学者参加的国际学术研讨大会，号称国际经济伦理研究的"奥林匹克盛会"。当时国际经济伦理学会的主席乔治·恩德勒亲自到上海师范大学来找笔者，邀请参加会议，并承诺提供经济资助，这使笔者非常感动。在会上，笔者的发言受到了国际专家的好评。当时在场的《欧洲经济伦理评论》（Business Ethics: A European Review）主编听了发言后，对笔者的论文非常感兴趣，并当场表示，要在他们的杂志上刊登。这本杂志在英国剑桥出版，是国际经济伦理学术研究的权威杂志之一。一位初露头角的中国中青年学者能够用英文在国际权威学术杂志上发表论文，对当事人来说是极大的鼓舞。同时，笔者要感谢好友黄伟合博士，他在论文的英文写作方面给予了极大的帮助。后来，笔者又多次参加了国际经济伦理代表大会，其中"消费的自由和社会责任"入选第四届南非开普敦举行的第四届国际经济伦理代表大会。

2002 年，申报的国家社科基金项目"全球化背景下中国消费伦理观念的变革及其规范体系的研究"终于立项了，这也标志着笔者对消费伦理研究进入了一个新阶段。但不巧的是，2002 年由于胆石症，动了手术，研究被迫推迟了一年。2007 年，经过努力，终于完成了项目最终成果的初稿。2007 年后，发生了震动全球经济的国际金融危机。笔者从文化的角度对金融危机的根源进行了研究，对美国的过度消费的伦理观念进行了批判，并指出了由于中西国情的不同，中国的发展应该鼓励消费、引导消费。有关文章被《新华文摘》全文转载，产生了良好的社会反响。同时，在吸收专家提出的修改意见的基础上，将这一最新成果补充进了项目最终成果。2012 年，终于获得了国家社科基金项目的结项证书。呈现给读者的这本专著，正是项目的最终成果。

这本专著花费了笔者十年的心血，但同时也包含着一些与研究生合作研究的成果。2002 级伦理学硕士研究生刘春友在笔者的指导下，撰写了消费主义批判的学位论文，其中一些内容被吸收进本书的相关章节。2000 级伦理学硕士研究生吴亮撰写的广告伦理和中国传统消费伦理思想的一些内容，同样也成为本书相关内容的一部分。

提高学术研究的质量，必须加强学术交流。上海师范大学积极支持经济伦理研究，2003 年批准成立了上海师范大学经济伦理研究中心，笔者出任中心主任。为了使消费伦理的研究成果能够更好地反映学术研究的前沿内容，上海师大经济伦理研究中心精心组织了一系列的学术活动。在 2005 年金色的十月，"现代消费伦理与都市文化研究"学术研讨会在上海师大举行。国内消费文化研究的开拓者、著名专家尹世杰教授，虽然年逾 80，但仍然不顾年老体迈，从湖南来上海出席会议，使与会者深受鼓舞。后来，在我校先后举行了"和谐社会视野中的经济伦理"学术研讨会、"经济伦理与社会发展——中韩第 19 次伦理学国际研讨会"，其中消费伦理是其中的重要内容之一。

今年，花甲之年的笔者迎来了从教 30 年的日子。在春光明媚的"五一"节，近 50 位研究生从全国各地回到母校，参加"名师育人　桃李芬芳——周中之教授从教 30 年座谈会"。在座谈会上，美丽的鲜花，灿烂的笑容，真诚的感谢和祝福，使笔者沉浸在无比的幸福之中。回想自己走过的几十年的人生道路，心潮起伏，难以平静。笔者为国家培养了不少人才，同时也在伦理学，特别是在消费伦理研究方面取得了不少成果，一生无悔。花甲之年，是收获的季节，但在学术上也许是新的耕耘的开始。曹操在其诗中写道："老骥伏枥，志在千里。烈士暮年，壮心不已。"千百年来，这段诗词为人们所反复吟诵。笔者想，它也应该成为笔者现在的座右铭。

本书是国家社会科学基金项目成果，也是上海市第五期教委重点学科"马克思主义中国化研究"（j50407）成果，教育部人文社会科学重点研究基地上海师范大学都市文化研究中心成果。

周中之

于漕河泾畔科技园

2012 年 5 月 12 日

责任编辑：夏　青
封面设计：徐　晖

图书在版编目（CIP）数据

全球化背景下的中国消费伦理／周中之　著.
 －北京：人民出版社，2012.7
ISBN 978－7－01－010875－9

I.①全…　II.①周…　III.①消费经济学－伦理学－研究－中国
　IV.①B82－053

中国版本图书馆 CIP 数据核字（2012）第 082578 号

全球化背景下的中国消费伦理
QUANQIUHUA BEIJING XIA DE ZHONGGUO XIAOFEI LUNLI

周中之　著

人民出版社 出版发行
（100706　北京朝阳门内大街 166 号）

北京集惠印刷有限责任公司印刷　新华书店经销

2012 年 7 月第 1 版　2012 年 7 月北京第 1 次印刷
开本：710 毫米 × 1000 毫米 1/16　印张：19
字数：278 千字　印数：0,001－3,000 册

ISBN 978－7－01－010875－9　定价：45.00 元

邮购地址 100706　北京朝阳门内大街 166 号
人民东方图书销售中心　电话（010）65250042　65289539